JN233143

微分積分学序論

林 平馬
岩下 孝
浦上賀久子
今田恒久
佐藤良二
共　著

学術図書出版社

序　文

　この本は，大学の理工系学部学生諸君を対象とした微分積分学の教科書である．

　理工系の学部教育にあっては，その専門分野の学問を学ぶ上で，すぐに役に立つ計算技術を体得させ，応用力を育成することが要求される．他方，微分積分学にはその根底にきわめて明解な基礎理論（原理）があって，これを基にして各項目の内容が系統的に展開される．微分積分学の講義を受け演習問題を解くことを通して，計算技術だけではなく，根底にある基礎理論を理解し，物事を論理的に考え，的確な判断を下せるような数理的思考力を涵養していくことも大学教育の重要な側面である．

　この基礎理論（原理）の部分は理論としてはきわめて基本的なものであり，直観的にも十分理解できるようなものである．にもかかわらず，最近の教科書では，基礎理論の記述を簡略あるいは省略し，全体の構成をコンパクトにスリム化する傾向がある．このことが学生たちをして微分積分学を無味乾燥なものにならしめている一因となっている．

　近年，高等学校での数学のカリキュラムの多様化，また新しい入試方法の導入などにより，大学に入学する学生諸君の学習経歴は多種多様であり，基礎学力の程度の差異はいくつかの層をなすほどに幅広くなってきている．しかしながら，理工系学部に入学した以上は"数学が嫌いだから"といってすませることはできず，それ相応の基礎的な微分積分学の素養と計算技術が必要であることはいうまでもない．それゆえに，各大学ではさまざまな授業改革がなされているし，教科書もこのような状況に適応できるものでなければならない．とりわけ，予備知識を前提とするような記述は極力避けられるべきである．

　本書では，上に述べたような教育環境に最大限に応えることができるように内容を配置したつもりである．第1章では，最近の潮流に逆らって，あえて実

数の性質から書き起こした．その狙いは，直観的にも十分把握できるようないくつかの素朴な基礎理論（原理）を起点にして，第2章以降の議論のために必要な事項を，予備知識なしに，準備することである．なお，三角関数，指数関数，対数関数については必要最小限度に高校数学での基本的な事項を収録したが，なおも不足する部分があるとすれば，教師の方で適宜補充していただきたい．また，多少とも厳密な解説を要するいくつかの事項については「追記」として記し，解説の流れが簡潔になるように配慮した．

　第2章以降の構成は，各節ごとに理論の説明，理論修得の補助となる例題の解説，関連するやさしい問題，章末の演習問題が同一パターンで配置されている．また，すべての問題，演習問題には，答だけでなく，解答の指針や証明がつけてあり，自学自習によっても学べるような内容構成となっている．章末の演習問題の中にはかなり高度の難問も含まれており，学習者が学力レベル，知的欲望の度合に応じて挑戦し，さらに理解の度合を深めることができるように配慮されている．このほか，他書と多少趣を異にする点として，第5章で微分方程式を取り扱っている．この章は特別な学科の事情を考慮してのことであり，学科によっては第5章を後回しにして先に進まれても支障はない．

　本教科書を通して，読者には基本的な計算技能だけでなく，数理的思考法，論理的なものの考え方にも慣れ親しんでいただきたいと願っている．なお，本書には不備な点，改善すべき点が少なからずあるかと思う．読者各位のご教示，ご批判を乞う次第である．

　最後に，本書の作成にあたって多大なご協力をいただいた学術図書出版社の方々，とくに発田孝夫氏に心から感謝の意を表したい．

　　　2002年10月

　　　　　　　　　　　　　　　　　　　　　　　　　　　　　　著　者

目　次

1. 極限と連続
- §1　実数の性質 …………………………………………………………1
- §2　数列の極限 …………………………………………………………5
- §3　関数の極限値と連続関数 …………………………………………16
  - 3.1　関　数 ………………………………………………………16
  - 3.2　関数の極限値 …………………………………………………20
  - 3.3　連続関数 ………………………………………………………23
- §4　種々の連続関数 ……………………………………………………27
  - 4.1　三角関数・逆三角関数 ………………………………………27
  - 4.2　指数関数 ………………………………………………………35
  - 演習問題1 …………………………………………………………42

2. 微分法
- §1　微分係数と導関数 …………………………………………………44
- §2　導関数の計算 ………………………………………………………48
- §3　媒介変数で与えられる関数の微分法 ……………………………55
- §4　高次導関数 …………………………………………………………58
- 演習問題2 …………………………………………………………61

3. 微分法の応用
- §1　平均値の定理 ………………………………………………………63
- §2　関数の増減 …………………………………………………………66
- §3　曲線の凹凸，変曲点，グラフの概形 ……………………………69
- §4　不定形の極限 ………………………………………………………74
- §5　テイラーの定理 ……………………………………………………76
- 演習問題3 …………………………………………………………81

4. 不定積分

- §1 不定積分の定義と基本公式 ……………………………………… 82
- §2 不定積分の基本公式 …………………………………………… 84
  - 2.1 x^α の積分 …………………………………………………… 84
  - 2.2 1次分数関数の積分 …………………………………………… 85
  - 2.3 指数関数の積分 ……………………………………………… 85
  - 2.4 三角関数の積分 ……………………………………………… 86
  - 2.5 その他の基本公式 …………………………………………… 88
- §3 置換積分,部分積分 …………………………………………… 90
- §4 有理関数の積分 ………………………………………………… 94
- §5 無理関数の積分とその他の積分 ………………………………… 96
  - 5.1 無理関数の積分 ……………………………………………… 97
  - 5.2 三角関数の積分 ……………………………………………… 98
  - 演習問題 4 ……………………………………………………… 100

5. 簡単な微分方程式

- §1 1階微分方程式 ………………………………………………… 103
- §2 2階線形微分方程式 …………………………………………… 107
- §3 定数係数の2階線形微分方程式の解法 ………………………… 111
  - 演習問題 5 ……………………………………………………… 116

6. 定 積 分

- §1 定積分の定義と基本定理 ……………………………………… 118
  - 1.1 定積分の定義 ………………………………………………… 118
  - 1.2 定積分の性質 ………………………………………………… 120
  - 1.3 基本定理 ……………………………………………………… 122
- §2 定積分の計算 …………………………………………………… 125
- §3 広義の積分 ……………………………………………………… 129
  - 3.1 有限区間における広義積分 ………………………………… 129
  - 3.2 無限積分 ……………………………………………………… 131
- §4 定積分の応用 …………………………………………………… 133
  - 4.1 面積の計算 …………………………………………………… 133

　　　　4.2　回転体の体積 ································ 136
　　　　4.3　曲　線　の　長　さ ································ 139
　　　　演　習　問　題　6 ································ 145

7. 偏　微　分　法
　§1　2変数関数 ································ 147
　　　　1.1　領　　　域 ································ 147
　　　　1.2　2変数関数とグラフ ································ 148
　§2　2変数関数の極限と連続 ································ 150
　§3　偏微分係数と偏導関数 ································ 153
　§4　全微分と接平面 ································ 155
　§5　合成関数の偏微分 ································ 159
　§6　高次偏導関数 ································ 163
　§7　2変数関数のテイラー展開 ································ 167
　§8　陰関数の微分法 ································ 169
　§9　2変数関数の極大・極小 ································ 172
　　　　演　習　問　題　7 ································ 179

8.　2　重　積　分
　§1　2重積分の定義 ································ 180
　§2　2重積分の計算 ································ 183
　§3　変　数　変　換　法 ································ 185
　§4　広義の2重積分 ································ 194
　§5　2重積分の応用 ································ 197
　　　　5.1　面積および体積 ································ 197
　　　　5.2　曲面の面積の計算 ································ 197
　§6　3　重　積　分 ································ 200
　　　　演　習　問　題　8 ································ 203

問と演習問題の解答 ································ 205
索　　　　　引 ································ 226

1

極 限 と 連 続

§1 実数の性質

微積分で取り扱う数は実数であるので,今後単に数というときには実数を意味する.実数全体の集合を $\boldsymbol{R}$ と表す.$\boldsymbol{R}$ はつぎのような部分集合を含んでいる.

(1) **自然数**全体の集合 $\boldsymbol{N} = \{1, 2, 3, \cdots\}$
(2) **整数**全体の集合 $\boldsymbol{Z} = \{0, \pm 1, \pm 2, \cdots\}$
(3) **有理数**(分数)全体の集合 $\boldsymbol{Q} = \left\{ \dfrac{n}{m} \,\middle|\, m, n \text{ は整数},\ m \neq 0 \right\}$

もちろん $\boldsymbol{N} \subset \boldsymbol{Z} \subset \boldsymbol{Q} \subset \boldsymbol{R}$ である.実数の中で,有理数でない数を**無理数**という.

$$
\text{実数}(\boldsymbol{R}) \begin{cases} \text{有理数}(\boldsymbol{Q}) \begin{cases} \text{整数}(\boldsymbol{Z}) \begin{cases} \text{自然数}(\boldsymbol{N}) \\ 0 \\ \text{負の整数} \end{cases} \\ \text{分数} \end{cases} \\ \text{無理数} \end{cases}
$$

この節では微分積分を学習するために必要な実数の基本的性質について簡単にまとめておくことにする.

性質1(四則演算) 任意の2つの数 $a, b \in \boldsymbol{R}$ に対して,加法 $a+b$,減法 $a-b$,乗法 $ab = a \times b$,除法 $a/b = a \div b$ の四則演算が定義されている.

性質 2（大小関係） 任意の 2 つの数 $a, b \in \boldsymbol{R}$ に対して
$$a < b, \quad a = b, \quad a > b$$
のうちどれか 1 つだけが成立し，さらにつぎのことが成立する．
(1) $a < b, b < c$ ならば $a < c$．
(2) $a < b$ ならば $a + c < b + c$．
(3) $a < b, c > 0$ ならば $ac < bc$．

性質 3（アルキメデスの原理） 任意の 2 つの数 $a, b \in \boldsymbol{R}\,(a > 0, b > 0)$ に対して $na > b$ を満たす自然数 n が存在する．

性質 4（実数の連続性） 直線 l 上に基準点をとり O で表し，原点とよぶ．l 上 O より右側に単位となる点 E をとる．OE の距離を u とする．任意の実数 a に対し，$a > 0$ ならば，l 上 O より右側に，$a < 0$ ならば，O より左側に点 A を OA の距離が $|a|u$ となるようにとり，実数 a に点 A を対応させる（図 1.1）．この対応により，実数全体の集合 $\boldsymbol{R}$ は直線 l 上のすべての点と（"隙間なく"）1 対 1 に対応している．この性質を**実数の連続性**という．

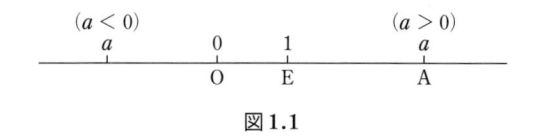

$$
\begin{array}{cccc}
(a<0) & & & (a>0) \\
a & 0 & 1 & a \\
\hline
 & \text{O} & \text{E} & \text{A}
\end{array}
$$

図 1.1

この対応により，実数全体の集合 $\boldsymbol{R}$ は点の集合である直線と同一視することができる．したがって，図 1.1 のように A とは書かず，A に対応する実数 a を直線上に書く．このように直線と同一視された集合 $\boldsymbol{R}$ のことを**数直線**という．数直線上でとくに整数に対応する点を**整数点**，有理数に対応する点を**有理点**とよぶ．

> **性質 5（有理数の稠密性）** 有理点は数直線上至るところ稠密に存在する．

有理数の稠密性について少し説明する．$\dfrac{1}{10}, \dfrac{2}{10}, \cdots, \dfrac{9}{10}$ は有理数であり，これらに対応する有理点は線分 OE の 10 等分点を表す（図 1.2）．

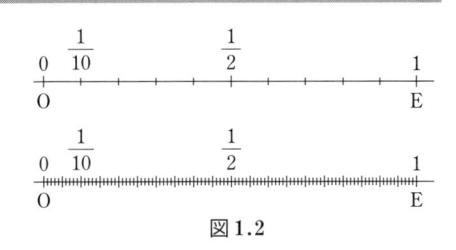

図 1.2

さらに OE の 100 等分点，1000 等分点，… と限りなく細かくとっていく．これらはすべて有理点であり，このことは線分 OE 上のいかなる微小区間内にも有理点が無限に多く存在することを意味する．OE 上に限らず，数直線上の任意の区間においても同様の状況である．

有理数の稠密性を考えれば，数直線は有理点で隙間なく埋め尽くされそうに見えるが，たとえば $\sqrt{2}, \sqrt{3}, \cdots$ などに対応する点は有理点でないように，数直線上は有理点で埋め尽くすことはできないのである（追記 1 参照）．逆の見方をすれば，数直線を隙間なく埋め尽くすものとして実数全体をとらえるのである．このように有理数の稠密性と合わせて，実数の連続性を感覚的にとらえておけば十分である．

有理数の稠密性によれば，任意の無理数は有理数で限りなく精密に近似できることがわかる．

本書ではつぎのような $\boldsymbol{R}$ の部分集合を頻繁に使用する（図 1.3）．$a < b$ に対し，

$$[a, b] = \{x \in \boldsymbol{R} \mid a \leq x \leq b\}$$
$$(a, b) = \{x \in \boldsymbol{R} \mid a < x < b\}$$
$$(a, b] = \{x \in \boldsymbol{R} \mid a < x \leq b\}$$
$$(-\infty, a] = \{x \in \boldsymbol{R} \mid x \leq a\}$$
$$(b, \infty) = \{x \in \boldsymbol{R} \mid b < x\}$$

図 1.3

これらの部分集合を総称して**区間**という．とくに $[a,b]$ を**閉区間**，(a,b) を**開区間**という．また実数全体の集合 $\mathbf{R}$ は $(-\infty,\infty)$ とも書く．

以下本節では，実数に関するいくつかの基本的な事項について例題形式で記しておく．

例題1 $0<a<b$ に対して $a^n<b^n$ $(n=1,2,\cdots)$ であることを確かめよ．

証明 まず性質2(3)より，$a^2<ab<b^2$ がいえる．同様の操作を繰り返すことにより，一般に $a^n=aa^{n-1}<ab^{n-1}<bb^{n-1}=b^n$ がいえる． ∎

正の数 a および自然数 n に対し，$x^n=a$ を満足する正の数 x がただ1つ存在する（このことは §3 でも確認するが，ここでは既知とする）．この x のことを $\sqrt[n]{a}$ あるいは $a^{\frac{1}{n}}$ と書く．とくに $\sqrt[2]{a}$ は通常の平方根 $\sqrt{a}$ のことである．

例題2 $a>0,\ b>0$ に対して，つぎの等式を証明せよ．

(1) $\sqrt[n]{a}\sqrt[n]{b}=\sqrt[n]{ab}$ 　　(2) $\dfrac{\sqrt[n]{a}}{\sqrt[n]{b}}=\sqrt[n]{\dfrac{a}{b}}$

証明 $\sqrt[n]{a}>0,\ \sqrt[n]{b}>0$ であるから，$\sqrt[n]{a}\sqrt[n]{b}>0,\ \dfrac{\sqrt[n]{a}}{\sqrt[n]{b}}>0$ であり，しかも

$$(\sqrt[n]{a}\sqrt[n]{b})^n=(\sqrt[n]{a})^n(\sqrt[n]{b})^n=ab,\quad \left(\dfrac{\sqrt[n]{a}}{\sqrt[n]{b}}\right)^n=\dfrac{(\sqrt[n]{a})^n}{(\sqrt[n]{b})^n}=\dfrac{a}{b}$$

である．したがって定義より (1), (2) がいえる． ∎

問1 つぎの計算をせよ．
(1) $(\sqrt[3]{5}+\sqrt[3]{2})(\sqrt[3]{25}-\sqrt[3]{10}+\sqrt[3]{4})$
(2) $(\sqrt{7}+\sqrt{3})(\sqrt[4]{7}+\sqrt[4]{3})(\sqrt[4]{7}-\sqrt[4]{3})$
(3) $\sqrt[3]{40}+\sqrt[3]{\dfrac{5}{8}}+\sqrt[3]{\dfrac{135}{8}}$ 　　(4) $\dfrac{\sqrt[3]{9}\sqrt[3]{12^4}}{\sqrt[3]{32}}$

問2 (1) $0<a<b$ に対し $\sqrt[n]{a}<\sqrt[n]{b}$ $(n=2,3,\cdots)$ であることを証明せよ．
(2) $a>0$ に対し $(1+a)^n>1+na$ $(n=2,3,\cdots)$ であることを証明せよ．

1より大きい任意の数 x に対し，実数の性質3より，$n\leq x<n+1$ となるような自然数 n がただ1つ存在し，とくに $x\to\infty$ のとき $n\to\infty$ となる（∞ は「**無限大**」とよぶ）．同様に，$0<y<1$ であるような任意の数 y に対し

て，$\dfrac{1}{m+1} < y \leqq \dfrac{1}{m}$ となるような自然数 m がただ1つ存在する．とくに $y \to 0$ のとき $m \to \infty$ となる．このような性質は関数の極限を計算するときに使用される．

例題3 つぎの不等式を満足する自然数 n を求めよ．

(1) $n \leqq \sqrt{389} < n+1$ (2) $n \leqq \sqrt[3]{492} < n+1$

解 (1) $19^2 = 361 < 389 < 400 = 20^2$ より，$n = 19$．
(2) $7^3 = 343 < 492 < 512 = 8^3$ より，$n = 7$．

問3 つぎの不等式を満足する自然数 n を求めよ．

(1) $\dfrac{1}{n+1} < \dfrac{3}{\sqrt{500}} \leqq \dfrac{1}{n}$ (2) $\dfrac{1}{n+1} < \dfrac{2}{\sqrt[3]{1250}} \leqq \dfrac{1}{n}$

追記1 $\sqrt{2}$（平方して2となる正の数）に対応する点は有理点ではない．

証明 背理法で示す．$\sqrt{2}$ が整数の商として $\sqrt{2} = \dfrac{n}{m}$ と表されると仮定しよう．この際，m, n が共通約数をもてば約分することにして，m, n は最初から共通約数をもたないと仮定してよい．$\sqrt{2}\,m = n$ の両辺を2乗して，$2m^2 = n^2$．したがって，n^2 は2で割り切れ，さらに2は素数であるから，n 自身が2で割り切れる．$n = 2n_1$ とおけば $2n_1^{\,2} = m^2$ となり，同じ論法の繰り返しにより，m 自身も2で割り切れることになる．このことは m, n が共通約数をもたないという最初の仮定に矛盾する．

§2 数列の極限

各自然数 n に1つの実数 a_n が対応しているとき，それを並べた

$$a_1,\ a_2,\ a_3,\ \cdots,\ a_n,\ \cdots$$

を**数列**といい，この数列を簡単に $\{a_n\}$ と表す．たとえば，数列 $\left\{\dfrac{n-1}{n}\right\}$ とは

$$0,\ \dfrac{1}{2},\ \dfrac{2}{3},\ \dfrac{3}{4},\ \dfrac{4}{5},\ \cdots$$

を表し，数列 $\{2^n\}$ とは

$$2,\ 4,\ 8,\ 16,\ 32,\ \cdots$$

を表す．

問 4 つぎの数列の初項から第 5 項までを書け．

(1) $\{n^3\}$　　(2) $\left\{\dfrac{(-1)^n}{n^2}\right\}$　　(3) $\left\{2+(-1)^n\dfrac{1}{n}\right\}$

(4) $\{n^2+1\}$

　数列 $\{a_n\}$ において，n を限りなく大きくするとき，a_n が限りなく 1 つの数 α に近づくならば，数列 $\{a_n\}$ は**収束**するといい，このときの α を $\{a_n\}$ の**極限値**という．このことを

$$\lim_{n\to\infty} a_n = \alpha \quad \text{あるいは} \quad a_n \to \alpha \quad (n\to\infty)$$

と書く．$\lim_{n\to\infty} a_n = \alpha$ であるとは

$$|a_n - \alpha| \to 0 \quad (n\to\infty)$$

と同じことである．

　数列 $\{a_n\}$ が収束しないとき，この数列は**発散**するという．とくに，n を限りなく大きくするときに，a_n が正で（または負で絶対値が）限りなく大きくなるとき，それぞれ $\{a_n\}$ は ∞（$-\infty$）に発散するといい，この場合にも

$$\lim_{n\to\infty} a_n = \infty \quad \text{あるいは} \quad a_n \to \infty \quad (n\to\infty)$$

などと記す．

例題 4　(1) $\displaystyle\lim_{n\to\infty}\dfrac{n-1}{n}=1$　　(2) $\displaystyle\lim_{n\to\infty}\dfrac{n-1}{3n+2}=\dfrac{1}{3}$

証明　$n\to\infty$ とするとき，

(1) $\left|\dfrac{n-1}{n}-1\right|=\dfrac{1}{n}\to 0$　　(2) $\left|\dfrac{n-1}{3n+2}-\dfrac{1}{3}\right|=\dfrac{5}{3(3n+2)}\to 0$

例題 5　実数 r に対し，$a_n = r^n$（$n=1,2,\cdots$）で与えられる数列 $\{a_n\}$ は

(1) $r>1$ のとき発散し，$\displaystyle\lim_{n\to\infty} a_n = \infty$．

(2) $r=1$ のとき，$\displaystyle\lim_{n\to\infty} a_n = 1$．

(3) $-1<r<1$ のとき，$\displaystyle\lim_{n\to\infty} a_n = 0$．

(4) $r \leqq -1$ のとき，発散する．

証明 (1) $r > 1$ のとき，$r = 1 + h \ (h > 0)$ とおけば，前節，問 2 (2) より
$$a_n = (1+h)^n > 1 + nh$$
であるから，$n \to \infty$ とするとき $a_n \to \infty$ となる．

(2) は明らか．

(3) $-1 < r < 1, \ r \neq 0$ のとき，$b = \dfrac{1}{|r|}$ とおけば，$b > 1$ であるから (1) より $n \to \infty$ とするとき $b^n \to \infty$ となる．したがって
$$\lim_{n\to\infty} |a_n| = \lim_{n\to\infty} |r|^n = \lim_{n\to\infty} \frac{1}{b^n} = 0 \quad \text{よって} \quad \lim_{n\to\infty} a_n = 0.$$
$r = 0$ のときは明らか．

(4) $r = -1$ のとき，n の増加とともに r^n は 1 と -1 の値を交互にとるから，$\{a_n\}$ は収束しない（振動）．$r < -1$ のときには，n の増加とともに，r^n は正と負の値を交互にとりながら $|r^n|$ は ∞ に発散する．したがって $\{a_n\}$ は収束しない． ∎

収束する数列に関してはつぎの定理が基本的である．

定理 1 $\lim_{n\to\infty} a_n = \alpha, \ \lim_{n\to\infty} b_n = \beta$ とするとき，

(1) $\lim_{n\to\infty} (a_n \pm b_n) = \alpha \pm \beta$

(2) $\lim_{n\to\infty} \gamma a_n = \gamma \alpha$ （γ は定数）

(3) $\lim_{n\to\infty} a_n b_n = \alpha \beta$

(4) $\lim_{n\to\infty} \dfrac{a_n}{b_n} = \dfrac{\alpha}{\beta}$ （$\beta \neq 0$）

(5) $a_n \leqq b_n \ (n = 1, 2, \cdots)$ であれば $\alpha \leqq \beta$ である．

(6)（はさみうちの原理）$a_n \leqq c_n \leqq b_n \ (n = 1, 2, \cdots)$ で，$\alpha = \beta$ であれば $\lim_{n\to\infty} c_n = \alpha$ である．

証明 (1) $|(a_n \pm b_n) - (\alpha \pm \beta)| = |(a_n - \alpha) \pm (b_n - \beta)| \leqq |a_n - \alpha| + |b_n - \beta|$ である．仮定より $n \to \infty$ のとき $|a_n - \alpha| \to 0, \ |b_n - \beta| \to 0$ であるから，$|(a_n \pm b_n) - (\alpha \pm \beta)| \to 0$ である．(2)〜(6) の証明は追記 1 にその概略を

§2 数列の極限

示すのでここでは省略する．

例題 6 (1) $\displaystyle\lim_{n\to\infty}\frac{n^2-2n-3}{2n(n+1)}=\lim_{n\to\infty}\frac{1-\dfrac{2}{n}-\dfrac{3}{n^2}}{2\left(1+\dfrac{1}{n}\right)}=\frac{1}{2}$

(2) $\displaystyle\lim_{n\to\infty}\frac{5^n-3^n}{2^n+5^n}=\lim_{n\to\infty}\frac{1-\left(\dfrac{3}{5}\right)^n}{\left(\dfrac{2}{5}\right)^n+1}=\frac{1-0}{0+1}=1$

(3) $a>0$ のとき，$\displaystyle\lim_{n\to\infty}a^{\frac{1}{n}}=1$ である．

$a>1$ の場合は $a^{\frac{1}{n}}>1$ であるから $a=1+h,\ a^{\frac{1}{n}}=1+\xi$ とおくと，前節，問 2 (2) より
$$a=1+h=(1+\xi)^n>1+n\xi$$
よって，$\xi<\dfrac{h}{n}$ であり，$1<a^{\frac{1}{n}}<1+\dfrac{h}{n}$ となる．定理 1 (6) より，$\displaystyle\lim_{n\to\infty}a^{\frac{1}{n}}=1$ がいえる．$0<a<1$ の場合は $\dfrac{1}{a}>1$ であるから，
$$1=\lim_{n\to\infty}\left(\frac{1}{a}\right)^{\frac{1}{n}}=\frac{1}{\displaystyle\lim_{n\to\infty}a^{\frac{1}{n}}}\quad\text{したがって}\quad\lim_{n\to\infty}a^{\frac{1}{n}}=1$$

問 5 つぎの極限を求めよ．

(1) $\displaystyle\lim_{n\to\infty}\frac{n^3+7n^2-8}{n^3}$ (2) $\displaystyle\lim_{n\to\infty}\frac{n^2-7n^5+8n^6}{n^6+2n^3-1}$

(3) $\displaystyle\lim_{n\to\infty}(\sqrt{n+1}-\sqrt{n})$ (4) $\displaystyle\lim_{n\to\infty}\{n\sqrt{n+1}-(n+1)\sqrt{n}\}$

(5) $\displaystyle\lim_{n\to\infty}\frac{3^n-1}{2^n-1}$ (6) $\displaystyle\lim_{n\to\infty}\frac{3^n+4^n}{2^n+5^n}$ (7) $\displaystyle\lim_{n\to\infty}\frac{4^n+3\cdot 5^n}{2^n+5^{n+1}}$

(8) $\displaystyle\lim_{n\to\infty}\frac{(-1)^n}{n^2+1}$ (9) $\displaystyle\lim_{n\to\infty}\frac{1}{n^2}(1+2+\cdots+n)$

数列の収束性についてもう少し詳しく調べよう．数列 $\{a_n\}$ において

$$a_1 \leqq a_2 \leqq \cdots \leqq a_n \leqq a_{n+1} \leqq \cdots$$

あるいは

$$a_1 \geqq a_2 \geqq \cdots \geqq a_n \geqq a_{n+1} \geqq \cdots$$

が成立するとき，数列 $\{a_n\}$ はそれぞれ**単調増加数列**，あるいは**単調減少数列**といい，単調増加数列，単調減少数列を総称して**単調数列**という．

つぎに数列 $\{a_n\}$ に対して，n に無関係な定数 M がとれ，すべての n について

$$a_n \leqq M \quad (あるいは\ a_n \geqq M)$$

が成立するとき，数列 $\{a_n\}$ は**上に有界**（あるいは**下に有界**）という．

単調数列についてはつぎの定理が成り立つ．

> **定理 2** 上（下）に有界な単調増加（減少）数列は収束する．

この定理の命題は実数の連続性をより厳密に表現するものである．本書ではこの定理自身も"実数の集合のもつ性質"として話を進める．定理 2 の重要な点は，数列 $\{a_n\}$ の極限値は具体的にわからなくても，有界性と単調性さえ確かめられるならば，極限値の存在が保証されるということである．

例題 7 $a_1 = 1$, $a_{n+1} = \sqrt{a_n+1}$ $(n = 1, 2, \cdots)$ で与えられる数列 $\{a_n\}$ が上に有界な単調増加数列であることを示し，その極限値を求めよ．

解 定義より，$a_n > 0 \, (n \geqq 1)$ である．

$$a_{n+1} - a_n = \sqrt{a_n+1} - \sqrt{a_{n-1}+1} = \frac{a_n - a_{n-1}}{\sqrt{a_n+1} + \sqrt{a_{n-1}+1}} = \frac{a_n - a_{n-1}}{a_{n+1} + a_n}$$

であるから $a_{n+1}-a_n$ と a_n-a_{n-1} は同符号である．$a_2 - a_1 = \sqrt{2}-1 > 0$ であるから，上の操作を繰り返せば $a_{n+1}-a_n > 0 \, (n \geqq 1)$ となる．すなわち $\{a_n\}$ は単調増加である．つぎに，帰納法により，$a_n < 2 \, (n \geqq 1)$ であることを示す．$a_1 = 1$ であるから $n = 1$ のときは正しい．いま $n = k \, (k \geqq 2)$ に対して $a_k < 2$ と仮定すれば $a_{k+1} = \sqrt{a_k+1} < \sqrt{2+1} < 2$ となる．したがって，すべての n に対して $a_n < 2$ となる．すなわち $\{a_n\}$ は上に有界である．以上のことから，数列 $\{a_n\}$ は収束する．$\lim_{n \to \infty} a_n = \alpha$ とおく．等式 $a_{n+1} = \sqrt{a_n+1}$ において $n \to \infty$ とすれば，$\alpha = \sqrt{\alpha+1}$ が導かれ，これより $\alpha = \dfrac{1+\sqrt{5}}{2}$ が得られる．∎

問 6 $a_1 = 2$, $a_{n+1} = \dfrac{1}{2}(a_n+1)$ $(n \geq 1)$ で与えられる数列 $\{a_n\}$ に対し，

(1) a_2, a_3, a_4 を求めよ．

(2) $\{a_n\}$ は単調減少であることを示せ．

$\left(\text{ヒント}: a_{n+1} - a_n = \dfrac{1}{2}(a_n - a_{n-1}) \text{であることを使用する．}\right)$

(3) $\displaystyle\lim_{n\to\infty} a_n$ を求めよ．

つぎに $a_n = \left(1+\dfrac{1}{n}\right)^n$ $(n=1,2,\cdots)$ で与えられる数列 $\{a_n\}$ を考える．この数列は上に有界な単調増加数列であることが示される（追記2参照）．この数列の極限値として定義される数を**ナピア（Napier）の数**といい，e で表す．すなわち

$$e = \lim_{n\to\infty}\left(1+\dfrac{1}{n}\right)^n$$

e は微積分においてきわめて重要な数である．定義に従って e の近似値を計算してみると

$$a_1 = \left(1+\dfrac{1}{1}\right)^1 = 2$$

$$a_2 = \left(1+\dfrac{1}{2}\right)^2 = 2.25$$

$$a_3 = \left(1+\dfrac{1}{3}\right)^3 = 2.3703703\cdots$$

$$a_4 = \left(1+\dfrac{1}{4}\right)^4 = 2.4414062\cdots$$

$$\vdots$$

$$a_{100} = \left(1+\dfrac{1}{100}\right)^{100} = 2.7048138\cdots$$

$$\downarrow$$

$$e = 2.718281828\cdots$$

ここで，ナピアの数に関連した極限値の計算例をあげておく．

例題 8 $\displaystyle\lim_{n\to\infty}\left(1-\dfrac{1}{n}\right)^n = \dfrac{1}{e}$ である．

証明 $\left(1-\dfrac{1}{n}\right)^n = \left(\dfrac{n}{n-1}\right)^{-n} = \dfrac{1}{\left(1+\dfrac{1}{n-1}\right)^{n-1}} \dfrac{1}{\left(1+\dfrac{1}{n-1}\right)}$

であり，$\displaystyle\lim_{n\to\infty}\left(1+\dfrac{1}{n-1}\right)^{n-1} = e$, $\displaystyle\lim_{n\to\infty}\left(1+\dfrac{1}{n-1}\right) = 1$ であるから $\displaystyle\lim_{n\to\infty}\left(1-\dfrac{1}{n}\right)^n$
$= \dfrac{1}{e}$ がいえる． ∎

問 7 次の極限値を求めよ．
  (1) $\displaystyle\lim_{n\to\infty}\left(1+\dfrac{1}{2n}\right)^n$ (2) $\displaystyle\lim_{n\to\infty}\left(1-\dfrac{1}{3n}\right)^n$ (3) $\displaystyle\lim_{n\to\infty}\left(\dfrac{n}{n-1}\right)^{2n}$

つぎの例題は第 3 章で使用される重要な極限公式である．

例題 9 $a > 0$ のとき，$\displaystyle\lim_{n\to\infty}\dfrac{a^n}{n!} = 0$ である．

証明 $0 < a \leqq 1$ のときには $\left|\dfrac{a^n}{n!}\right| \leqq \dfrac{1}{n!}$ であるからこの極限式は明らかである．$a > 1$ のときには，$\dfrac{a}{N} < \dfrac{1}{2}$ となるような自然数 N を 1 つ定める．このとき $n > N$ であるような任意の自然数 n に対して

$$\dfrac{a^n}{n!} = \dfrac{a^N}{N!}\dfrac{a}{N+1}\dfrac{a}{N+2}\cdots\dfrac{a}{n} < \dfrac{a^N}{N!}\left(\dfrac{1}{2}\right)^{n-N} = \dfrac{(2a)^N}{N!}\left(\dfrac{1}{2}\right)^n$$

である．$\dfrac{(2a)^N}{N!}$ は定数であり，これを C とすれば，$0 < \dfrac{a^n}{n!} < C\left(\dfrac{1}{2}\right)^n$ となる．ここで $\left(\dfrac{1}{2}\right)^n \to 0$ $(n \to \infty)$ であるから問題の極限式が導かれる． ∎

数列 $\{a_n\}$ に対し，その第 1 項から第 n 項までの和

$$S_n = \sum_{k=1}^{n} a_k = a_1 + a_2 + \cdots + a_n$$

をこの数列の**第 n 部分和**という．第 n 部分和を一般項とする数列 $\{S_n\}$ が一定値 A に収束するとき，無限級数

$$\sum_{n=1}^{\infty} a_n = a_1 + a_2 + a_3 + \cdots$$

は A に**収束**するといい，

$$\sum_{n=1}^{\infty} a_n = A$$

と書く．$\{S_n\}$ が発散するとき，この級数は**発散**するという．

例題 10 $\displaystyle\sum_{n=1}^{\infty} \frac{1}{n(n+1)} = \frac{1}{1\cdot 2} + \frac{1}{2\cdot 3} + \frac{1}{3\cdot 4} + \cdots$ を求めよ．

証明 $\dfrac{1}{n(n+1)} = \dfrac{1}{n} - \dfrac{1}{n+1}$ であるから，

$$S_n = \left(1 - \frac{1}{2}\right) + \left(\frac{1}{2} - \frac{1}{3}\right) + \cdots + \left(\frac{1}{n} - \frac{1}{n+1}\right) = 1 - \frac{1}{n+1}$$

したがって，$\displaystyle\lim_{n\to\infty} S_n = 1$ である． ∎

問 8 $\displaystyle\sum_{n=1}^{\infty} \frac{1}{(2n-1)(2n+1)} = \frac{1}{1\cdot 3} + \frac{1}{3\cdot 5} + \frac{1}{5\cdot 7} + \cdots$ を求めよ．

一般に $a_n = S_n - S_{n-1}$ であるから，無限級数 $\displaystyle\sum_{n=1}^{\infty} a_n$ が収束するならば $\displaystyle\lim_{n\to\infty} a_n = 0$ でなければならない．しかし，つぎの例題が示すように，この逆は必ずしも正しくない．

例題 11 無限級数 $\displaystyle\sum_{n=1}^{\infty} \frac{1}{n}$ は収束しない．

証明 追記 4 を参照．なお第 6 章で，定積分の応用として，簡単な別証明も与えられる． ∎

初項 a，公比 r の無限等比級数

$$\sum_{n=1}^{\infty} ar^{n-1} = a + ar + ar^2 + \cdots + ar^{n-1} + \cdots$$

を考える．

$$S_n = a(1 + r + r^2 + \cdots + r^{n-1}) = \begin{cases} \dfrac{a(1-r^n)}{1-r} & (r \neq 1) \\ na & (r = 1) \end{cases}$$

と表されるので，例題 5 より

$|r| < 1$ のとき, $\sum_{n=1}^{\infty} ar^{n-1} = \dfrac{a}{1-r}$ であり,

$|r| \geqq 1$ のとき, $\sum_{n=1}^{\infty} ar^{n-1}$ は発散する.

問 9 つぎの級数の和を求めよ.

(1) $\sum_{n=1}^{\infty} 2\left(\dfrac{1}{3}\right)^{n-1}$ (2) $\sum_{n=1}^{\infty} 3\left(\dfrac{-1}{5}\right)^{n-1}$

(3) $\sum_{n=1}^{\infty} (-1)^n 2^{-n} x^{n-1}$ ($|x| < 2$)

問 10 つぎの循環小数を分数で表せ.

(1) $1.0\dot{2} = 1.020202\cdots$ (2) $0.\dot{1}4285\dot{7} = 0.142857142857\cdots$

追記 1 定理 1 の証明の続き. (2) $|\gamma a_n - \gamma \alpha| = |\gamma||a_n - \alpha| \to 0$ より明らか.

(3) $|a_n b_n - \alpha\beta| = |(a_n - \alpha)(b_n - \beta) + \beta(a_n - \alpha) + \alpha(b_n - \beta)|$
$\leqq |a_n - \alpha||b_n - \beta| + |\beta||a_n - \alpha| + |\alpha||b_n - \beta|$

であるから, $n \to \infty$ のとき $a_n b_n \to \alpha\beta$ となる.

(4) $\left|\dfrac{a_n}{b_n} - \dfrac{\alpha}{\beta}\right| = \dfrac{|a_n\beta - \alpha b_n|}{|b_n||\beta|} = \dfrac{|(a_n\beta - \alpha\beta) + (\alpha\beta - \alpha b_n)|}{|b_n||\beta|}$
$< \dfrac{|a_n - \alpha||\beta| + |\alpha||b_n - \beta|}{|b_n||\beta|}$

であるから, $n \to \infty$ のとき $\dfrac{a_n}{b_n} \to \dfrac{\alpha}{\beta}$ となる.

(5) もし $\alpha > \beta$ であるとし, $c = \alpha - \beta \; (> 0)$ とする. $\lim_{n\to\infty} a_n = \alpha$, $\lim_{n\to\infty} b_n = \beta$ より, n が十分大ならば, $|a_n - \alpha| < \dfrac{c}{2}$, $|b_n - \beta| < \dfrac{c}{2}$ であり, したがって $a_n - b_n > 0$ となり仮定に反する.

(6) $0 < c_n - a_n < b_n - a_n \to 0 \; (n \to \infty)$ であるから $\lim_{n\to\infty} c_n = \lim_{n\to\infty} a_n = \alpha$ となる.

§2 数列の極限

追記 2 $a_n = \left(1+\dfrac{1}{n}\right)^n$ ($n=1,2,3,\cdots$) で与えられる数列 $\{a_n\}$ は上に有界な単調増加数列であることの証明．

$$\begin{aligned}
a_n &= 1 + {}_nC_1\dfrac{1}{n} + {}_nC_2\left(\dfrac{1}{n}\right)^2 + {}_nC_3\left(\dfrac{1}{n}\right)^3 + \cdots + {}_nC_n\left(\dfrac{1}{n}\right)^n \\
&= 1 + n\dfrac{1}{n} + \dfrac{n(n-1)}{2!}\dfrac{1}{n^2} + \dfrac{n(n-1)(n-2)}{3!}\dfrac{1}{n^3} + \cdots \\
&\quad + \dfrac{n(n-1)(n-2)\cdots 2\cdot 1}{n!}\dfrac{1}{n^n} \\
&= 1 + 1 + \dfrac{1}{2!}\left(1-\dfrac{1}{n}\right) + \dfrac{1}{3!}\left(1-\dfrac{1}{n}\right)\left(1-\dfrac{2}{n}\right) + \cdots \\
&\quad + \dfrac{1}{n!}\left(1-\dfrac{1}{n}\right)\left(1-\dfrac{2}{n}\right)\cdots\left(1-\dfrac{n-1}{n}\right)
\end{aligned}$$

同様に

$$\begin{aligned}
a_{n+1} &= 1 + 1 + \dfrac{1}{2!}\left(1-\dfrac{1}{n+1}\right) + \dfrac{1}{3!}\left(1-\dfrac{1}{n+1}\right)\left(1-\dfrac{2}{n+1}\right) + \cdots \\
&\quad + \dfrac{1}{n!}\left(1-\dfrac{1}{n+1}\right)\left(1-\dfrac{2}{n+1}\right)\cdots\left(1-\dfrac{n-1}{n+1}\right) \\
&\quad + \dfrac{1}{(n+1)!}\left(1-\dfrac{1}{n+1}\right)\left(1-\dfrac{2}{n+1}\right)\cdots\left(1-\dfrac{n-1}{n+1}\right)\left(1-\dfrac{n}{n+1}\right)
\end{aligned}$$

である．上の 2 つの展開式の各項を比較して，$a_n < a_{n+1}$ である．すなわち $\{a_n\}$ は単調増加である．つぎに a_n の最後の表示式から，

$$\begin{aligned}
a_n &< 1 + 1 + \dfrac{1}{2!} + \dfrac{1}{3!} + \cdots + \dfrac{1}{n!} \\
&< 1 + 1 + \dfrac{1}{2} + \dfrac{1}{2^2} + \cdots + \dfrac{1}{2^{n-1}} = 1 + 2\left(1-\dfrac{1}{2^n}\right) < 3
\end{aligned}$$

よって，数列 $\{a_n\}$ は上に有界である． ∎

追記 3 $\{a_n\}$ を正数の項からなる数列で，$\lim\limits_{n\to\infty} a_n = a$ ($a>0$) とするとき，自然数 k に対して，$\lim\limits_{n\to\infty} a_n^{\frac{1}{k}} = a^{\frac{1}{k}}$ である．

証明 $\lim\limits_{n\to\infty} a_n = a$ ($a>0$) より，n が十分大であれば，$a_n > \dfrac{a}{2}$ となるから，

同時に $a_n^{\frac{1}{k}} > a^{\frac{1}{k}}\left(\frac{1}{2}\right)^{\frac{1}{k}}$ がいえる.

$$|a_n^{\frac{1}{k}} - a^{\frac{1}{k}}| = \frac{|a_n - a|}{|a_n^{\frac{k-1}{k}} + a_n^{\frac{k-2}{k}}a^{\frac{1}{k}} + \cdots + a_n^{\frac{1}{k}}a^{\frac{k-2}{k}} + a^{\frac{k-1}{k}}|}$$

$$< \frac{|a_n - a|}{a^{\frac{k-1}{k}}\left\{1 + \left(\frac{1}{2}\right)^{\frac{1}{k}} + \left(\frac{1}{2}\right)^{\frac{2}{k}} + \cdots + \left(\frac{1}{2}\right)^{\frac{k-1}{k}}\right\}} = C|a_n - a|$$

ただし,$C = \dfrac{2 - 2^{\frac{k-1}{k}}}{a^{\frac{k-1}{k}}} > 0$(定数)である.以上のことから,$|a_n - a| \to 0$ であれば $|a_n^{\frac{1}{k}} - a^{\frac{1}{k}}| \to 0$ となる. ∎

たとえば,問 7 (1) で $\displaystyle\lim_{n\to\infty}\left(1 + \frac{1}{2n}\right)^n = \lim_{n\to\infty}\left(\left(1 + \frac{1}{2n}\right)^{2n}\right)^{\frac{1}{2}} = e^{\frac{1}{2}} = \sqrt{e}$ となる.

追記 4 無限級数 $\displaystyle\sum_{n=1}^{\infty}\frac{1}{n}$ は無限大に発散する.

証明 $S_n = \displaystyle\sum_{k=1}^{n}\frac{1}{k}$ とするとき,数列 $\{S_n\}$ は単調増加である.

$$S_{2^n} = \sum_{k=1}^{2^n}\frac{1}{k}$$

$$= 1 + \frac{1}{2} + \left(\frac{1}{3} + \frac{1}{4}\right) + \left(\frac{1}{5} + \frac{1}{6} + \frac{1}{7} + \frac{1}{8}\right) + \left(\frac{1}{9} + \frac{1}{10} + \cdots + \frac{1}{16}\right) + \cdots$$

$$+ \left(\frac{1}{2^{n-1}+1} + \frac{1}{2^{n-1}+2} + \cdots + \frac{1}{2^n}\right)$$

$$> 1 + \frac{1}{2} + \left(\frac{1}{4} + \frac{1}{4}\right) + \left(\frac{1}{8} + \frac{1}{8} + \frac{1}{8} + \frac{1}{8}\right) + \left(\frac{1}{16} + \frac{1}{16} + \cdots + \frac{1}{16}\right) + \cdots$$

$$+ \left(\frac{1}{2^n} + \frac{1}{2^n} + \cdots + \frac{1}{2^n}\right)$$

$$= 1 + \frac{1}{2} + \frac{1}{2} + \frac{1}{2} + \frac{1}{2} + \cdots + \frac{1}{2} = 1 + \frac{n}{2}$$

であるから,$\displaystyle\lim_{n\to\infty}S_{2^n} = \infty$ となり,したがって $\displaystyle\lim_{n\to\infty}S_n = \infty$ となる. ∎

§3 関数の極限値と連続関数
3.1 関　　数

$\boldsymbol{R}$ の部分集合 D に属する任意の数 x に対して，ある約束により数 y がただ1つ対応しているとき，y は x の**関数**であるといい，
$$y = f(x)$$
のように書き表す．x を**独立変数**，y を**従属変数**という．D をこの関数の**定義域**といい，このとき y のとる値の集合をこの関数の**値域**という．値域を $f(D)$ などで表すこともある．以後しばしば関数 $f(x) = \cdots$ といった言い方をするが，これは "x に対し値 $f(x)$ が対応している" 関数を意味するものとする．

例題 12 実数 x ($-2 \leqq x \leqq 2$) に対し，原点を中心とし，半径 2 の上半円と x 軸の点 x での垂線との交点の y 座標がただ1つ定まる(図 1.4)．このとき y は x の関数である．実際
$$y = \sqrt{4-x^2}$$
と表され，この関数の定義域は $[-2, 2]$，値域は $[0, 2]$ である． ∎

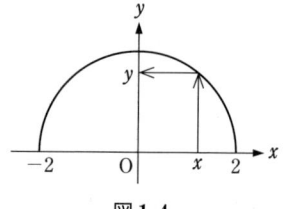

図 1.4

例題 13 実数 x に対し，
$$y = f(x) = \begin{cases} 1 & (x = \text{有理数}) \\ 0 & (x = \text{無理数}) \end{cases}$$
という約束で定まる関数の定義域は $(-\infty, \infty)$ であり，値域は $\{0, 1\}$ である． ∎

例題 14 関数 $y = \dfrac{x^2-4}{x-2}$ の定義域は 2 を除く実数全体であり，値域は 4 を除く実数全体である(図 1.5)． ∎

注意 数列 $\{a_n\}$ は $\boldsymbol{N}$（自然数全体）を定義域とする関数と見ることができる．

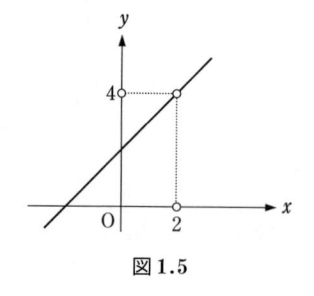

図 1.5

問 11 つぎの関数の定義域と値域を調べよ．
 (1) $y = \sqrt{x-2}$　　(2) $y = \dfrac{x+1}{x-2}$　　(3) $y = x^2+1$

関数 $f(x)$ の定義域 D 内の任意の x に対して
$$f(x) \leqq M \quad (\text{あるいは } f(x) \geqq m)$$
が成り立つような定数 M（あるいは m）が存在するとき，$f(x)$ はそれぞれ**上に有界**（**下に有界**）であるといい，このときの M を $f(x)$ の**上界**，m を**下界**という．上・下に有界な関数を単に**有界関数**という．

$f(x)$ の定義域の部分集合 D_1 内の任意の 2 数 $x_1, x_2 \, (x_1 < x_2)$ に対して，
 i) つねに $f(x_1) \leqq f(x_2)$ ならば $f(x)$ は D_1 で**単調増加**であるという．
 ii) つねに $f(x_1) \geqq f(x_2)$ ならば $f(x)$ は D_1 で**単調減少**であるという．
とくに i), ii) で等号が成立しないとき，$f(x)$ は D_1 でそれぞれ**狭義単調増加**，**狭義単調減少**であるという．

例題 15 関数 $y = x^2$ は $(-\infty, 0]$ において狭義単調減少であり，$[0, \infty)$ において狭義単調増加である（図 1.6）．
　なぜなら，$x_1 < x_2 \leqq 0$ のとき
$$x_2{}^2 - x_1{}^2 = (x_2 - x_1)(x_2 + x_1) < 0$$
であり，$0 \leqq x_1 < x_2$ のとき
$$x_2{}^2 - x_1{}^2 = (x_2 - x_1)(x_2 + x_1) > 0$$

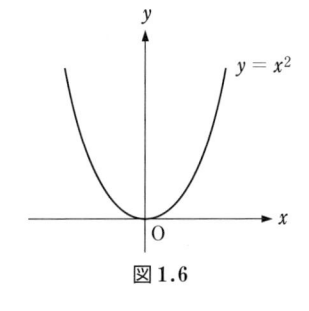

図 1.6

問 12 つぎの関数の有界性，単調性について調べよ．
 (1) $y = ax + b \quad (a > 0)$
 (2) $y = x^3$　　(3) $y = \dfrac{1}{x^2+1}$

§3 関数の極限値と連続関数

$f(x)$ が D_1 において狭義単調増加（減少）関数であるとする．D_1 において $f(x)$ のとる値の集合を $f(D_1)$ とすれば，$f(D_1)$ に属する任意の x に対し，$f(y) = x$ となるような D_1 の数 y がただ1つ定まる（図 1.7）．この約束で定まる関数を $f(x)$ の**逆関数**とよび，$f^{-1}(x)$ と表す．逆関数 $f^{-1}(x)$ は $f(D_1)$ を定義域にもつ狭義単調増加（減少）関数であり，値域は D_1 である．

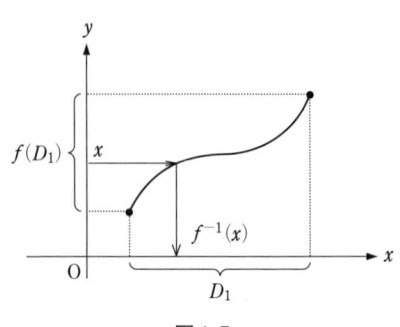

図 1.7

点 $\mathrm{P}(a, b)$ を $y = f(x)$ のグラフ上の点とするとき
$$b = f(a) \iff a = f^{-1}(b)$$
であるから，点 $\mathrm{Q}(b, a)$ は $y = f^{-1}(x)$ のグラフ上の点である（図 1.8）．点 P，Q は直線 $y = x$ に関して対称であるから，$y = f(x)$ のグラフと $y = f^{-1}(x)$ のグラフは直線 $y = x$ に関して対称である．

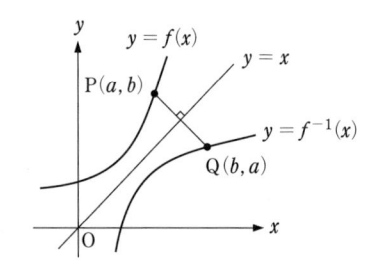

図 1.8

例題 16　$y = x^n$ は $[0, \infty)$ で狭義単調増加であり，その逆関数 $y = x^{\frac{1}{n}}$ の定義域，値域はともに $[0, \infty)$ である．

証明　$x_2 > x_1 \geqq 0$ に対して
$$\begin{aligned}&x_2{}^n - x_1{}^n \\&= (x_2 - x_1)(x_2{}^{n-1} + x_2{}^{n-2}x_1 + \cdots \\&\qquad\qquad + x_2 x_1{}^{n-2} + x_1{}^{n-1}) \\&> 0\end{aligned}$$
図 1.9 では $n = 2, 3$ の場合を示している．

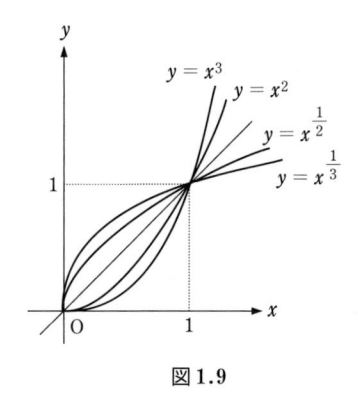

図 1.9

注意　例題 16 から，任意の $a > 0$ に対して $a^{\frac{1}{n}} = \sqrt[n]{a}\ (>0)$ がただ1つ定まる（§1 参照）．

問 13　つぎの関数の逆関数と，その定義域を求めよ．

(1) $y = \dfrac{1}{2}x + 1 \quad (0 \leqq x \leqq 4)$
(2) $y = (1 - 2x)^2 + 1 \quad \left(x \geqq \dfrac{1}{2}\right)$

関数 $f(x)$ の値域が関数 $g(x)$ の定義域に含まれるとき，$f(x)$ の定義域内の任意の x に対し，$z = g(f(x))$ がただ 1 つ対応する．この約束により定まる関数を $f(x)$ と $g(y)$ の**合成関数**といい，$g \circ f(x)$ と表す．$g \circ f(x)$ の定義域は $f(x)$ の定義域に等しい．

例題 17 $f(x) = x^2 + 1$, $g(x) = \sqrt{x}$ に対し
$\qquad g \circ f(x) = \sqrt{x^2 + 1}$ の定義域は $(-\infty, \infty)$，値域は $[1, \infty)$
$\qquad f \circ g(x) = x + 1$ の定義域は $[0, \infty)$，値域は $[1, \infty)$
である．

問 14 つぎの関数の合成関数 $g \circ f(x)$ とその定義域，値域を求めよ．
(1) $f(x) = x^2$, $g(x) = \dfrac{1}{1+x}$　　(2) $f(x) = \sqrt{1-x^2}$, $g(x) = -2x + 3$

関数 $f(x)$ の定義域が数直線上 $x = 0$ に関して対称であり，任意の x に対し，$f(-x) = f(x)$ を満たすとき $f(x)$ は**偶関数**といい，$f(-x) = -f(x)$ を満たすとき $f(x)$ は**奇関数**という．

例題 18 $f(x) = \dfrac{4}{2x+3} - \dfrac{4}{2x-3}$ は偶関数，$g(x) = 3x + \dfrac{2}{x}$ は奇関数である．

なぜなら
$$f(-x) = \frac{4}{2(-x)+3} - \frac{4}{2(-x)-3} = \frac{4}{2x+3} - \frac{4}{2x-3} = f(x)$$
$$g(-x) = 3(-x) + \frac{2}{(-x)} = -\left(3x + \frac{2}{x}\right) = -g(x)$$

問 15 つぎの関数が偶関数であるか奇関数であるかを調べよ．
(1) $f(x) = \dfrac{1-x^2}{1+x^2}$　　(2) $f(x) = \dfrac{2x}{1+x^2}$
(3) $f(x) = \dfrac{1-3x+2x^2}{1+x} \dfrac{1+3x+2x^2}{1-x}$

問 16 定義域が $x = 0$ に関して対称であるような関数 $f(x)$ に対し
(1) $f(x) + f(-x)$, $f(x) \cdot f(-x)$ が偶関数であることを示せ．
(2) $f(x) - f(-x)$ が奇関数であることを示せ．

定義からわかるように，偶関数のグラフは y 軸に関して対称（図 1.10）であり，奇関数のグラフは原点に関して対称（図 1.11）である．

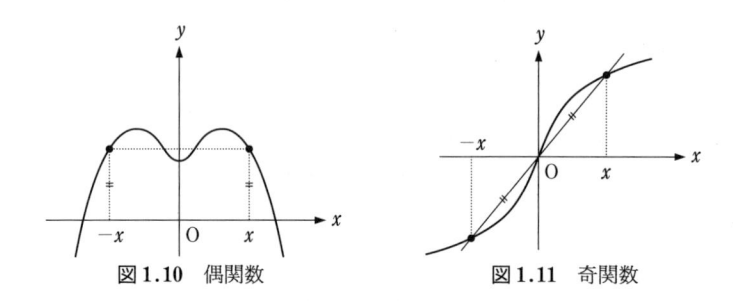

図 1.10 偶関数 図 1.11 奇関数

3.2 関数の極限値

変数 x が，$f(x)$ の定義域内で，x_0 以外の値をとりながら，限りなく x_0 に近づくとき，その近づき方に関係なく 1 つの定数 a に限りなく近づくならば，a のことを $f(x)$ の $x = x_0$ での**極限値**とよび

$$\lim_{x \to x_0} f(x) = a$$

と書く．この場合 x_0 は必ずしも $f(x)$ の定義域に含まれていなくてもよい．

例題 19 $\displaystyle\lim_{x \to 1} \frac{x^2-1}{x-1} = 2$

なぜなら，$f(x) = \dfrac{x^2-1}{x-1}$ とおくと，$f(x)$ は $x = 1$ では定義されていないが，$x \neq 1$ では（分子を因数分解して約分して）$f(x) = x+1$ であり，

$$\lim_{x \to 1} \frac{x^2-1}{x-1} = \lim_{x \to 1} (x+1) = 2$$

x が x_0 に近づくとき，その近づき方により，$f(x)$ が異なる値に近づくことがある．この場合，極限値とはよばず，**極限値は存在しない**という．したがって，$\displaystyle\lim_{x \to x_0} f(x) = a$ であるとは

$$|x - x_0| \to 0 \quad \text{のとき} \quad |f(x) - a| \to 0$$

と理解した方がよい．

x が x_0 より小さい（または大きい）値をとりながら限りなく x_0 に近づくと

きに，$f(x)$ が 1 つの定数 a に限りなく近づくならば，a のことを $f(x)$ の $x = x_0$ での**左極限値**（または**右極限値**）とよび，$\lim_{x \to x_0 - 0} f(x) = a$（または $\lim_{x \to x_0 + 0} f(x) = a$）と表す．とくに $x_0 = 0$ のときには，簡単に $\lim_{x \to -0} f(x)$（または $\lim_{x \to +0} f(x)$）と表す．

例題 20 $f(x) = [x]$（x を越えない最大整数）とするとき，整数 m において $f(x)$ は極限値をもたない．なぜなら
$$\lim_{x \to m-0} [x] = m - 1, \quad \lim_{x \to m+0} [x] = m$$
であり，$\lim_{x \to m} [x]$ は存在しない．

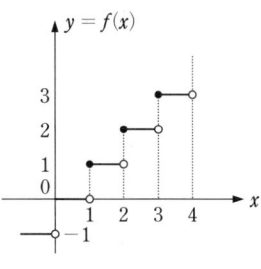

図 1.12 $y = [x]$

注意 $\lim_{x \to x_0} f(x)$ が存在するのは，左右の極限値が存在し，それらが一致するときである．

問 17 つぎの左極限，右極限を求めよ．
(1) $f(x) = \begin{cases} x+2 & (x \leq 2) \\ 3x-3 & (x > 2) \end{cases}$ に対し，$\lim_{x \to 2+0} f(x)$

(2) $f(x) = \begin{cases} 2x+1 & (x \leq 2) \\ x+5 & (x > 2) \end{cases}$ に対し，$\lim_{x \to 2-0} f(x)$

(3) $\lim_{x \to +0} \dfrac{1}{x}$ (4) $\lim_{x \to -0} \dfrac{1}{x^2}$

$|x - x_0| \to 0$ のとき，$f(x)$ の値が限りなく大きくなる場合，あるいは $f(x)$ の値が負で $|f(x)|$ が限りなく大きくなる場合がある．この場合，極限値とはいわないが，
$$\lim_{x \to x_0} f(x) = \infty \quad \text{あるいは} \quad \lim_{x \to x_0} f(x) = -\infty$$
と書く．

また $x \to \infty$（または $x \to -\infty$）のとき，$f(x)$ の値が限りなく一定値 a に近づく場合にも
$$\lim_{x \to \infty} f(x) = a \quad (\text{または} \lim_{x \to -\infty} f(x) = a)$$

§3 関数の極限値と連続関数

と書く．

関数の極限値についてはつぎの定理が基本的である．

> **定理3** $\lim_{x \to x_0} f(x) = \alpha$, $\lim_{x \to x_0} g(x) = \beta$ であるとき，
>
> (1) $\lim_{x \to x_0} \{f(x) \pm g(x)\} = \alpha \pm \beta$ （複号同順）
>
> (2) $\lim_{x \to x_0} cf(x) = c\alpha$ （c は定数）
>
> (3) $\lim_{x \to x_0} f(x)g(x) = \alpha\beta$
>
> (4) $\lim_{x \to x_0} \dfrac{f(x)}{g(x)} = \dfrac{\alpha}{\beta}$ （$\beta \neq 0$）
>
> (5) $x = x_0$ の近くで $f(x) \leq g(x)$ ならば $\alpha \leq \beta$．
>
> (6) $x = x_0$ の近くで $f(x) \leq h(x) \leq g(x)$ で $\alpha = \beta$ ならば $\lim_{x \to x_0} h(x) = \alpha$．

証明 ここでは (3) のみを証明する．

$$|f(x)g(x) - \alpha\beta| = |(f(x)-\alpha)(g(x)-\beta) + \alpha(g(x)-\beta) + \beta(f(x)-\alpha)|$$
$$\leq |f(x)-\alpha||g(x)-\beta| + |\alpha||g(x)-\beta|$$
$$+ |\beta||f(x)-\alpha|$$

仮定より $|x-x_0| \to 0$ のとき $|f(x)-\alpha| \to 0$, $|g(x)-\beta| \to 0$ であるから，$|f(x)g(x) - \alpha\beta| \to 0$ となる．

定理3の(3)以外の公式も定理1の証明（追記1）と同じ手順により導かれるので，ここではその証明を省略する．

例題21 (1) $\lim_{x \to 3} \dfrac{x^2 - 3x}{x^2 - 2x - 3} = \lim_{x \to 3} \dfrac{x(x-3)}{(x-3)(x+1)} = \lim_{x \to 3} \dfrac{x}{x+1} = \dfrac{3}{4}$

(2) $\lim_{x \to 1} \dfrac{\sqrt{x}-1}{x-1} = \lim_{x \to 1} \dfrac{x-1}{(x-1)(\sqrt{x}+1)} = \lim_{x \to 1} \dfrac{1}{\sqrt{x}+1} = \dfrac{1}{2}$

(3) $\lim_{x \to \infty} \dfrac{2x^4 + 3x^2}{5x^4 - x^3 + 4x} = \lim_{x \to \infty} \dfrac{2 + \dfrac{3}{x^2}}{5 - \dfrac{1}{x} + \dfrac{4}{x^3}} = \dfrac{2}{5}$

問 18　つぎの極限値を求めよ．

(1) $\displaystyle\lim_{x\to -3}\frac{x^3+3x^2}{x^2+2x-3}$　　(2) $\displaystyle\lim_{x\to 3}\frac{x^2+3x}{x^2+2x+2}$

(3) $\displaystyle\lim_{x\to 0}\frac{2x^3+3x^2}{-4x^3+5x^2}$　　(4) $\displaystyle\lim_{x\to 0}\frac{\sqrt{1+x}-\sqrt{1-x}}{x}$

(5) $\displaystyle\lim_{x\to\infty}\frac{2x^4+3x^2}{5x^4+2x^3+2x^2}$　　(6) $\displaystyle\lim_{x\to\infty}\frac{\sqrt{x^2+1}-1}{x}$

3.3　連続関数

関数 $f(x)$ が a を含む小区間で定義されていて

　[C 1]　$\displaystyle\lim_{x\to a}f(x)$ が存在し，かつ

　[C 2]　$\displaystyle\lim_{x\to a}f(x)=f(a)$

が成り立つとき，$f(x)$ は $x=a$ において**連続**であるという．関数 $f(x)$ が区間 I の各点で連続であるとき，$f(x)$ は区間 I で連続であるという．

閉区間 $[a,b]$ で定義されている関数 $f(x)$ が端の点 a あるいは b で連続であるとは，それぞれ

$$\lim_{x\to a+0}f(x)=f(a) \quad \text{あるいは} \quad \lim_{x\to b-0}f(x)=f(b)$$

であるという意味である．この場合，$f(x)$ は点 a では**右から**，点 b では**左から**連続であるという．

例題 22　(1)　$f(x)=c$（定数）は $(-\infty,\infty)$ で連続である．
　　　　　(2)　$f(x)=x$ は $(-\infty,\infty)$ で連続である．

証明　(1), (2) いずれの場合にも $f(x)$ は $(-\infty,\infty)$ で定義されていて，$(-\infty,\infty)$ の任意の x_0 に対して，[C 1], [C 2] の条件を満たしている．■

例題 23　$f(x)=\dfrac{x+2}{x^2-4}$ は $x=-2, 2$ 以外のすべての点で連続である（図 1.13）．

証明　$x=-2, 2$ では $f(x)$ は定義されていない．$-2, 2$ と異なる任意の x_0 では

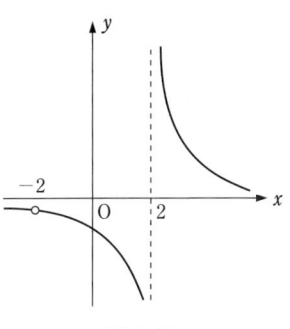

図 1.13

$$\lim_{x \to x_0} \frac{x+2}{x^2-4} = \frac{x_0+2}{x_0{}^2-4} = f(x_0)$$

を満たしている．

例題 24 $f(x) = [x]$ は $x = m$（整数）で連続でないが，右から連続である．また，整数点以外のすべての点で連続である（例題 20）．

定理 3 からつぎの定理がいえる．

定理 4 関数 $f(x), g(x)$ が $x = x_0$ で連続であれば
$$f(x) \pm g(x), \quad cf(x), \quad f(x)g(x), \quad \frac{f(x)}{g(x)} \quad (g(x_0) \neq 0)$$
はいずれも $x = x_0$ で連続である．

例題 25 $f(x) = x, x^2, \cdots, x^n$ はすべて $(-\infty, \infty)$ において連続である．

証明 $f(x) = x$ が $(-\infty, \infty)$ のすべての点で連続であるから，定理 4 より $f(x) = x^2, \cdots, x^n$ も $(-\infty, \infty)$ において連続である．

例題 26 任意の多項式 $f(x) = c_0 x^n + c_1 x^{n-1} + \cdots + c_{n-1} x + c_n$ は $(-\infty, \infty)$ で連続である．また，分数式（有理式）は，分母が 0 となる点を除いて，$(-\infty, \infty)$ で連続である．

証明 定理 4 および例題 25 よりいえる．

定理 5 $f(x)$ が x_0 で連続であり，$g(y)$ が $y_0 = f(x_0)$ で連続あるとき，合成関数 $g \circ f(x) = g(f(x))$ は x_0 で連続である．

証明 $\lim_{x \to x_0} g(f(x)) = \lim_{y \to y_0} g(y) = g(y_0) = g(f(x_0))$

定理 6 $f(x)$ を区間 $[a, b]$ で連続な狭義単調増加関数とし，$f(a) =$

a, $f(b) = \beta$ とするとき，$[\alpha, \beta]$ で定義される逆関数 $f^{-1}(x)$ は連続な狭義単調増加関数である．$f(x)$ が連続な狭義単調減少関数の場合，$f^{-1}(x)$ は連続な狭義単調減少関数である．

証明 連続性についてのみ確かめればよいが，このことは図 1.14 より直観的に理解しておけば十分であるので，証明は省略する．∎

定理 6 は，閉区間 $[a, b]$ に限らず，$((-\infty, \infty)$ を含めた) 一般の区間 I においても成立する．

連続関数については，つぎの性質 (定理 7, 定理 8) がよく知られている．

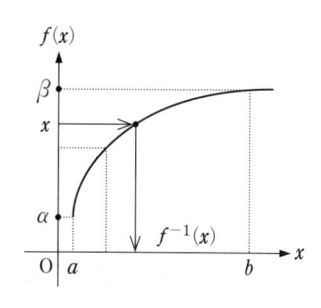

図 1.14

定理 7（中間値の定理） $f(x)$ が閉区間 $[a, b]$ で連続な関数で，$f(a) \neq f(b)$ であるとき，$f(a)$ と $f(b)$ の間の任意の数 k に対して
$$f(\xi) = k, \quad a < \xi < b$$
となるような数 ξ が少なくとも 1 つ必ず存在する．

証明 厳密な証明は省略する．$y = f(x)$ のグラフが 2 点 $(a, f(a))$ と $(b, f(b))$ を結ぶ連続な曲線であることから直観的に理解しておけば十分である（図 1.15）．∎

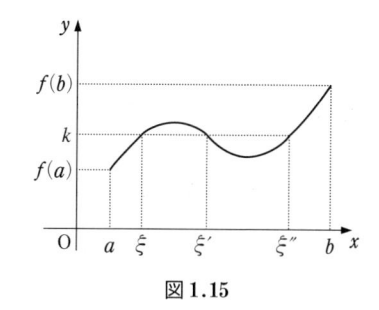

例題 27 $a < b < c$ とするとき，2 次方程式

図 1.15

$$(x-a)(x-b) + (x-b)(x-c) + (x-c)(x-a) = 0$$

は a, b の間と b, c の間に実数解をもつことを示せ．

証明 $f(x) = (x-a)(x-b) + (x-b)(x-c) + (x-c)(x-a)$ とおくとき，$f(a) > 0$, $f(b) < 0$, $f(c) > 0$ であるから，中間値の定理より，(a, b) および (b, c) 内に $f(\xi) = 0$ となるような数 ξ が必ず存在する．∎

§3 関数の極限値と連続関数

問 19　3次方程式 $x^3+ax^2+bx+c=0$ は少なくとも1つの実数解をもつことを証明せよ．

区間 I で定義されている関数 $f(x)$ が，ある1つの数 $c \in I$ において，c 以外のすべての $x \in I$ に対して
$$f(c) \leqq f(x) \quad (f(c) \geqq f(x))$$
が成り立つとき，$f(x)$ は $x=c$ で最小（最大）であるといい，$f(c)$ を $f(x)$ の区間 I における最小値（最大値）という．

一般につぎの定理が成り立つ．

> 定理 8（最小値・最大値の存在定理）　閉区間 $[a,b]$ で連続な関数は $[a,b]$ において最小値および最大値をとる．

証明　この定理は，厳密には実数の連続性の性質を使用して証明されるが，ここでは図 1.16 をながめて直観的に理解しておけば十分であるので，その証明を省略する．■

注意　定理 8 では区間が閉区間であることが重要である．閉区間でない場合にはこの定理が成り立たないことがある．

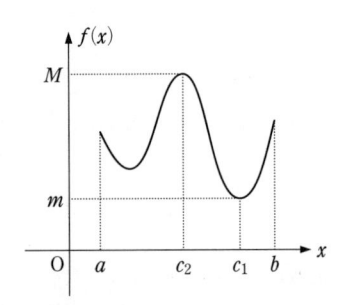

図 1.16

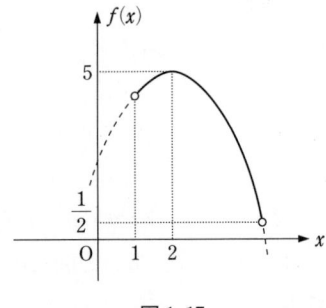

例題 28　$f(x) = -\dfrac{1}{2}x^2 + 2x + 3$ は閉区間 $[1,5]$ で最小値 $\dfrac{1}{2}$，最大値 5 をとるが，開区間 $(1,5)$ では最小値をとらない（図 1.17）．■

図 1.17

§4 種々の連続関数

4.1 三角関数・逆三角関数

　微積分で取り扱う三角関数では，変数（角度）の単位はすべて弧度法であるので，まず最初に弧度法について簡単に要約しておこう．

　角度の単位として慣れ親しんでいる単位は，円周を360等分したときの角を $1°$（1度）とする**度数法**であるが，もう1つの角度の単位として，円周上半径と同じ長さの円弧を含む中心角を**1ラジアン**（radian）とする**弧度法**がある（図 1.18）．すなわち，半径 r の円弧に対する中心角 θ を

$$\theta = \frac{\text{円弧の長さ}}{r}$$

と定め，単位をラジアンとするのが弧度法である．半径 r の円周の長さが $2\pi r$（π は円周率）であるから，$360°$ は 2π ラジアンに相当する．このことから，度数法と弧度法の単位の換算は

$$x° = \frac{\pi x}{180} \text{ラジアン}$$

で与えられる（表 1.1）．

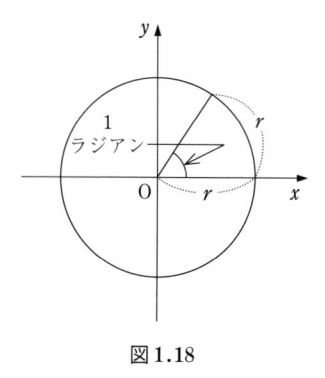

図 1.18

表 1.1

度	$0°$	$30°$	$45°$	$60°$	$90°$	$120°$	$135°$	$150°$	$180°$
ラジアン	0	$\dfrac{\pi}{6}$	$\dfrac{\pi}{4}$	$\dfrac{\pi}{3}$	$\dfrac{\pi}{2}$	$\dfrac{2\pi}{3}$	$\dfrac{3\pi}{4}$	$\dfrac{5\pi}{6}$	π

　弧度法の定め方から，

　　半径 r，中心角 θ ラジアンの円弧の長さは $l = r\theta$，

　　半径 r，中心角 θ ラジアンの扇形の面積は $S = \dfrac{1}{2}r^2\theta = \dfrac{1}{2}lr$

と表せる．

　以後，角の大きさを弧度法で表すときは，単位ラジアンを省略して記す．

座標平面で，x 軸の正の部分を始線にとり角 θ $(0 \leqq \theta < 2\pi)$ を表す動径と，原点 O を中心とする半径 r の円との交点を P(a, b) とするとき（図 1.19）

$$\frac{b}{r}, \quad \frac{a}{r}, \quad \frac{b}{a} \quad (a \neq 0)$$

は，半径 r に関係なく，θ によって定まる．これらの値をそれぞれ

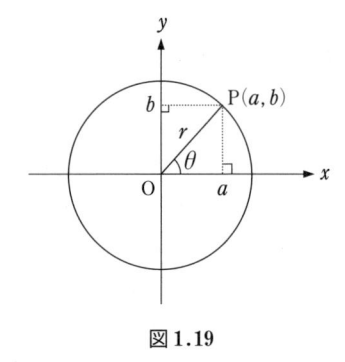

$$\sin\theta, \quad \cos\theta, \quad \tan\theta$$

図 1.19

と表し，それぞれ θ の**正弦**，**余弦**，**正接**という．これらは θ を変数とする関数を定義する．

関数 $\sin\theta, \cos\theta$ の定義域は $[0, 2\pi]$ であり，値域は $[-1, 1]$ である．また，

$$\tan\theta = \frac{\sin\theta}{\cos\theta} \quad \left(\theta \neq \frac{\pi}{2}, \frac{3\pi}{2}\right)$$

と表せる．任意の実数 x に対して，

$$x = \theta_1 + 2\pi n, \quad 0 \leqq \theta_1 < 2\pi$$

となるような θ_1 および整数 n がとれる．そこで

$$\sin x = \sin\theta_1, \quad \cos x = \cos\theta_1$$

と定義することにより，$\sin x, \cos x$ は $(-\infty, \infty)$ を定義域とする関数となる．このように定義域が拡張された関数 $\sin x, \cos x$ のことを改めて**正弦関数**，**余弦関数**とよぶ．さらに

$$\tan x = \frac{\sin x}{\cos x}, \quad \cot x = \frac{\cos x}{\sin x}$$

と定義し，それぞれ**正接関数**，**余接関数**という．表 1.2 および図 1.20〜1.22 にこれらの関数のとる代表的な値とグラフの概形を示す．

グラフからわかるように，$\sin x$ は奇関数，$\cos x$ は偶関数であり，さらに等式

$$\sin^2 x + \cos^2 x = 1$$

$$\sin x = \cos\left(\frac{\pi}{2} - x\right), \quad \cos x = \sin\left(\frac{\pi}{2} - x\right)$$

表 1.2

	0	$\dfrac{\pi}{6}$	$\dfrac{\pi}{4}$	$\dfrac{\pi}{3}$	$\dfrac{\pi}{2}$	$\dfrac{2\pi}{3}$	$\dfrac{3\pi}{4}$	$\dfrac{5\pi}{6}$	π
$\sin x$	0	$\dfrac{1}{2}$	$\dfrac{\sqrt{2}}{2}$	$\dfrac{\sqrt{3}}{2}$	1	$\dfrac{\sqrt{3}}{2}$	$\dfrac{\sqrt{2}}{2}$	$\dfrac{1}{2}$	0
$\cos x$	1	$\dfrac{\sqrt{3}}{2}$	$\dfrac{\sqrt{2}}{2}$	$\dfrac{1}{2}$	0	$\dfrac{-1}{2}$	$\dfrac{-\sqrt{2}}{2}$	$\dfrac{-\sqrt{3}}{2}$	-1
$\tan x$	0	$\dfrac{1}{\sqrt{3}}$	1	$\sqrt{3}$	×	$-\sqrt{3}$	-1	$\dfrac{-1}{\sqrt{3}}$	0
$\cot x$	×	$\sqrt{3}$	1	$\dfrac{1}{\sqrt{3}}$	0	$\dfrac{-1}{\sqrt{3}}$	-1	$-\sqrt{3}$	×

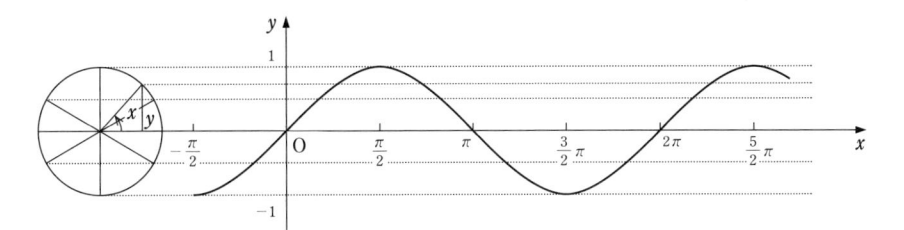

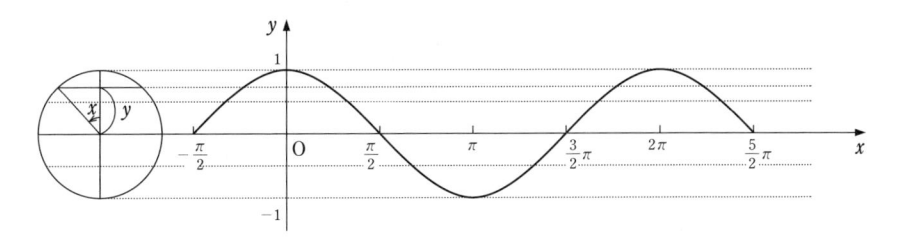

図 1.20　$y = \sin x$

図 1.21　$y = \cos x$

$$\sin\left(x+\dfrac{\pi}{2}\right) = \cos x, \quad \cos\left(x+\dfrac{\pi}{2}\right) = -\sin x$$

が成立する．これ以外にも三角関数については種々の重要な公式が知られている．ここでは，後の議論の中で使用されるいくつかの基本的な公式について確認しておこう．

§4　種々の連続関数

図 1.22　$y = \tan x$

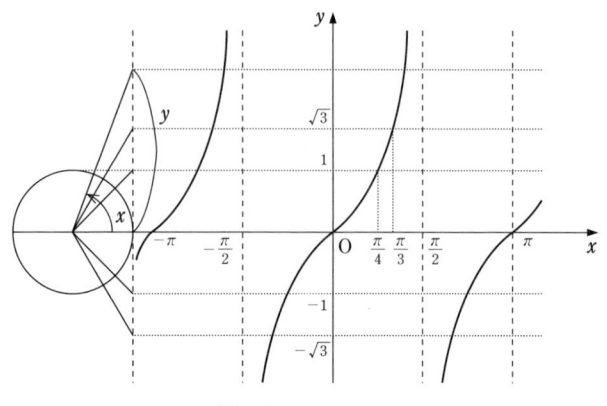

加法公式　　$\sin(x \pm y) = \sin x \cos y \pm \cos x \sin y$　（複号同順）
　　　　　　　$\cos(x \pm y) = \cos x \cos y \mp \sin x \sin y$　（複号同順）

加法公式で $x = y$ とおけば，つぎの公式が得られる．

2倍角公式　　　　$\sin 2x = 2 \sin x \cos x$
　　　　　　　　　　$\cos 2x = \cos^2 x - \sin^2 x$

2倍角公式から，$\cos 2x = 2\cos^2 x - 1 = 1 - 2\sin^2 x$ と変形され，これよりつぎの公式が得られる．

$$\sin^2 x = \frac{1 - \cos 2x}{2}, \quad \cos^2 x = \frac{1 + \cos 2x}{2}$$

加法公式を使用すれば，

$$\sin(x+y) - \sin(x-y) = 2\cos x \sin y$$
$$\cos(x+y) - \cos(x-y) = -2\sin x \sin y$$

となるが，ここで $x+y = \alpha$, $x-y = \beta$ とおくと，$x = \dfrac{\alpha+\beta}{2}$, $y = \dfrac{\alpha-\beta}{2}$ であるから，つぎの公式が得られる．

差を積に直す公式　　$\sin \alpha - \sin \beta = 2 \cos \dfrac{\alpha+\beta}{2} \sin \dfrac{\alpha-\beta}{2}$

$$\cos\alpha - \cos\beta = -2\sin\frac{\alpha+\beta}{2}\sin\frac{\alpha-\beta}{2}$$

問 20 つぎの値を求めよ．

(1) $x = \frac{\pi}{12}$ のとき，$\sin x$, $\cos x$, $\tan x$ $\left(\text{ヒント}: \frac{\pi}{12} = \frac{\pi}{3} - \frac{\pi}{4}\right)$

(2) $\cos x = \frac{1}{4}$ $\left(0 \leqq x \leqq \frac{\pi}{2}\right)$ のとき，$\sin x$, $\tan x$

(3) $\sin x = \frac{1}{3}$ $\left(0 \leqq x \leqq \frac{\pi}{2}\right)$ のとき，$\cos 2x$, $\tan 2x$

$0 < x < \frac{\pi}{2}$ のとき，中心角が x, 半径 r の円弧を AB とする．図 1.23 より，面積について

$$\triangle\text{OAB} < \text{扇形 OAB} < \triangle\text{OAT}$$

であるから，

$$0 < \frac{1}{2}r^2 \sin x < \frac{1}{2}r^2 x < \frac{1}{2}r^2 \tan x$$

となり，

$$0 < \sin x < x < \tan x$$

が成立する．

$-\frac{\pi}{2} < x < 0$ のときには，$\sin x, \tan x$ が奇関数であるから

$$0 > \sin x > x > \tan x$$

が成立する．したがって，いずれのときにも

$$|\sin x| < |x|$$

が成立する．

加法公式により，任意の x_0 に対して

$$|\sin x - \sin x_0| = 2\left|\cos\frac{x+x_0}{2}\sin\frac{x-x_0}{2}\right|$$
$$= 2\left|\sin\frac{x-x_0}{2}\right| < |x - x_0|$$

§4 種々の連続関数

であるから
$$x \to x_0 \text{ のとき } \sin x \to \sin x_0$$
となる．よって $\sin x$ は $x = x_0$ において連続であり，同時に $(-\infty, \infty)$ で連続であることがわかる．

連続関数の合成関数として，$\cos x \left(= \sin\left(\dfrac{\pi}{2} - x\right) \right)$ も $(-\infty, \infty)$ で連続であり，また $\tan x$ は $\cos x = 0$ となる点を除く $(-\infty, \infty)$ のすべての点で連続である（定理 4，定理 5）．

前出の不等式より，$0 < |x| < \dfrac{\pi}{2}$ を満足するすべての x に対して
$$1 < \frac{x}{\sin x} < \frac{1}{\cos x}$$
が成立する．この不等式の辺々の逆数をとれば，
$$\cos x < \frac{\sin x}{x} < 1$$
となる．ここで，$x \to 0$ のとき $\cos x \to 1$ であるから，つぎの極限公式が得られる．

定理 9
$$\lim_{x \to 0} \frac{\sin x}{x} = 1$$

定理 9 の極限公式は三角関数の導関数を導くときに使用される（第 3 章）．

例題 29 つぎの極限値を求めよ．

(1) $\displaystyle\lim_{x \to 0} \frac{\sin 3x}{4x}$　　(2) $\displaystyle\lim_{x \to 0} \frac{\sin 4x}{\sin 3x}$

解 (1) $\displaystyle\lim_{x \to 0} \frac{\sin 3x}{4x} = \lim_{x \to 0} \frac{\sin 3x}{3x} \cdot \frac{3}{4} = \frac{3}{4}$

(2) $\displaystyle\lim_{x \to 0} \frac{\sin 4x}{\sin 3x} = \lim_{x \to 0} \frac{\sin 4x}{4x} \cdot \frac{1}{\frac{\sin 3x}{3x}} \cdot \frac{4}{3} = \frac{4}{3}$

問 21 次の極限値を求めよ．

(1) $\displaystyle\lim_{x\to 0}\frac{\sin 2x}{3x}$　　(2) $\displaystyle\lim_{x\to 0}\frac{\sin(x+2x^2)}{2x+5x^3}$　　(3) $\displaystyle\lim_{x\to 0}\frac{\tan 4x}{\sin 3x}$

逆三角関数

関数 $y=\sin x$ は $\left[-\dfrac{\pi}{2},\dfrac{\pi}{2}\right]$ で連続な狭義単調増加関数であり，その値域は $[-1,1]$ である．したがって，$[-1,1]$ を定義域にもつ逆関数が存在する．これを**逆正弦関数**といい，$\sin^{-1}x$（**アークサイン**とよぶ）と書く．すなわち

$$y=\sin^{-1}x\iff x=\sin y,\ -\frac{\pi}{2}\leqq y\leqq\frac{\pi}{2}$$

である．$\sin^{-1}x$ は $[-1,1]$ で連続な狭義単調増加関数であり，その値域は $\left[-\dfrac{\pi}{2},\dfrac{\pi}{2}\right]$ である．

関数 $y=\cos x$ は $[0,\pi]$ で連続な狭義単調減少関数であり，その値域は $[-1,1]$ である．したがって，$[-1,1]$ を定義域にもつ逆関数が存在する．これを**逆余弦関数**といい，$\cos^{-1}x$（**アークコサイン**とよぶ）と書く．すなわち

$$y=\cos^{-1}x\iff x=\cos y,\ 0\leqq y\leqq\pi$$

である．$\cos^{-1}x$ は $[-1,1]$ で連続な狭義単調減少関数であり，その値域は $[0,\pi]$ である．

関数 $y=\tan x$ は $\left(-\dfrac{\pi}{2},\dfrac{\pi}{2}\right)$ で連続な狭義単調増加関数であり，その値域は $(-\infty,\infty)$ である．したがって，$(-\infty,\infty)$ を定義域にもつ逆関数が存在する．これを**逆正接関数**といい，$\tan^{-1}x$（**アークタンジェント**とよぶ）と書く．すなわち

$$y=\tan^{-1}x\iff x=\tan y,\ -\frac{\pi}{2}<y<\frac{\pi}{2}$$

である．$\tan^{-1}x$ は $(-\infty,\infty)$ で連続な狭義単調増加関数であり，その値域は $\left(-\dfrac{\pi}{2},\dfrac{\pi}{2}\right)$ である．

表 1.3, 表 1.4 に $\sin^{-1}x,\cos^{-1}x,\tan^{-1}x$ のとる代表的な値を示す．

表 1.3

x	-1	$\dfrac{-\sqrt{3}}{2}$	$\dfrac{-1}{\sqrt{2}}$	$\dfrac{-1}{2}$	0	$\dfrac{1}{2}$	$\dfrac{1}{\sqrt{2}}$	$\dfrac{\sqrt{3}}{2}$	1
$\sin^{-1} x$	$\dfrac{-\pi}{2}$	$\dfrac{-\pi}{3}$	$\dfrac{-\pi}{4}$	$\dfrac{-\pi}{6}$	0	$\dfrac{\pi}{6}$	$\dfrac{\pi}{4}$	$\dfrac{\pi}{3}$	$\dfrac{\pi}{2}$
$\cos^{-1} x$	π	$\dfrac{5\pi}{6}$	$\dfrac{3\pi}{4}$	$\dfrac{2\pi}{3}$	$\dfrac{\pi}{2}$	$\dfrac{\pi}{3}$	$\dfrac{\pi}{4}$	$\dfrac{\pi}{6}$	0

表 1.4

x	$-\infty \leftarrow$	$-\sqrt{3}$	-1	$\dfrac{-1}{\sqrt{3}}$	0	$\dfrac{1}{\sqrt{3}}$	1	$\sqrt{3}$	$\longrightarrow \infty$
$\tan^{-1} x$	$\dfrac{-\pi}{2} \leftarrow$	$\dfrac{-\pi}{3}$	$\dfrac{-\pi}{4}$	$\dfrac{-\pi}{6}$	0	$\dfrac{\pi}{6}$	$\dfrac{\pi}{4}$	$\dfrac{\pi}{3}$	$\longrightarrow \dfrac{\pi}{2}$

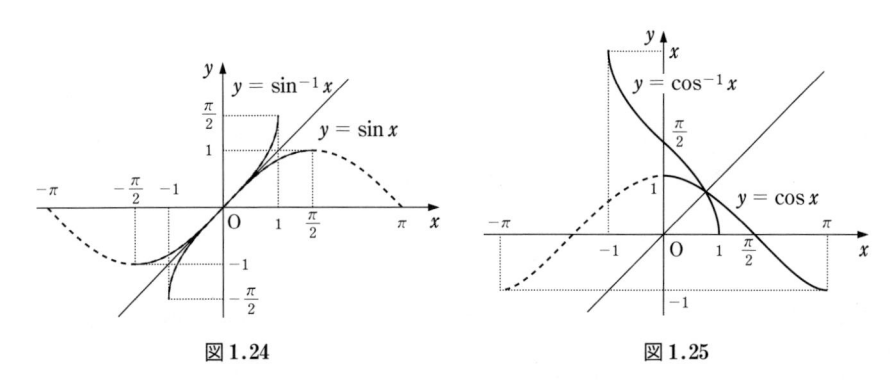

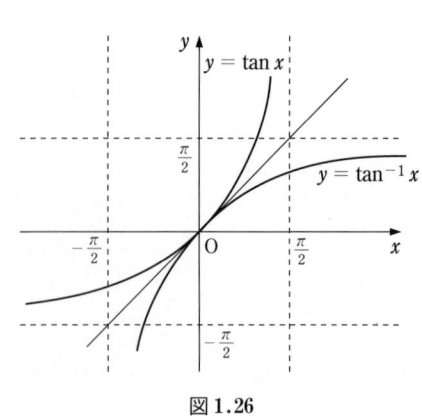

図 1.24

図 1.25

図 1.26

第 1 章 極限と連続

関数 $y = f(x)$ とその逆関数 $y = f^{-1}(x)$ のグラフは直線 $y = x$ に関して対称であるから，逆三角関数のグラフは図 1.24～図 1.26 のようになる．

例題 30 $\sin^{-1} \dfrac{3}{5} = \tan^{-1} x$ を満たす x を求めよ．

解 $\sin^{-1} \dfrac{3}{5} = \alpha$ とおけば，
$$\sin \alpha = \frac{3}{5} \quad \left(0 < \alpha < \frac{\pi}{2}\right)$$
$\tan^{-1} x = \alpha$ であるから，図 1.27 より
$$x = \tan \alpha = \frac{3}{4}.$$

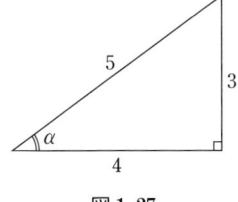

図 1.27

問 22 つぎの等式を満たす x の値を求めよ．

(1) $\cos^{-1} \dfrac{2}{3} = \sin^{-1} x$ (2) $\tan^{-1}(-2) = \sin^{-1} x$

例題 31 等式 $\sin^{-1} x + \cos^{-1} x = \dfrac{\pi}{2}$ を証明せよ．

解 $\sin^{-1} x = \theta$ とおけば，$x = \sin \theta,\ -\dfrac{\pi}{2} \leqq \theta \leqq \dfrac{\pi}{2}$ である．したがって
$$0 \leqq \frac{\pi}{2} - \theta \leqq \pi, \quad \cos\left(\frac{\pi}{2} - \theta\right) = \sin \theta = x$$
であるから，$\cos^{-1} x = \dfrac{\pi}{2} - \theta$ となり，等式が成立する．

問 23 つぎの等式を証明せよ．

(1) $\tan^{-1} x + \tan^{-1} \dfrac{1}{x} = \dfrac{\pi}{2} \quad (x > 0)$ (2) $\tan^{-1} 2 + \tan^{-1} 3 = \dfrac{3\pi}{4}$

4.2 指 数 関 数

$a\ (a > 0)$ を定数，n を正の整数とする．このとき，a^n は
$$a^n = a \times a \times \cdots \times a$$
と定義される．
$$a^0 = 1, \quad a^{-n} = \frac{1}{a^n}$$

と定義すると，つぎの法則が成り立つ．

（I） 2つの整数 m, n に対して
$$a^m \times a^n = a^{m+n}, \quad a^m \div a^n = a^{m-n}, \quad (a^n)^m = a^{nm}$$

（II） 2つの整数 m, n に対して

$a > 1$ であれば，$a^m > a^n \iff m > n$

$0 < a < 1$ であれば，$a^m < a^n \iff m > n$

有理数 $p = \dfrac{m}{n}$ $(n > 0)$ に対して
$$a^p = (a^{\frac{1}{n}})^m$$

と定義する．ここで $a^{\frac{1}{n}}$ は $X^n = a$ を満たす正数 X のことである．このようにして定義される有理数指数の累乗 a^p に対しても，法則（I），（II）が成り立つ（追記1）．

問 24 つぎを計算せよ．

(1) $a^{\frac{1}{3}} \div a^{\frac{1}{2}} \times a^{-\frac{5}{6}}$ 　(2) $(a^{-2}b)^{-3}$ 　(3) $(a^{\frac{1}{3}})^2 \times (a^{\frac{1}{2}})^{-3}$

(4) $(a^{-\frac{2}{3}} \times a^{\frac{1}{2}})^{-3}$ 　(5) $(a^{\frac{1}{2}} + b^{\frac{1}{2}})(a^{\frac{1}{2}} - b^{\frac{1}{2}})$

問 25 (1) $\sqrt{2} = 1.41$ として，$x = -2, -1.5, -1, -0.5, 0, 0.5, 1, 1.5, 2$ に対する 2^x の値を求めよ．

(2) (1)と同様に，$x = -2, -1.5, -1, -0.5, 0, 0.5, 1, 1.5, 2$ に対する $\left(\dfrac{1}{2}\right)^x$ の値を求めよ．

(3) (1), (2)の結果を利用して指数関数 $y = 2^x$ と $y = \left(\dfrac{1}{2}\right)^x$ のグラフの概形を描け．

実数の性質から，無理数 x に対して，$x = \lim\limits_{n \to \infty} p_n$ となるような有理数の単調増加数列 $\{p_n\}$ が存在する．そこで，無理数 x を指数とする a の累乗 a^x を
$$a^x = \lim_{n \to \infty} a^{p_n}$$

と定義する(*)．

(*) この極限値は有理数列 $\{p_n\}$ のとり方に無関係であること，さらにこのように定義される実数累乗 a^x に対しても，法則（I），（II）が成り立つことが知られているが，本書ではその証明を省略する．

たとえば $\sqrt{2} = 1.4142135\cdots$ であるから，$a^{\sqrt{2}}$ は数列

$$a^1, \quad a^{\frac{14}{10}}, \quad a^{\frac{141}{100}}, \quad a^{\frac{1414}{1000}}, \quad a^{\frac{14142}{10000}}, \quad \cdots$$

の極限として定義される．

関数 $f(x) = a^x \ (a > 0, \ a \neq 1)$ のことを **a を底とする指数関数**という．法則（II）から，$f(x) = a^x$ は，$a > 1$ のとき狭義単調増加関数であり，$0 < a < 1$ のとき狭義単調減少関数である（図 1.28）．

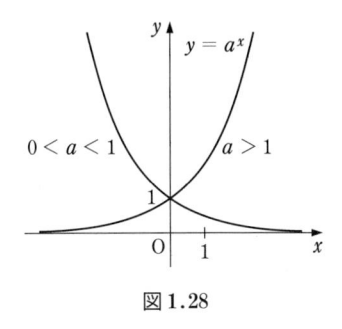

図 1.28

つぎに指数関数 $f(x) = a^x \ (a > 0, \ a \neq 1)$ が $(-\infty, \infty)$ において連続であることを示す．

1 より小さい正の数 x に対し

$$\frac{1}{n+1} < x \leq \frac{1}{n}$$

を満たす自然数 n が存在し，とくに $x \to 0$ のとき，$n \to \infty$ となる．$a > 1$ のとき，$\dfrac{1}{a^{n+1}} < a^x \leq a^{\frac{1}{n}}$ であり，§2, 例題 6 (3) より $a^{\frac{1}{n+1}}, a^{\frac{1}{n}} \to 1 \ (n \to \infty)$ であるから，$a^x \to 1 \ (x \to 0, \ x > 0)$ となる．同様の論法で，$0 < a < 1$ のときにも $a^x \to 1 \ (x \to 0, \ x > 0)$ がいえる．さらに負の数 $x = -x_1$ ($x_1 > 0$) に対しては，$a^x = \dfrac{1}{a^{x_1}}$ であるから，同様に $a^x \to 1 \ (x \to 0, \ x < 0)$ がいえる．このことから

$$\lim_{x \to 0} a^x = 1$$

がいえ，このことは関数 $f(x) = a^x$ が $x = 0$ において連続であることを意味する．

任意の実数 x に対して

$$\lim_{h \to 0}(a^{x+h} - a^x) = \lim_{h \to 0} a^x(a^h - 1) = 0$$

すなわち，$\lim\limits_{h \to 0} a^{x+h} = a^x$ となる．このことは関数 $f(x) = a^x$ が $(-\infty, \infty)$ で連続であることを示している．

微積分で最も重要な指数関数は，**ナピアの数** $e = \lim_{n\to\infty}\left(1+\dfrac{1}{n}\right)^n$ を底とする指数関数 e^x である．教科書によっては e^x を $\exp x$ と書くものもある．

a を 1 でない正の数とする．指数関数 $y = a^x$ は $(-\infty, \infty)$ を定義域とする狭義単調関数である，値域は $(0, \infty)$ である．したがって $(0, \infty)$ を定義域とする逆関数が存在する．これを $y = \log_a x$ で表し，**a を底とする対数関数**という．すなわち

$$y = \log_a x \iff x = a^y$$

である．$y = \log_a x$ は $a > 1$ のとき狭義単調増加関数であり，$0 < a < 1$ のとき狭義単調減少関数である．$y = \log_a x$ のグラフは指数関数 $y = a^x$ のグラフと直線 $y = x$ に関して対称である（図 1.29，図 1.30）．

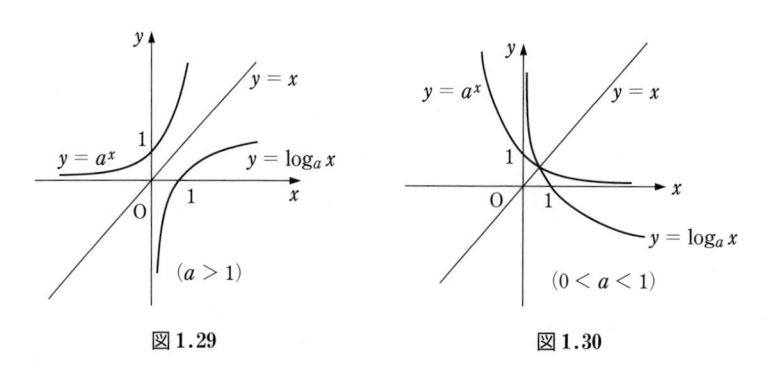

図 1.29　　　図 1.30

対数に関してはつぎのような法則が成り立つ．

(1) $\log_a xy = \log_a x + \log_a y$

(2) $\log_a \dfrac{x}{y} = \log_a x - \log_a y$

(3) $\log_a x^y = y \log_a x$

(4) 任意の $b > 0$ に対し $\log_a x = \dfrac{\log_b x}{\log_b a}$ （底の変換公式）

問 26 対数に関する法則 (1), (2), (3), (4) を証明せよ．

とくに $a=10$ を底とする対数を**常用対数**といい，昔は 10 進法で桁数の大きい正数あるいは小数点以下の桁数の大きい微小正数の近似値を計算するのに用いられたが，現在では高性能の電卓の出現によりあまり重要ではなくなってきている．

微積分において最も重要な対数は，**ナピアの数** e を底とする**自然対数**である．微積分の教科書では，自然対数 $\log_e x$ のことを単に $\log x$ と書くのが慣例となっている．

常用対数と自然対数の間の変換公式は

$$\log_{10} x = \frac{\log_e x}{\log_e 10} = 0.43429\cdots \times \log x$$

で与えられる．

注意 電卓では伝統的に，常用対数 $\log_{10} x$ が log のボタンに，自然対数 $\log x$ が ln のボタンに対応しているので注意していただきたい．

指数関数 e^x および $\log x$ の極限公式を導くためにつぎの公式を準備する．

補助定理
$$\lim_{x \to 0}(1+x)^{\frac{1}{x}} = e$$

証明 $0 < x < 1$ とする．$\frac{1}{n+1} < x \leq \frac{1}{n}$ となるような自然数 n がただ 1 つ定まり，$x \to 0$ のとき $n \to \infty$ となる．指数関数の単調性により，

$$\left(1+\frac{1}{n+1}\right)^n < (1+x)^n \leq (1+x)^{\frac{1}{x}} < (1+x)^{n+1} \leq \left(1+\frac{1}{n}\right)^{n+1}$$

である．いま $n \to \infty$ とするとき

$$\left(1+\frac{1}{n+1}\right)^n = \left(1+\frac{1}{n+1}\right)^{n+1}\left(1+\frac{1}{n+1}\right)^{-1} \to e$$

$$\left(1+\frac{1}{n}\right)^{n+1} = \left(1+\frac{1}{n}\right)^n\left(1+\frac{1}{n}\right)^1 \to e$$

である．したがって $x \to +0$ のとき $(1+x)^{\frac{1}{x}} \to e$ となる．

つぎに，$x < 0$ のときは $x = -x_1$ $(x_1 > 0)$ とおけば，

$$(1+x)^{\frac{1}{x}} = (1-x_1)^{\frac{-1}{x_1}} = \left(\frac{1}{1-x_1}\right)^{\frac{1}{x_1}} = \left(1+\frac{x_1}{1-x_1}\right)^{\frac{1}{x_1}} = (1+y)^{\frac{1}{y}}(1+y)$$

ただし，$y = \dfrac{x_1}{1-x_1}$ である．$x_1 \to +0$ のとき $y \to +0$ であり，このとき $(1+y)^{\frac{1}{y}} \to e$，$1+y \to 1$ であるから，$x \to -0$ のときにも $(1+x)^{\frac{1}{x}} \to e$ がいえる．以上のことから $\displaystyle\lim_{x \to 0}(1+x)^{\frac{1}{x}} = e$ が成り立つ． ■

補助定理より，$x \to 0$ のとき

$$\frac{1}{x}\log(1+x) = \log(1+x)^{\frac{1}{x}} \to \log e = 1$$

が成立する．さらに，$e^x - 1 = t$ とおけば $x \to 0$ のとき $t \to 0$ であるから，

$$\frac{e^x - 1}{x} = \frac{t}{\log(1+t)} \to 1$$

が成立する．以上のことをまとめてつぎの定理が得られる．

定理 10　(1)　$\displaystyle\lim_{x \to 0} \frac{1}{x}\log(1+x) = 1$　　　(2)　$\displaystyle\lim_{x \to 0} \frac{e^x - 1}{x} = 1$

例題 32　つぎの極限値を計算せよ．

(1)　$\displaystyle\lim_{x \to 0} \frac{1}{x}\log(1+3x)$　　　(2)　$\displaystyle\lim_{x \to 0} \frac{e^{5x} - 1}{2x}$

解　(1)　$\displaystyle\lim_{x \to 0} \frac{1}{x}\log(1+3x) = 3\lim_{x \to 0}\frac{1}{3x}\log(1+3x) = 3 \times 1 = 3$

(2)　$\displaystyle\lim_{x \to 0} \frac{e^{5x}-1}{2x} = \lim_{x \to 0}\frac{e^{5x}-1}{5x}\cdot\frac{5}{2} = \frac{5}{2}$ ■

問 27　つぎの極限値を計算せよ．

(1)　$\displaystyle\lim_{x \to 0}\frac{2}{x}\log(1+3x)$　　　(2)　$\displaystyle\lim_{x \to 0}\frac{1}{2x}\log(1-4x)$

(3)　$\displaystyle\lim_{x \to 0}\frac{e^{5x}-1}{4x}$　　　　　(4)　$\displaystyle\lim_{x \to 0}\frac{e^{-3x}-1}{6x}$

定数，整式（多項式），三角関数，逆三角関数，指数関数，対数関数およびこれらの関数の
  (1) 和，差，積，商の関数をつくること
  (2) 合成関数をつくること
  (3) 逆関数をつくること
などの操作の組み合わせにより得られる関数を総称して**初等関数**という．

追記 1 $a > 0$ とする．2つの有理数 $\dfrac{m_1}{n_1}, \dfrac{m_2}{n_2}$ $(n_1, n_2 > 0)$ に対して，$a = a^{\frac{1}{n_1 n_2}}$ とおくと $a^{\frac{1}{n_1}} = a^{n_2}$, $a^{\frac{1}{n_2}} = a^{n_1}$ である．

（I） $a^{\frac{m_1}{n_1}} \cdot a^{\frac{m_2}{n_2}} = (a^{n_2})^{m_1} \cdot (a^{n_1})^{m_2} = a^{n_2 m_1 + n_1 m_2} = a^{\frac{n_2 m_1 + n_1 m_2}{n_1 n_2}}$
$= a^{\frac{m_1}{n_1} + \frac{m_2}{n_2}}$

$(a^{\frac{m_1}{n_1}})^{\frac{m_2}{n_2}} = ((a^{n_2 m_1})^{\frac{1}{n_2}})^{m_2} = (a^{m_1})^{m_2} = a^{m_1 m_2}$
$= a^{\frac{m_1 m_2}{n_1 n_2}} = a^{\frac{m_1}{n_1} \cdot \frac{m_2}{n_2}}$

（II） $\dfrac{m_1}{n_1} > \dfrac{m_2}{n_2} \iff n_2 m_1 > n_1 m_2$ である．$a > 1$ であれば $a = a^{\frac{1}{n_1 n_2}} > 1$ であるから

$$\frac{m_1}{n_1} > \frac{m_2}{n_2} \iff a^{\frac{m_1}{n_1}} = a^{n_2 m_1} > a^{n_1 m_2} = a^{\frac{m_2}{n_2}}$$

がいえる．$0 < a < 1$ のときの証明も同様である．

追記 2 次の各式で定義される関数は**双曲線関数**とよばれている関数である．

$$\sinh x = \frac{e^x - e^{-x}}{2} \quad \text{（ハイパブリックサイン）}$$

$$\cosh x = \frac{e^x + e^{-x}}{2} \quad \text{（ハイパブリックコサイン）}$$

$$\tanh x = \frac{\sinh x}{\cosh x} = \frac{e^x - e^{-x}}{e^x + e^{-x}} \quad \text{（ハイパブリックタンジェント）}$$

双曲線関数はつぎのような等式を満たす．

(1) $\cosh^2 x - \sinh^2 x = 1$

(2) $\sinh(u+v) = \sinh u \cosh v + \cosh u \sinh v$

(3) $\cosh(u+v) = \cosh u \cosh v + \sinh u \sinh v$

このように，$\cosh x, \sinh x, \tanh x$ はそれぞれ，$\cos x, \sin x, \tan x$ と似かよった性質を有する．第2章の微分法においてもさらにその類似性が確かめられる．

演習問題 1

1. つぎの極限値を求めよ．

(1) $\lim\limits_{n \to \infty}(\sqrt{n^2+n}-n)$
(2) $\lim\limits_{n \to \infty}\dfrac{1}{\sqrt{n^2+3}-n}$
(3) $\lim\limits_{n \to \infty}(n^2-\sqrt{n^4+1})$

(4) $\lim\limits_{n \to \infty}\left(1+\dfrac{1}{4n}\right)^{3n}$
(5) $\lim\limits_{n \to \infty}\left(1-\dfrac{1}{2n}\right)^{2n}$
(6) $\lim\limits_{n \to \infty}\left(1+\dfrac{1}{2n}\right)^{-4n}$

(7) $\lim\limits_{n \to \infty}\left(1-\dfrac{1}{6n}\right)^{-3n}$

2. つぎの級数の和を求めよ．

(1) $\sum\limits_{n=1}^{\infty} 4\left(-\dfrac{1}{2}\right)^{n-1}$
(2) $\sum\limits_{n=1}^{\infty} 6\left(-\dfrac{3}{2}\right)^{n-1}$
(3) $\sum\limits_{n=1}^{\infty} 100\left(\dfrac{9}{10}\right)^{n-1}$

(4) $\sum\limits_{n=1}^{\infty} 3\left(\dfrac{4}{3}\right)^{n-1}$
(5) $\sum\limits_{n=1}^{\infty} \dfrac{1}{n(n+1)}$
(6) $\sum\limits_{n=1}^{\infty} \dfrac{1}{(n+1)(n+3)}$

(7) $\sum\limits_{n=1}^{\infty} \dfrac{1}{(n+2)(n+3)}$
(8) $\sum\limits_{n=1}^{\infty} \dfrac{1}{n(n+3)}$

3. 次の極限値を求めよ．

(1) $\lim\limits_{x \to 0} \dfrac{x^3+4x^2}{3x^4-2x^2}$
(2) $\lim\limits_{x \to 1} \dfrac{2x^2-5x+3}{x^2+2x-3}$

(3) $\lim\limits_{x \to 0} \dfrac{x}{\sqrt{x+4}-2}$
(4) $\lim\limits_{x \to \infty}(\sqrt{x^2+3x+4}-\sqrt{x^2+3x})$

(5) $\lim\limits_{x \to -\infty} \dfrac{x^2+3}{5x^3+1}$
(6) $\lim\limits_{x \to \infty} \dfrac{2x^2+5x+1}{x^2-2}$
(7) $\lim\limits_{x \to 2-0} \dfrac{x-2}{\sqrt{x^2-4x+4}}$

(8) $\lim\limits_{x \to +0} \dfrac{x-[x]}{x}$
(9) $\lim\limits_{x \to 2-0} \dfrac{x^2-4}{x-[x]-1}$
(10) $\lim\limits_{h \to 0} \dfrac{\sqrt{x+h}-\sqrt{x}}{h}$

(11) $\lim\limits_{h \to 0} \dfrac{(x+h)^3-x^3}{h}$
(12) $\lim\limits_{h \to 0} \dfrac{1}{h}\left\{\dfrac{1}{(x+h)^2}-\dfrac{1}{x^2}\right\}$

4. つぎの等式を満たす x の値を求めよ．

(1) $\sin^{-1}\dfrac{3}{5} = \cos^{-1} x$ (2) $\sin^{-1}\left(-\dfrac{4}{5}\right) = \tan^{-1} x$

(3) $\tan^{-1} 2 = \cos^{-1} x$ (4) $\tan^{-1}(-3) = \sin^{-1} x$

(5) $\cos^{-1}\dfrac{4}{5} = \tan^{-1} x$ (6) $\tan^{-1} 2 = \sin^{-1} x$

5. つぎの値を求めよ．

(1) $\sin^{-1}\left(\sin\dfrac{2\pi}{3}\right)$ (2) $\tan^{-1}\left(\tan\dfrac{3\pi}{4}\right)$ (3) $\tan^{-1}\left(\cot\dfrac{\pi}{6}\right)$

6. 次の数を小さい順に並べよ．

(1) $4,\quad \sqrt[3]{16},\quad \sqrt[6]{128},\quad \sqrt{32},\quad \dfrac{1}{\sqrt[4]{2^{-9}}}$

(2) $\left(\dfrac{1}{3}\right)^{-\frac{9}{4}},\quad \sqrt[5]{3^{-2}},\quad \dfrac{1}{9},\quad \sqrt{3},\quad \dfrac{1}{\sqrt[4]{3^3}}$

(3) $\log_2 8,\quad \log_2 6,\quad \log_2 7,\quad \log_2 13 - 1,\quad \log_2 25 - \log_2 6$

(4) $\log_{\frac{1}{3}} 7,\quad \log_{\frac{1}{3}} 5,\quad \log_{\frac{1}{3}} 8,\quad -2,\quad \log_{\frac{1}{3}} 6$

7. つぎの極限値を計算せよ．

(1) $\displaystyle\lim_{x \to 0} \dfrac{\log(1 + 2x + 3x^2)}{3x}$ (2) $\displaystyle\lim_{x \to 0} \dfrac{\log(1 + \sin 2x)}{x}$

(3) $\displaystyle\lim_{x \to 0} \dfrac{e^{2x} - 1}{x + x^2}$ (4) $\displaystyle\lim_{x \to 0} \dfrac{e^{x + x^2} - 1}{3x + 5x^3}$

2

微 分 法

§1 微分係数と導関数

関数 $y = f(x)$ は開区間 I で定義されているとする．I 内で x が a から b まで変化するとき，$f(x)$ の値は $f(a)$ から $f(b)$ まで変化する．このときの x の変化に対する $f(x)$ の変化の割合は

$$\frac{f(b)-f(a)}{b-a}$$

と表される．これをこのときの**平均変化率**という．平均変化率は曲線 $y=f(x)$ 上の 2 点 $\mathrm{A}(a,f(a))$，$\mathrm{B}(b,f(b))$ を通る直線の傾きに等しい（図 2.1）．

$\Delta x = b-a$ を x の**増分**といい，$\Delta y = f(b) - f(a)$ を Δx に対する $f(x)$ の**増分**という．このとき平均変化率は

$$\frac{\Delta y}{\Delta x} = \frac{f(a+\Delta x)-f(a)}{\Delta x}$$

とも表される．$\Delta x \to 0$ とするとき極限

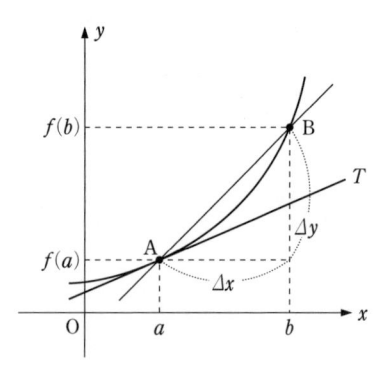

図 2.1

$$\lim_{\Delta x \to 0} \frac{\Delta y}{\Delta x} = \lim_{\Delta x \to 0} \frac{f(a+\Delta x)-f(a)}{\Delta x}$$

が存在すれば，$f(x)$ は $x=a$ で**微分可能**という．このときの極限値を $f(x)$ の $x=a$ での**微分係数**といい $f'(a)$ と表す．$f'(a)$ は曲線 $y=f(x)$ の点 $\mathrm{A}(a,f(a))$ における接線 T の傾きを与える（図 2.1）．

例題 1 $f(x)=x^2+2x$ の $x=a$ での微分係数を求めよ．

解 $\Delta y=\{(a+\Delta x)^2+2(a+\Delta x)\}-(a^2+2a)=2(a+1)\Delta x+(\Delta x)^2$
したがって
$$f'(a)=\lim_{\Delta x\to 0}\frac{\Delta y}{\Delta x}=\lim_{\Delta x\to 0}\{2(a+1)+\Delta x\}=2(a+1)$$

例題 2 $f(x)=|x-2|$ は $x=2$ で微分可能でない．なぜなら
$$\frac{\Delta y}{\Delta x}=\frac{|(2+\Delta x)-2|-0}{\Delta x}=\begin{cases} 1 & (\Delta x>0) \\ -1 & (\Delta x<0) \end{cases}$$
であるから $\lim_{\Delta x\to 0}\dfrac{\Delta y}{\Delta x}$ は存在しない．

問 1 定義に従って，つぎの関数の $x=a$ における微分係数を求めよ．
 (1) $3x^2+x$ (2) $\dfrac{3}{x}$ (3) $\sqrt{2x+3}$

問 2 次の関数 $f(x)$ の $x=0$ での微分可能性について調べよ．
 (1) $f(x)=\begin{cases} x^2 & (x\geqq 0) \\ x & (x<0) \end{cases}$ (2) $f(x)=\begin{cases} \sin x & (x\geqq 0) \\ x & (x<0) \end{cases}$

定理 1 $f(x)$ は，$x=a$ で微分可能であれば，$x=a$ で連続である．

証明 $\Delta x\to 0$ とするとき
$$f(a+\Delta x)-f(a)=\frac{f(a+\Delta x)-f(a)}{\Delta x}\Delta x\to f'(a)\cdot 0=0$$

注意 定理 1 の逆は必ずしも成り立たない．たとえば例題 2 において，$f(x)$ は $x=2$ で連続であるが微分可能ではない．

関数 $f(x)$ が $x=a$ で微分可能であれば，微分係数 $f'(a)$ は曲線 $y=f(x)$ 上の点 $\mathrm{A}(a,f(a))$ における**接線**の傾きである（前述）．A を通り接線に垂直な直線を A における**法線**という．法線の傾きは $-\dfrac{1}{f'(a)}$ （$f'(a)\neq 0$）である．したがって，A における接線，法線の方程式は

接線： $y = f'(a)(x-a) + f(a)$

法線： $y = -\dfrac{1}{f'(a)}(x-a) + f(a) \quad (f'(a) \neq 0)$

で与えられる．

例題 3 曲線 $y = \sqrt{x}$ 上の点 $(1, 1)$ における接線，法線の方程式を求めよ．

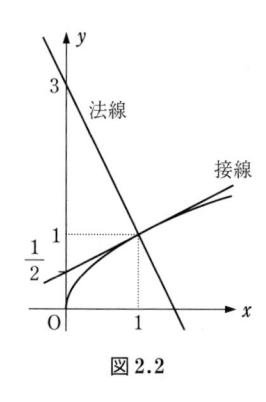

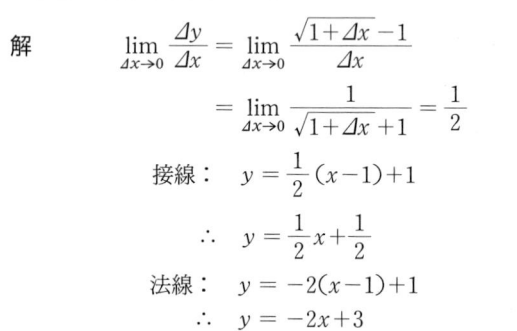

解
$$\lim_{\Delta x \to 0} \frac{\Delta y}{\Delta x} = \lim_{\Delta x \to 0} \frac{\sqrt{1+\Delta x}-1}{\Delta x}$$
$$= \lim_{\Delta x \to 0} \frac{1}{\sqrt{1+\Delta x}+1} = \frac{1}{2}$$

接線： $y = \dfrac{1}{2}(x-1) + 1$

∴ $y = \dfrac{1}{2}x + \dfrac{1}{2}$

法線： $y = -2(x-1) + 1$

∴ $y = -2x + 3$

図 2.2

問 3 つぎの曲線の指定された点での接線および法線の方程式を求めよ．
(1) $y = \dfrac{1}{x+1} \quad \left(1, \dfrac{1}{2}\right)$　　(2) $y = x^3 + 2 \quad (1, 3)$

関数 $y = f(x)$ が開区間 I の各点で微分可能であるとき，$f(x)$ は**開区間 I で微分可能**という．このとき I の各点 x に微分係数 $f'(x)$ が対応し，$f'(x)$ は I を定義域とする 1 つの関数を与える．これを $f(x)$ の**導関数**といい，$f'(x)$ のほかに

$$y', \quad \frac{dy}{dx}, \quad \frac{d}{dx}f(x)$$

などで表す．導関数 $f'(x)$ を求めることを，$f(x)$ を**微分する**という．

以下，この節では，定義に従って，いくつかの基本的な関数の導関数を計算し，公式としてまとめておく．

基本公式 1　(1)　$(x^n)' = nx^{n-1}$　$(n = 1, 2, \cdots)$

(2)　$(\sin x)' = \cos x$

(3)　$(\cos x)' = -\sin x$

(4)　$(e^x)' = e^x$

(5)　$(\log x)' = \dfrac{1}{x}$

証明　(1)　$\varDelta x$ に対する $y = x^n$ の増分は

$$\varDelta y = (x + \varDelta x)^n - x^n$$
$$= \varDelta x \{(x + \varDelta x)^{n-1} + (x + \varDelta x)^{n-2} x + \cdots + (x + \varDelta x) x^{n-2} + x^{n-1}\}$$

であるから

$$\lim_{\varDelta x \to 0} \frac{\varDelta y}{\varDelta x} = \lim_{\varDelta x \to 0} \{(x + \varDelta x)^{n-1} + (x + \varDelta x)^{n-2} x + \cdots + (x + \varDelta x) x^{n-2} + x^{n-1}\}$$
$$= nx^{n-1}$$

(2)　x の増分 $\varDelta x$ に対する $y = \sin x$ の増分は

$$\varDelta y = \sin(x + \varDelta x) - \sin x = 2 \cos\left(x + \frac{\varDelta x}{2}\right) \sin \frac{\varDelta x}{2}$$

第 1 章, 定理 9 の公式を使用して

$$\lim_{\varDelta x \to 0} \frac{\varDelta y}{\varDelta x} = \lim_{\varDelta x \to 0} \cos\left(x + \frac{\varDelta x}{2}\right) \frac{\sin \dfrac{\varDelta x}{2}}{\dfrac{\varDelta x}{2}} = \cos x$$

(3)　x の増分 $\varDelta x$ に対する $y = \cos x$ の増分は

$$\varDelta y = \cos(x + \varDelta x) - \cos x = -2 \sin\left(x + \frac{\varDelta x}{2}\right) \sin \frac{\varDelta x}{2}$$

$$\lim_{\varDelta x \to 0} \frac{\varDelta y}{\varDelta x} = \lim_{\varDelta x \to 0} \left\{-\sin\left(x + \frac{\varDelta x}{2}\right) \frac{\sin \dfrac{\varDelta x}{2}}{\dfrac{\varDelta x}{2}}\right\} = -\sin x$$

(4)　x の増分 $\varDelta x$ に対する $y = e^x$ の増分は

$$\varDelta y = e^{x + \varDelta x} - e^x = e^x (e^{\varDelta x} - 1)$$

第 1 章, 定理 10 の公式 (2) を使用して

§1　微分係数と導関数

$$f'(x) = \lim_{\Delta x \to 0} \frac{\Delta y}{\Delta x} = \lim_{\Delta x \to 0} e^x \frac{e^{\Delta x} - 1}{\Delta x} = e^x$$

(5) x の増分 Δx に対する $y = \log x$ の増分は

$$\Delta y = \log(x + \Delta x) - \log x = \log\left(1 + \frac{\Delta x}{x}\right)$$

第1章，定理10の公式(1)を使用して

$$f'(x) = \lim_{\Delta x \to 0} \frac{\Delta y}{\Delta x} = \lim_{\Delta x \to 0} \frac{1}{x} \frac{\log\left(1 + \frac{\Delta x}{x}\right)}{\frac{\Delta x}{x}} = \frac{1}{x}$$

§2 導関数の計算

本節では，種々の初等関数の導関数を計算するのに基本となる3つの定理について述べる．

> **定理2** 2つの関数 $f(x), g(x)$ が微分可能ならば
> (1) $\{f(x) \pm g(x)\}' = f'(x) \pm g'(x)$
> (2) $\{kf(x)\}' = kf'(x)$ （k は定数）
> (3) $\{f(x)g(x)\}' = f'(x)g(x) + f(x)g'(x)$
> (4) $\left\{\dfrac{f(x)}{g(x)}\right\}' = \dfrac{f'(x)g(x) - f(x)g'(x)}{g(x)^2}$ （ただし $g(x) \neq 0$）
> (5) $\left\{\dfrac{1}{g(x)}\right\}' = -\dfrac{g'(x)}{g(x)^2}$ （ただし $g(x) \neq 0$）

証明 x の増分 Δx に対する $y = f(x)$, $z = g(x)$ の増分をそれぞれ $\Delta y, \Delta z$ とする．

(1) $f(x) \pm g(x)$ の増分は

$$\begin{aligned}\Delta(y \pm z) &= \{f(x + \Delta x) \pm g(x + \Delta x)\} - \{f(x) \pm g(x)\} \\ &= \{f(x + \Delta x) - f(x)\} \pm \{g(x + \Delta x) - g(x)\} \\ &= \Delta y \pm \Delta z\end{aligned}$$

であるから

$$\lim_{\Delta x \to 0} \frac{\Delta(y \pm z)}{\Delta x} = \lim_{\Delta x \to 0} \frac{\Delta y}{\Delta x} \pm \lim_{\Delta x \to 0} \frac{\Delta z}{\Delta x} = f'(x) \pm g'(x)$$

(2) についても同様（省略）．

(3) $f(x)g(x)$ の増分は

$$\begin{aligned}\Delta(yz) &= f(x+\Delta x)g(x+\Delta x) - f(x)g(x) \\ &= \{f(x)+\Delta y\}\{g(x)+\Delta z\} - f(x)g(x) \\ &= \Delta y\, g(x) + f(x)\,\Delta z + \Delta y\,\Delta z\end{aligned}$$

であるから

$$\begin{aligned}\lim_{\Delta x \to 0}\frac{\Delta(yz)}{\Delta x} &= \lim_{\Delta x \to 0}\frac{\Delta y}{\Delta x}g(x) + \lim_{\Delta x \to 0} f(x)\frac{\Delta z}{\Delta x} + \lim_{\Delta x \to 0}\frac{\Delta y}{\Delta x}\Delta z \\ &= f'(x)g(x) + f(x)g'(x)\end{aligned}$$

(4) $\dfrac{f(x)}{g(x)}$ の増分は

$$\Delta\left(\frac{y}{z}\right) = \frac{f(x+\Delta x)}{g(x+\Delta x)} - \frac{f(x)}{g(x)} = \frac{f(x)+\Delta y}{g(x)+\Delta z} - \frac{f(x)}{g(x)} = \frac{\Delta y\,g(x) - f(x)\,\Delta z}{\{g(x)+\Delta z\}g(x)}$$

であるから

$$\begin{aligned}\lim_{\Delta x \to 0}\frac{\Delta\left(\frac{y}{z}\right)}{\Delta x} &= \lim_{\Delta x \to 0}\frac{1}{g(x+\Delta x)g(x)}\left\{\frac{\Delta y}{\Delta x}g(x) - f(x)\frac{\Delta z}{\Delta x}\right\} \\ &= \frac{f'(x)g(x) - f(x)g'(x)}{g(x)^2}\end{aligned}$$

(5) は，(4) の公式で $f(x)=1$ の場合である．

例題 4 つぎの関数を微分せよ．

  (1) $2x^2+3x+5$ (2) $x^3 \sin x$ (3) $\dfrac{3x+1}{x^2+2}$

解 (1) $(2x^2+3x+5)' = 2(x^2)' + 3(x)' + (5)' = 4x+3$

  (2) $(x^3 \sin x)' = (x^3)'\sin x + x^3(\sin x)' = 3x^2 \sin x + x^3 \cos x$

  (3) $\left\{\dfrac{3x+1}{x^2+2}\right\}' = \dfrac{(3x+1)'(x^2+2) - (3x+1)(x^2+2)'}{(x^2+2)^2}$

    $= \dfrac{3(x^2+2) - (3x+1)\cdot 2x}{(x^2+2)^2} = \dfrac{-3x^2-2x+6}{(x^2+2)^2}$

> **基本公式 2** (1) $(x^{-n})' = -nx^{-n-1}$ $(n = 1, 2, \cdots)$
>
> (2) $(\tan x)' = \dfrac{1}{\cos^2 x}$

証明 (1) $\left\{\dfrac{1}{x^n}\right\}' = -\dfrac{(x^n)'}{(x^n)^2} = -\dfrac{nx^{n-1}}{x^{2n}} = -\dfrac{n}{x^{n+1}} = -nx^{-n-1}$

(2) $(\tan x)' = \left\{\dfrac{\sin x}{\cos x}\right\}' = \dfrac{(\sin x)' \cos x - \sin x (\cos x)'}{\cos^2 x}$

$= \dfrac{\cos^2 x + \sin^2 x}{\cos^2 x} = \dfrac{1}{\cos^2 x}$

問 4 つぎの関数を微分せよ．

(1) $x^3 + x^2$ (2) $x^3 - x^2 + 3$ (3) $(1 + 3x^2)(2 - x^2)$

(4) $\sin x + \cos x + \log x$ (5) $x^4 \log x$ (6) $e^x \sin x$

(7) $\dfrac{x^2}{x^3 + x^2 + 2}$ (8) $\dfrac{e^x + x}{\cos x}$ (9) $\dfrac{1}{x^2 + 1}$

> **定理 3（合成関数の微分法）** $u = f(x)$ が開区間 I で微分可能，$y = g(u)$ が $f(I)$ を含む開区間で微分可能ならば，合成関数 $y = g(f(x))$ は x の関数として I で微分可能であり，
>
> $$\dfrac{dy}{dx} = \dfrac{dy}{du} \cdot \dfrac{du}{dx} = g'(u) \cdot f'(x)$$
>
> が成り立つ．

証明 x の増分 $\varDelta x$ に対する $u = f(x)$ の増分を $\varDelta u$，$y = g(f(x))$ の増分を $\varDelta y$ とする．$\displaystyle\lim_{\varDelta x \to 0} \dfrac{\varDelta u}{\varDelta x} = f'(x)$ であるから

$$\varDelta u = (f'(x) + \varepsilon_1) \varDelta x$$

とおけて，$\varDelta x \to 0$ のとき $\varDelta u \to 0$，$\varepsilon_1 \to 0$ となる．さらに

$$\varepsilon_2 = \begin{cases} \dfrac{\Delta y}{\Delta u} - g'(u) & (\Delta u \neq 0) \\ 0 & (\Delta u = 0) \end{cases}$$

とおけば

$$\Delta y = (g'(u) + \varepsilon_2)\Delta u$$

となり，しかも，$y = g(u)$ が微分可能であることから，$\Delta x \to 0$ のとき $\varepsilon_2 \to 0$ となる．したがって

$$\lim_{\Delta x \to 0} \frac{\Delta y}{\Delta x} = \lim_{\Delta x \to 0} (g'(u) + \varepsilon_2)(f'(x) + \varepsilon_1) = g'(u) \cdot f'(x)$$

が成り立つ． ∎

例題 5 つぎの関数を微分せよ．

 (1)　$y = (x^3 + x + 1)^3$ 　　(2)　$y = \left(x^2 + \dfrac{1}{x}\right)^2$

 (3)　$y = \log(x^2 + 1)$ 　　(4)　$y = \cos(1 - 3x)$

解 (1)　$y = u^3$, $u = x^3 + x + 1$ と考えて合成関数の微分法により

$$\frac{dy}{dx} = \frac{dy}{du}\frac{du}{dx} = 3u^2 \cdot (3x^2 + 1) = 3(3x^2 + 1)(x^3 + x + 1)^2$$

(2)　$y = u^2$, $u = x^2 + \dfrac{1}{x}$ と考えて

$$\frac{dy}{dx} = 2u \cdot \frac{du}{dx} = 2\left(x^2 + \frac{1}{x}\right)\left(2x - \frac{1}{x^2}\right) = \frac{2(x^3 + 1)(2x^3 - 1)}{x^3} = \frac{4x^6 + 2x^3 - 2}{x^3}$$

(3)　$y = \log u$, $u = x^2 + 1$ と考えて

$$\frac{dy}{dx} = \frac{1}{u} \cdot \frac{du}{dx} = \frac{1}{x^2 + 1} 2x = \frac{2x}{x^2 + 1}$$

(4)　$y = \cos u$, $u = 1 - 3x$ と考えて

$$\frac{dy}{dx} = -\sin u \cdot \frac{du}{dx} = -\sin(1 - 3x)(-3) = 3\sin(1 - 3x)$$ ∎

問 5 つぎの関数を微分せよ．

 (1)　$(x^3 - x^2 + 2)^6$ 　　(2)　$\dfrac{1}{(x^2 - x + 2)^6}$ 　　(3)　$\sin^4 x$

 (4)　$\dfrac{1}{\cos^2 x}$ 　　(5)　$\log(x^4 - 5x^3 + 2)$ 　　(6)　$\sin(x^3 - 2x^2 - 2)$

 (7)　$\cos(x^6 - x^3 - 1)$ 　　(8)　$e^{x^2 - x + 2}$ 　　(9)　$\log(\cos x - x^2 - 3x)$

実数 α に対して，$y = x^\alpha \ (x > 0)$ とする．両辺の対数をとれば $\log y = \alpha \log x$．両辺を x で微分すれば

$$\frac{1}{y}\frac{dy}{dx} = \alpha \frac{1}{x} \quad \text{したがって} \quad \frac{dy}{dx} = \alpha \frac{1}{x} \cdot y = \alpha \frac{x^\alpha}{x} = \alpha x^{\alpha-1}$$

となり，つぎの公式が成り立つ．

基本公式 3 $\qquad (x^\alpha)' = \alpha x^{\alpha-1} \quad (x > 0)$

例題 6 (1) $(\sqrt{x})' = (x^{\frac{1}{2}})' = \frac{1}{2}x^{\frac{1}{2}-1} = \frac{1}{2}x^{-\frac{1}{2}} = \frac{1}{2\sqrt{x}}$

(2) $(3\sqrt[3]{x^2})' = 3(x^{\frac{2}{3}})' = 3 \cdot \frac{2}{3}x^{\frac{2}{3}-1} = 2x^{-\frac{1}{3}} = \frac{2}{\sqrt[3]{x}}$

(3) $\dfrac{1}{\sqrt{x^2+1}} = u^{-\frac{1}{2}}, \ u = x^2+1$ であるから

$$\left(\frac{1}{\sqrt{x^2+1}}\right)' = \frac{d}{du}u^{-\frac{1}{2}} \cdot \frac{du}{dx} = \frac{-1}{2}u^{-\frac{3}{2}} \cdot (2x) = \frac{-x}{(x^2+1)\sqrt{x^2+1}}$$

問 6 つぎの関数を微分せよ．

(1) $\sqrt{x}$ (2) $\sqrt[3]{x^4}$ (3) $\dfrac{1}{\sqrt[3]{x^2}}$ (4) $\dfrac{1}{\sqrt[7]{x^2}}$

基本公式 4 (1) $(\log|x|)' = \dfrac{1}{x}$

(2) $(\log|f(x)|)' = \dfrac{f'(x)}{f(x)}$

証明 (1) $x > 0$ のときは基本公式 1 (5) そのものである．$x < 0$ のとき，$u = -x \ (> 0)$ とおけば

$$(\log|x|)' = \frac{d}{dx}\log u = \frac{1}{u}\frac{du}{dx} = \frac{1}{-x}(-1) = \frac{1}{x}$$

(2) $u = f(x)$ とおけば

$$(\log|f(x)|)' = \frac{d}{dx}\log u = \frac{1}{u}\cdot\frac{du}{dx} = \frac{f'(x)}{f(x)}$$

例題 7
$$\left(\frac{1}{2a}\log\left|\frac{x-a}{x+a}\right|\right)' = \frac{1}{x^2-a^2} \quad (a \neq 0)$$

証明
$$\left(\frac{1}{2a}\log\left|\frac{x-a}{x+a}\right|\right)' = \frac{1}{2a}\frac{x+a}{x-a}\left(\frac{x-a}{x+a}\right)' = \frac{1}{2a}\frac{x+a}{x-a}\cdot\frac{(x+a)-(x-a)}{(x+a)^2}$$
$$= \frac{1}{(x-a)(x+a)} = \frac{1}{x^2-a^2}$$

問 7 つぎの等式を証明せよ．

(1) $(\log|x+\sqrt{x^2+a}\,|)' = \dfrac{1}{\sqrt{x^2+a}}$

(2) $\left\{\dfrac{1}{2}(x\sqrt{x^2+a}+a\log|x+\sqrt{x^2+a}\,|)\right\}' = \sqrt{x^2+a}$

定理 4（逆関数の微分法） 関数 $f(x)$ が開区間 I で微分可能で，狭義の単調関数で，かつ $f'(x) \neq 0$ とする．このとき，逆関数 $y = f^{-1}(x)$ は $f(x)$ の値域 J で微分可能で

$$\frac{dy}{dx} = \frac{1}{f'(y)} = \frac{1}{\dfrac{dx}{dy}}$$

証明 $x = f(y)$ であるから，両辺を x で微分すれば

$$1 = f'(y)\cdot\frac{dy}{dx} \quad \therefore \quad \frac{dy}{dx} = \frac{1}{f'(y)}$$

たとえば $y = \log x$ は $f(x) = e^x$ の逆関数であるから

$$\frac{dy}{dx} = \frac{1}{f'(y)} = \frac{1}{e^y} = \frac{1}{x}$$

となる．この式自身はすでに前節の基本公式 (4) で与えられている．

逆三角関数についてはつぎの微分公式が成立する．

> **基本公式5** (1) $(\sin^{-1} x)' = \dfrac{1}{\sqrt{1-x^2}}$ $(-1 < x < 1)$
>
> (2) $(\cos^{-1} x)' = \dfrac{-1}{\sqrt{1-x^2}}$ $(-1 < x < 1)$
>
> (3) $(\tan^{-1} x)' = \dfrac{1}{1+x^2}$

証明 (1) $y = \sin^{-1} x \ (-1 < x < 1) \iff x = \sin y \left(-\dfrac{\pi}{2} < y < \dfrac{\pi}{2}\right)$ であるから,逆関数の微分公式より

$$\frac{dy}{dx} = \frac{1}{\cos y} = \frac{1}{\sqrt{1-\sin^2 y}} = \frac{1}{\sqrt{1-x^2}}$$

(2) $y = \cos^{-1} x \ (-1 < x < 1) \iff x = \cos y \ (0 < y < \pi)$ であるから,逆関数の微分公式より

$$\frac{dy}{dx} = \frac{1}{-\sin y} = \frac{-1}{\sqrt{1-\cos^2 y}} = \frac{-1}{\sqrt{1-x^2}}$$

(3) $y = \tan^{-1} x \iff x = \tan y \left(-\dfrac{\pi}{2} < y < \dfrac{\pi}{2}\right)$ であるから,逆関数の微分公式より

$$\frac{dy}{dx} = \frac{1}{\sec^2 y} = \frac{\cos^2 y}{\cos^2 y + \sin^2 y} = \frac{1}{1+\tan^2 y} = \frac{1}{1+x^2}$$

例題8 つぎの関数を微分せよ.

(1) $y = \sin^{-1}(1-2x)$ (2) $y = \tan^{-1}\dfrac{4x-5}{\sqrt{3}}$

解 (1) $y = \sin^{-1} u, \ u = 1-2x$ であるから

$$\frac{dy}{dx} = \frac{1}{\sqrt{1-u^2}} \frac{du}{dx} = \frac{1}{\sqrt{1-(1-2x)^2}}(-2) = \frac{-1}{\sqrt{x-x^2}}$$

(2) $y = \tan^{-1} u, \ u = \dfrac{4x-5}{\sqrt{3}}$ であるから

$$\frac{dy}{dx} = \frac{1}{1+u^2}\frac{du}{dx} = \frac{1}{1+\frac{(4x-5)^2}{3}}\frac{4}{\sqrt{3}} = \frac{\sqrt{3}}{4x^2-10x+7}$$

問 8 つぎの関数を微分せよ．

(1) $\sin^{-1}\frac{x}{\sqrt{a}}$ $(a>0)$ (2) $\sin^{-1}\sqrt{x}$ (3) $\tan^{-1}\frac{1}{x+3}$

　前節の基本公式 1 および本節の基本公式 2〜5 と定理 2〜4 を適宜組み合わせて応用すれば，ほとんどの初等関数の導関数を計算することができる．

§3　媒介変数で与えられる関数の微分法

　変数 x, y の関係を，直接に $y = f(x)$ あるいは $F(x, y) = 0$ のような形でなく，

(∗) $\begin{cases} x = \varphi(t) \\ y = \psi(t) \end{cases}$

のように別の変数 t を媒介にして表示することがある．この場合の変数 t を**媒介変数（パラメータ）**という．また，t の変化につれて点 $(x, y) = (\varphi(t), \psi(t))$ を座標平面上にプロットしていけば 1 つの曲線を描く．このとき，(∗) をこの曲線の**媒介変数表示**という．

　たとえば

$\begin{cases} x = a\cos t \\ y = a\sin t \end{cases}$ $(0 \leq t \leq 2\pi,\ a > 0)$

は円 $x^2 + y^2 = a^2$ の媒介変数表示を与える（図 2.3）．

　媒介変数 t の微分可能な関数で表示される曲線上の点 $\mathrm{P}(x, y)$ における $\dfrac{dy}{dx}$ を求めるには，つぎのようにすればよい．

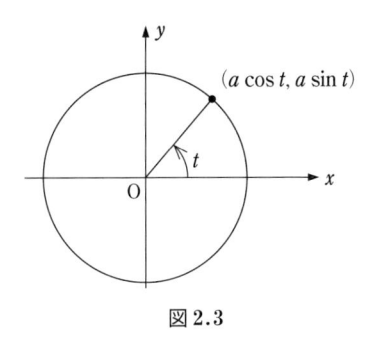

図 2.3

定理 5 媒介変数表示

$$\begin{cases} x = \varphi(t) \\ y = \psi(t) \end{cases}$$

において，$\varphi(t), \psi(t)$ がともに微分可能で，$\varphi'(t) \neq 0$ とするとき，y は x の関数として微分可能であり，

$$\frac{dy}{dx} = \frac{\dfrac{dy}{dt}}{\dfrac{dx}{dt}} = \frac{\psi'(t)}{\varphi'(t)}$$

証明 $x = \varphi(t)$ が t について微分可能でかつ $\varphi'(t) \neq 0$ であるから，$x = \varphi(t)$ は t を含む小開区間で微分可能な狭義単調関数とみなすことができる（このことは第 3 章で詳しく解説される）．したがって $t = \varphi^{-1}(x)$ も x を含む小開区間で狭義単調かつ微分可能な関数であり，定理 4 より

$$\frac{dt}{dx} = \frac{1}{\varphi'(t)}$$

さらに定理 3 から

$$\frac{dy}{dx} = \frac{dy}{dt} \cdot \frac{dt}{dx} = \frac{\psi'(t)}{\varphi'(t)}$$

例題 9 $\begin{cases} x = a(t - \sin t) \\ y = a(1 - \cos t) \end{cases}$ $(a > 0)$ で表される曲線は**サイクロイド**とよばれる．この場合

$$\frac{dy}{dx} = \frac{\dfrac{dy}{dt}}{\dfrac{dx}{dt}} = \frac{a \sin t}{a(1 - \cos t)} = \frac{\sin t}{(1 - \cos t)} = \cot \frac{t}{2} \quad (t \neq 2n\pi)$$

たとえば，$t = \dfrac{\pi}{2}$ に対応する点 $\left(a\left(\dfrac{\pi}{2} - 1\right), a\right)$ では $\dfrac{dy}{dx} = 1$ であり，この点での

接線の方程式は $\quad y = x + a\left(2 - \dfrac{\pi}{2}\right)$

法線の方程式は　$y = -x + \dfrac{\pi a}{2}$

問 9 曲線 $\begin{cases} x = (1+\cos t)\cos t \\ y = (1+\cos t)\sin t \end{cases}$ の $t = \dfrac{\pi}{4}$ に対応する点での接線および法線の方程式を求めよ．

追記　一般に，平面曲線は媒介変数 t により
$$\begin{cases} x = \varphi(t) \\ y = \psi(t) \end{cases} \quad (\alpha \leq t \leq \beta)$$
と表示される．とくに $t = t_1$ に対応する点 $(x_1, y_1) = (\varphi(t_1), \psi(t_1))$ での微分係数は $\dfrac{\psi'(t_1)}{\varphi'(t_1)}$ $(\varphi'(t_1) \neq 0)$ であるから，接線の方程式は
$$y - y_1 = \dfrac{\psi'(t_1)}{\varphi'(t_1)}(x - x_1)$$
で与えられる．さらに，$(x_1, y_1) = (\varphi(t_1), \psi(t_1))$ で $\varphi'(t_1) \neq 0$，$\psi'(t_1) \neq 0$ であるとき，接線は
$$\dfrac{x - x_1}{\varphi'(t_1)} = \dfrac{y - y_1}{\psi'(t_1)}$$
とも表せる．一般には，もう少し制限をゆるめて，別の媒介変数 s を用いて
$$\begin{cases} x = x_1 + \varphi'(t_1)s \\ y = y_1 + \psi'(t_1)s \end{cases}$$
と表示される．

同様に空間内の曲線は媒介変数により，
$$\begin{cases} x = \varphi(t) \\ y = \psi(t) \quad (\alpha \leq t \leq \beta) \\ z = \eta(t) \end{cases}$$
と表示される．とくに $t = t_1$ に対応する点 (x_1, y_1, z_1) での接線の方程式は，別の媒介変数 s により

$$\begin{cases} x = x_1 + \varphi'(t_1)s \\ y = y_1 + \psi'(t_1)s \\ z = z_1 + \eta'(t_1)s \end{cases}$$

と表示される．

§4 高次導関数

関数 $y = f(x)$ の導関数 $f'(x)$ が微分可能であるとき，その導関数 $\dfrac{d}{dx}f'(x)$ を原関数 $y = f(x)$ の **2次導関数**といい，

$$y'', \quad f''(x), \quad \frac{d^2y}{dx^2}, \quad \frac{d^2}{dx^2}f(x)$$

などで表す．すなわち，2次導関数とは

$$\lim_{\Delta x \to 0}\frac{f'(x+\Delta x)-f'(x)}{\Delta x}$$

で定義される関数である．

さらに $f''(x)$ が微分可能であるとき，その導関数 $\dfrac{d}{dx}f''(x)$ を $y = f(x)$ の **3次導関数**といい，

$$y''', \quad f'''(x), \quad \frac{d^3y}{dx^3}, \quad \frac{d^3}{dx^3}f(x)$$

などで表す．

以下同様にして，一般に **n次導関数**を定義する．n次導関数を

$$y^{(n)}, \quad f^{(n)}, \quad \frac{d^ny}{dx^n}, \quad \frac{d^n}{dx^n}f(x)$$

などと表す．

$f^{(n-1)}(x)$ が区間 I で微分可能であるとき，$f(x)$ は I で **n回微分可能**という．さらに，$f^{(n)}(x)$ が I で連続であるとき，$f(x)$ は I で **n回連続微分可能**，または **C^n級**という．

例題 10 つぎの関数の n 次導関数を求めよ．

(1) $y = e^x$ (2) $y = \sin x$ (3) $y = \cos x$

(4) $y = x^\alpha$ $(x > 0, \alpha$ は実数$)$

解 (1) $y = e^x$, $y' = e^x$, $y'' = e^x$, $\cdots$, $y^{(n)} = e^x$

(2) $y' = \cos x$, $y'' = -\sin x$, $y''' = -\cos x$, $y^{(4)} = \sin x$, $\cdots$

となり，以下 $\cos x, -\sin x, -\cos x, \sin x$ の順に繰り返し現れる．このことを1つの式で表せば

$$y' = \cos x = \sin\left(x + \frac{\pi}{2}\right)$$

$$y'' = \cos\left(x + \frac{\pi}{2}\right) = \sin\left(x + 2\frac{\pi}{2}\right)$$

$$y''' = \cos\left(x + 2\frac{\pi}{2}\right) = \sin\left(x + 3\frac{\pi}{2}\right)$$

$$\cdots\cdots\cdots\cdots\cdots$$

$$y^{(n)} = \sin\left(x + \frac{n\pi}{2}\right)$$

(3) $y' = -\sin x$, $y'' = -\cos x$, $y''' = \sin x$, $y^{(4)} = \cos x$, $\cdots$

となり，以下 $-\sin x, -\cos x, \sin x, \cos x$ の順に繰り返し現れる．このことを1つの式で表せば，$y = \sin x$ の場合と同様に考えて

$$y^{(n)} = \cos\left(x + \frac{n\pi}{2}\right)$$

(4) $y' = \alpha x^{\alpha-1}$, $y'' = \alpha(\alpha-1)x^{\alpha-2}$, $y''' = \alpha(\alpha-1)(\alpha-2)x^{\alpha-3}$, $\cdots$

となり，

$$y^{(n)} = \alpha(\alpha-1)(\alpha-2)\cdots(\alpha-n+1)x^{\alpha-n}$$

とくに，$\alpha = m$（自然数）であれば，$y^{(m)} = m!$, $y^{(m+1)} = y^{(m+2)} = \cdots = 0$ である．∎

例題 11 $y = \dfrac{1}{x}$ の n 次導関数を求めよ．

解 $y = \dfrac{1}{x} = x^{-1}$ より

$y' = -1 \cdot x^{-2}$, $y'' = (-1)(-2)x^{-3}$, $y''' = (-1)(-2)(-3)x^{-4}$

以下，帰納法により

$$y^{(n)} = (-1)(-2)(-3)\cdots(-n)x^{-(n+1)} = \frac{(-1)^n n!}{x^{n+1}}$$

§4 高次導関数

例題 12 $y = \log x$ の n 次導関数を求めよ．

解 $y' = \dfrac{1}{x}$ であるから
$$y^{(n)} = \left(\dfrac{1}{x}\right)^{(n-1)} = \dfrac{(-1)^{n-1}(n-1)!}{x^n}$$

問 10 つぎの関数の n 次導関数を求めよ．

(1) $y = \dfrac{1}{x^2}$ (2) $y = \dfrac{1}{x(x+1)}$ (3) $y = \dfrac{1}{x^2-1}$

(4) $y = \dfrac{1}{x^2-4}$ (5) $y = e^{kx}$ （k は定数）

関数 $u = f(x)$, $v = g(x)$ が n 回微分可能であるとき，$y = u \cdot v$ の n 次導関数を考えてみよう．積の微分法（定理2(3)）を順次繰り返して

$$y' = (uv)' = u'v + uv'$$
$$y'' = (u'v)' + (uv')' = (u''v + u'v') + (u'v' + uv'')$$
$$\quad = u''v + 2u'v' + uv''$$
$$y''' = (u''v)' + 2(u'v')' + (uv'')'$$
$$\quad = (u'''v + u''v') + 2(u''v' + u'v'') + (u'v'' + uv''')$$
$$\quad = u'''v + 3u''v' + 3u'v'' + uv'''$$

さらに最後の式を微分して
$$y^{(4)} = u^{(4)}v + 4u'''v' + 6u''v'' + 4u'v''' + uv^{(4)}$$

以下同様に $y^{(5)}, y^{(6)}, \cdots$ を計算していくとき，これらの式の各項の係数を見てみるとつぎの図のように並んでいる．

y' の式の係数 ……			1	1			
y'' の式の係数 ……		1	2	1			
y''' の式の係数 ……	1	3	3	1			
$y^{(4)}$ の式の係数 ……	1	4	6	4	1		
$y^{(5)}$ の式の係数 ……	1	5	10	10	5	1	
………			………………				

このような係数の並びは**パスカルの三角形**とよばれている．一般には帰納法を

用いてつぎの公式が導かれる．
$$y^{(n)} = {}_nC_0\, u^{(n)}v + {}_nC_1\, u^{(n-1)}v^{(1)} + \cdots + {}_nC_k\, u^{(n-k)}v^{(k)} + \cdots$$
$$+ {}_nC_{n-1}\, u^{(1)}v^{(n-1)} + {}_nC_n\, uv^{(n)}$$

ここで
$${}_nC_0 = 1, \quad {}_nC_k = \frac{n(n-1)(n-2)\cdots(n-k+1)}{k!} \quad (1 \leq k \leq n)$$

この公式を**ライプニッツ（Leibnitz）の公式**という．

注意 ${}_nC_k\ (k=0,1,\cdots,n)$ はパスカルの三角形の上から n 段目の数列を表す．

例題 13 $y = (x^2+1)e^x$ の n 次導関数を求めよ．

解 ライプニッツの定理において，$u = e^x,\ v = x^2+1$ とすれば
$$y^{(n)} = (e^x)^{(n)}(x^2+1) + {}_nC_1(e^x)^{(n-1)}(x^2+1)^{(1)} + {}_nC_2(e^x)^{(n-2)}(x^2+1)^{(2)} + \cdots$$
$$= e^x(x^2+1) + ne^x(2x) + \frac{n(n-1)}{2}e^x \cdot 2$$
$$= e^x(x^2 + 2nx + n^2 - n + 1)$$

問 11 つぎの関数の 3 次導関数を求めよ．
(1) $y = x\sin x$　　(2) $y = xe^x$　　(3) $y = x^2\cos x$

問 12 つぎの関数の n 次導関数を求めよ．
(1) $y = x^2\sin x$　　(2) $y = x^3 e^x$
(3) $y = x^3\cos x$　　(4) $y = x^2 e^x$

演習問題 2

1. つぎの関数を微分せよ．
(1) $\dfrac{1}{x^2} + x^5 - e^x + 3$　　(2) $x^4 \sin x$　　(3) $\dfrac{\sin x}{x^2 + 2}$　　(4) $\dfrac{1}{\sin x}$

(5) $\sqrt[3]{(x^3 + 2x^2 + 5)^4}$　　(6) $\dfrac{1}{\sqrt[3]{(x^2 + 3x - 1)^2}}$　　(7) $\sin^{-1}\sqrt{x}$

(8) $\cos^{-1}\dfrac{1}{x^2}$　　(9) $\tan^{-1}(\cos x)$　　(10) $\sqrt[5]{(\sin x + 2\cos x)^3(x^2 + 3)^4}$

(11) $\dfrac{1}{\sqrt{(x^3-2)^3(\sin x + \cos x)^5}}$ (12) $\sqrt{\dfrac{(x^2+x)^2(x^3-1)^5}{(x^2+4)^3(x^2+3)^2}}$

(13) $\dfrac{(x^3+5)^4(x^2-1)^3}{(x^5-3)^3(x^2+1)^6}$ (14) x^x (15) x^{x^2+x}

2. 定理 2 (3) を使用してつぎの等式を導け．
(1) $\{f_1 f_2 f_3\}' = f_1' f_2 f_3 + f_1 f_2' f_3 + f_1 f_2 f_3'$
(2) $\{f_1 f_2 \cdots f_n\}' = f_1' f_2 \cdots f_n + f_1 f_2' \cdots f_n + \cdots + f_1 f_2 \cdots f_n'$

3. 双曲線関数についてつぎの公式を証明せよ．
(1) $(\sinh x)' = \cosh x$ (2) $(\cosh x)' = \sinh x$
(3) $(\tanh x)' = \dfrac{1}{\cosh^2 x}$

4. つぎの表示で与えられる関数の $\dfrac{dy}{dx}$ を求めよ．

(1) $\begin{cases} x = a\cos t \\ y = b\sin t \end{cases}$ $(a, b > 0,\ 0 < t < \pi)$ (2) $\begin{cases} x = at^2 \\ y = 2at \end{cases}$

(3) $\begin{cases} x = \dfrac{3at}{1+t^3} \\ y = \dfrac{3at^2}{1+t^3} \end{cases}$ $(t \neq -1)$ (4) $\begin{cases} x = a\cos^3 t \\ y = a\sin^3 t \end{cases}$ $\left(a > 0,\ 0 < t < \dfrac{\pi}{2}\right)$

5. つぎの関数の 3 次導関数を求めよ．
(1) $y = \sqrt{3x+1}$ (2) $y = \log(5x+2)$ (3) $y = \sin(2x-1)$

6. つぎの等式を証明せよ．
(1) $y = x^2 e^{-x}$ ならば，$y''' + 3y'' + 3y' + y = 0$
(2) $y = e^{2x}\cos x$ ならば，$y'' - 4y' + 5y = 0$

3 微分法の応用

§1 平均値の定理

つぎの2つの定理は微分法の応用において基本的な役割を果たす．

> **定理1（ロル（Rolle）の定理）** $f(x)$ は閉区間 $[a,b]$ で連続，開区間 (a,b) で微分可能であって，$f(a)=f(b)$ とする．このとき
> $$f'(c)=0 \quad (a<c<b)$$
> を満たす c が少なくとも1つ存在する．

証明 $f(x)$ は閉区間 $[a,b]$ で連続であるから，最大値 M，最小値 m が存在する．$f(c)=M$，$f(c')=m$ とする（図3.1）．

(1) $f(x)$ が定数関数ならば，$f'(x)=0$ であるから定理は成立する．

(2) $f(x)$ が定数関数でないならば，M, m の少なくとも一方は $f(a)$ に等しくない．いま $M \ne f(a)$ とする．このとき $a<c<b$ である．$|h|\,(h \ne 0)$ を十分小さくとれば
$$f(c+h)-f(c) \leqq 0$$
であるから，とくに $h>0$ ならば
$$\frac{f(c+h)-f(c)}{h} \leqq 0,$$
とくに $h<0$ ならば

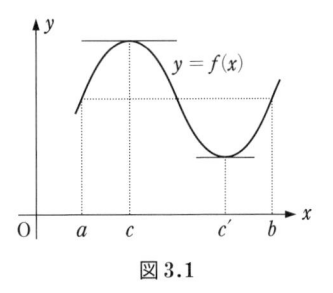

図3.1

$$\frac{f(c+h)-f(c)}{h} \geqq 0$$

である．$f(x)$ は $x=c$ で微分可能であるから，$f'(c)$ が存在し

$$0 \leqq \lim_{h\to -0}\frac{f(c+h)-f(c)}{h} = f'(c) = \lim_{h\to +0}\frac{f(c+h)-f(c)}{h} \leqq 0$$

したがって $f'(c)=0$ である．$m \neq f(a)$ の場合にも同様の論法で $f'(c')=0$ が示される．

注意 ロルの定理の図形的な意味は，曲線 $y=f(x)$ ($a\leqq x \leqq b$) の接線で x 軸に平行なものが存在することである（図 3.1 参照）．

例題 1 $f(x)=2x-x^2$ は閉区間 $[0,2]$ に関して定理 1 の仮定を満たしている．この場合 $f'(c)=0$ を満たす c は，$f'(x)=2-2x$ より，$c=1$（図 3.2）．

例題 2 $f(x)=a-|x-a|$ ($a>0$) は $[0,2a]$ で連続ではあるが $x=a$ で微分可能でないので，ロルの定理は保証されない．実際 $[0,2a]$ 内には $f'(c)=0$ を満たす c は存在しない（図 3.3）．

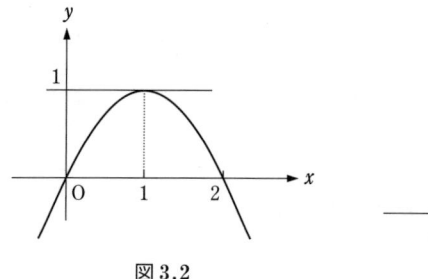

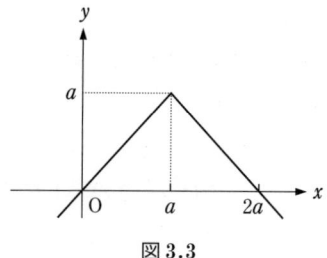

図 3.2

図 3.3

例題 3 $f(x)$ は $[a,b]$ で連続，(a,b) で微分可能かつ $f'(x) \neq 0$ であれば，$f(a) \neq f(b)$ である．

証明 $h(x)=f(x)-f(a)$ とおく．$f(a)=f(b)$ と仮定すれば $h(x)$ は $[a,b]$ で連続，(a,b) で微分可能かつ $h(a)=h(b)=0$ となる．ロルの定理より，
$$h'(c)=0 \quad (a<c<b)$$
を満たす c が存在する．しかし，これは $h'(x)=f'(x) \neq 0$ に矛盾する．ゆえに $f(a) \neq f(b)$ である．

定理2（平均値の定理） $f(x)$ は閉区間 $[a,b]$ で連続，開区間 (a,b) で微分可能とする．このとき
$$\frac{f(b)-f(a)}{b-a} = f'(c) \quad (a<c<b)$$
を満たす c が少なくとも1つ存在する．

証明 $\dfrac{f(b)-f(a)}{b-a} = k$ とおけば
$$f(b)-f(a)-k(b-a) = 0$$
そこで
$$h(x) = f(x)-f(a)-k(x-a)$$
とおけば，$h(x)$ は $[a,b]$ で連続，(a,b) で微分可能かつ $h(a)=h(b)=0$ となり，ロルの定理より，
$$h'(c) = 0 \quad (a<c<b)$$
を満たす c が存在する．$h'(c) = f'(c)-k = 0$ より，$f'(c) = k$ となる．∎

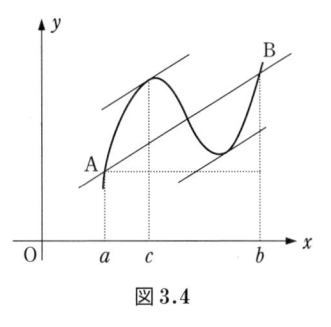

図3.4

定理2の証明における k は，曲線 $y=f(x)$ 上の2点 $A(a, f(a))$，$B(b, f(b))$ を結ぶ直線の傾きを表す．したがって，平均値の定理の図形的な意味は，直線 AB と平行な接線が引けることである（図3.4）．

平均値の定理において，$a<c<b$ であるから
$$\theta = \frac{c-a}{b-a}$$
とおけば $0<\theta<1$ となる．この θ を用いるならば，$c = a+\theta(b-a)$ と書くことができ，平均値の定理の帰結の命題はつぎのように表すこともできる．
$$f(b) = f(a)+(b-a)f'(a+\theta(b-a)) \quad (0<\theta<1)$$
を満たす θ が少なくとも1つ存在する．

あるいは，$b=a+h$ とおいて，

(∗) $\quad f(a+h) = f(a)+hf'(a+\theta h) \quad (0<\theta<1)$

を満たす θ が少なくとも1つ存在する．

注意 平均値の定理の証明を注意深く見ていけば，$f(x)$ が閉区間 $[b,a]$ で連続，開区間 (b,a) で微分可能とするとき，$b=a+h$ $(h<0)$ として (∗) と同じ表示の命題が成立する．

例題 4 つぎの関数 $f(x)$ と指定された区間 $[a,b]$ に対して，平均値の定理を満たす c および θ を求めよ．

(1) $f(x) = x^3 - x$ $[a,b] = [-1, 2]$

(2) $f(x) = e^x$ $[a,b] = [0, 1]$

解 (1) $\dfrac{f(b)-f(a)}{b-a} = \dfrac{(8-2)-(-1+1)}{2-(-1)} = \dfrac{6}{3} = 2$. 他方 $f'(x) = 3x^2 - 1$ であるから，

$$3c^2 - 1 = 2 \quad \therefore \quad c = 1, \ \theta = \dfrac{2}{3}$$

(2) $\dfrac{f(b)-f(a)}{b-a} = \dfrac{e-1}{1} = e-1$. 他方，$f'(x) = e^x$ であるから

$$e^c = e - 1 \quad \therefore \quad c = \log(e-1) = \theta$$

§2 関数の増減

> **定理 3** $f(x)$ は $[a,b]$ で連続，(a,b) で微分可能とする．
> (1) (a,b) で $f'(x) \equiv 0$ であれば，$[a,b]$ で $f(x)$ は定数である．
> (2) (a,b) で $f'(x) \geqq 0$ であれば，$[a,b]$ で $f(x)$ は**単調増加**である．
> (3) (a,b) で $f'(x) \leqq 0$ であれば，$[a,b]$ で $f(x)$ は**単調減少**である．

証明 x_1, x_2 $(x_1 < x_2)$ を $[a,b]$ 内の任意の数とする．$[x_1, x_2]$ で平均値の定理を適用すれば，

$$f(x_2) - f(x_1) = (x_2 - x_1) f'(c) \quad (x_1 < c < x_2)$$

(1) の場合 $f'(c) = 0$ であるから，上式より，$f(x_2) = f(x_1)$ となる．つまり，$f(x)$ は $[a,b]$ で定数である．(2) の場合 $f'(c) \geqq 0$ であるから，上式より，$f(x_2) \geqq f(x_1)$ となる．つまり，$f(x)$ は $[a,b]$ で単調増加である．(3) の場合は (2) の場合と同様である．

注意 1 定理 3 (2), (3) のそれぞれにおいて，もし (a,b) で $f'(x) \neq 0$ であれば，$[a,b]$ で $f(x)$ は狭義単調増加 (減少) である

注意 2 $x=x_0$ で $f'(x)$ が連続で $f'(x_0) \neq 0$ であれば，$f(x)$ は $x=x_0$ の近くでは狭義単調増加（あるいは減少）である．なぜなら，$f'(x)$ が連続で $f'(x_0) \neq 0$ であるから，$x=x_0$ を含む適当な小開区間において $f'(x) > 0$ あるいは $f'(x) < 0$ となる．

例題 5 $f(x) = x^3 - 3x$ の増加・減少を調べよ．

解 $f'(x) = 3x^2 - 3 = 3(x-1)(x+1)$ だから，$-1 < x < 1$ の範囲で狭義単調減少であり，$x < -1$ あるいは $x > 1$ の範囲で単調増加である（図 3.5）. ∎

図 3.5

$f(x)$ が $x = x_0$ を含む適当な開区間で連続であり，$|h|$ ($h \neq 0$) が十分小さいとき，つねに
$$f(x_0) > f(x_0+h) \quad (\text{あるいは } f(x_0) < f(x_0+h))$$
であるとき，それぞれ $f(x)$ は $x = x_0$ で**極大**（あるいは**極小**）となるといい，$f(x_0)$ を**極大値**（あるいは**極小値**）という．極大値，極小値を総称して**極値**という．

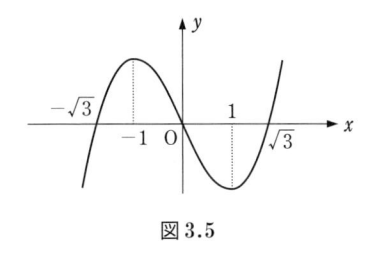

$f(x)$ が $x = x_0$ を含む適当な開区間で微分可能であり，$x = x_0$ で極値をとるとき，ロルの定理の証明と同じ論法により
$$f'(x_0) = 0$$
が示される．

しかし，この逆は一般には成り立たない．たとえば，$f(x) = x^3$ のとき，$f'(0) = 0$ であるが，$f(x)$ は $(-\infty, \infty)$ で単調増加であり，$x = x_0$ で極値とならない．$f'(x_0) = 0$ となる点 $x = x_0$ において $f(x_0)$ が極値となるかどうかは，関数の増減表を調べればわかる．

例題 6 $f(x) = x^5 - \dfrac{5}{3}x^3 + 1$ の増減および極値について調べよ．

解 $f'(x) = 5x^4 - 5x^2 = 5x^2(x+1)(x-1)$ （表 3.1 参照）
したがって，$-1 < x < 1$ で狭義単調減少，$x < -1$ あるいは $x > 1$ で狭義単調増加，$x = -1$ で極大値 $\dfrac{5}{3}$，$x = 1$ で極小値 $\dfrac{1}{3}$ をとり，$x = 0$ では極値をとらない

表 3.1

x		-1		0		1	
$f'(x)$	$+$	0	$-$	0	$-$	0	$+$
$f(x)$	↗	$\dfrac{5}{3}$	↘	1	↘	$\dfrac{1}{3}$	↗

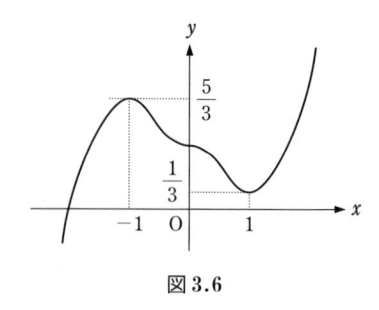

図 3.6

（図 3.6）．

問 1 つぎの関数の増加・減少および極値について調べよ．
(1)　$y = x^3 - 12x$　　(2)　$y = x^3 - 6x^2$
(3)　$y = x^4 - 8x^2$　　(4)　$y = x - 2\sin x$　$(0 \leqq x \leqq 2\pi)$

　関数の増加・減少の関係をうまく使用して不等式を証明できることがある．つぎにその例を示そう．

例題 7　$0 \leqq x < \dfrac{\pi}{2}$ のとき，$\sin x < x < \tan x$ を証明せよ．

解　$f(x) = x - \sin x$，$g(x) = \tan x - x$ とおけば，$0 < x < \dfrac{\pi}{2}$ の範囲で
$$f'(x) = 1 - \cos x > 0$$
$$g'(x) = \dfrac{1}{\cos^2 x} - 1 = \dfrac{1 - \cos^2 x}{\cos^2 x} > 0$$
したがって，$0 \leqq x < \dfrac{\pi}{2}$ で $f(x), g(x)$ は狭義単調増加である．しかも $f(0) = g(0) = 0$ であるから，$0 < x < \dfrac{\pi}{2}$ のとき $f(x) > 0$，$g(x) > 0$ となる．

問 2　つぎの不等式を証明せよ．
(1)　$(1+x)^n > 1 + nx$　$(x > 0, \ n \geqq 2)$　　(2)　$e^x \geqq 1 + x$　$(x > 0)$

§3　曲線の凹凸，変曲点，グラフの概形

関数 $f(x)$ は区間 I で連続とする．曲線 $y = f(x)$ 上の任意の 2 点 P_1, P_2 に対して，弧 P_1P_2 が線分 P_1P_2 より上方にこないとき，$f(x)$ は区間 I で**下に凸**（または**上に凹**）という．反対に，弧が線分より下方にこないとき，$f(x)$ は区間 I に**上に凸**（または**下に凹**）という（図 3.7，図 3.8）．

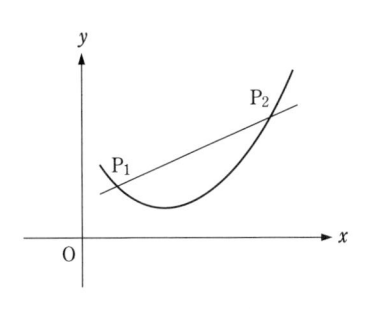

図 3.7　下に凸　　　　図 3.8　上に凸

別の言葉で表現すれば，$f(x)$ が区間 I で下に凸であることは，I 内の任意の 3 点 x_1, x, x_2 ($x_1 < x < x_2$) に対応する曲線 $y = f(x)$ 上の 3 点を P_1, P, P_2 とするとき，線分 PP_2 の傾きがつねに線分 P_1P の傾きより小さくないこと，すなわち

$$\frac{f(x)-f(x_1)}{x-x_1} \leqq \frac{f(x_2)-f(x)}{x_2-x}$$

が成り立つことと同値である．反対に，$f(x)$ が区間 I で上に凸であることは

$$\frac{f(x)-f(x_1)}{x-x_1} \geqq \frac{f(x_2)-f(x)}{x_2-x}$$

が成り立つことと同値である（図 3.9）．

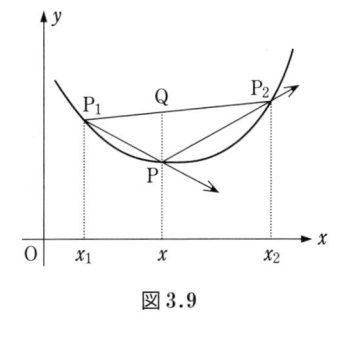

図 3.9

定理 4　$f(x)$ は $[a, b]$ で連続，(a, b) で 2 回微分可能とする．
(1)　(a, b) でつねに $f''(x) > 0$ であれば，$f(x)$ は $[a, b]$ で下に凸である．
(2)　(a, b) でつねに $f''(x) < 0$ であれば，$f(x)$ は $[a, b]$ で上に凸である．

証明　x_1, x, x_2 $(x_1 < x < x_2)$ を $[a, b]$ 内の任意の 3 点とする．
　(1) $f''(x) > 0$ であるから，(a, b) で $f'(x)$ は狭義単調増加である．平均値の定理により，
$$\frac{f(x)-f(x_1)}{x-x_1} = f'(\xi_1) \quad (x_1 < \xi_1 < x)$$
$$\frac{f(x_2)-f(x)}{x_2-x} = f'(\xi_2) \quad (x < \xi_2 < x_2)$$
であり，$f'(x)$ が単調増加であることから，
$$\frac{f(x)-f(x_1)}{x-x_1} < \frac{f(x_2)-f(x)}{x_2-x}$$
が成り立つ．したがって，$f(x)$ は $[a, b]$ で下に凸である．
　(2) については不等号の向きが反対になるだけで，証明は (1) とまったく同様である． ∎

　曲線 $y = f(x)$ 上の点 P を境目にして曲線の凹凸の状況が変わるとき，このような点 P のことを $y = f(x)$ の**変曲点**という．したがって，$f(x)$ が 2 回微分可能で $x = a$ を境にして $f''(x)$ の符号が変化しているとき，点 $(a, f(a))$ は変曲点である．

例題 8　曲線 $y = x^2 e^{-x}$ の凹凸および変曲点を調べよ．

解　$y' = (2x - x^2)e^{-x} = -x(x-2)e^{-x}$
$y'' = (2 - 4x + x^2)e^{-x} = -\{x - (2-\sqrt{2})\}\{x - (2+\sqrt{2})\}e^{-x}$ （表 3.2 参照）

表 3.2

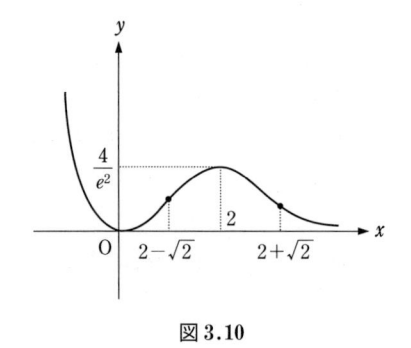

x		0		$2-\sqrt{2}$		2		$2+\sqrt{2}$	
y'	$-$	0	$+$		$+$	0	$-$		$-$
y''	$+$		$+$	0	$-$		$-$	0	$+$
			下に凸		上に凸			下に凸	
y	↘	極小 0	↗		↗	極大 $\dfrac{4}{e^2}$	↘		↘

図 3.10

$x=0$ のとき極小値 0，$x=2$ のとき極大値 $\dfrac{4}{e^2}$，$x=2\pm\sqrt{2}$ で変曲点（図 3.10）．

曲線 $y=f(x)$ の概形を描くとき，$f(x)$ の定義域，増加・減少，極値，曲線の凹凸，変曲点などに加えて，さらにつぎのような事項を調べれば，より正確な曲線を描くことができる．

(1°) 曲線の対称性
(2°) 座標軸あるいは特定の直線と交わる点
(3°) 漸近線

一般に曲線 C と特定の直線 l に対し，C 上を点 P が原点から遠ざかるとき P が直線 l に限りなく近づくならば，この直線を曲線 C の**漸近線**という．

曲線 $y=f(x)$ において

$$\lim_{x\to a+0}|f(x)|=\infty \quad あるいは \quad \lim_{x\to a-0}|f(x)|=\infty$$

であるとき，直線 $x=a$ は 1 つの漸近線（y 軸に平行な漸近線）となる．

もし，曲線が y 軸に平行でない漸近線をもつとし，それを

$$y=mx+b$$

とすれば，

$$\lim_{x\to\infty}|f(x)-(mx+b)|=0 \quad あるいは \quad \lim_{x\to-\infty}|f(x)-(mx+b)|=0$$

であるから

$$\lim_{x\to\infty}\left|\dfrac{f(x)}{x}-\left(m+\dfrac{b}{x}\right)\right|=0 \quad あるいは \quad \lim_{x\to-\infty}\left|\dfrac{f(x)}{x}-\left(m+\dfrac{b}{x}\right)\right|=0$$

となり，

$$m=\lim_{x\to\infty}\dfrac{f(x)}{x} \quad あるいは \quad m=\lim_{x\to-\infty}\dfrac{f(x)}{x}$$

でなければならない．さらに，この m に対し

$$b=\lim_{x\to\infty}\{f(x)-mx\} \quad あるいは \quad b=\lim_{x\to-\infty}\{f(x)-mx\}$$

となる．

例題 9 例題 8 の曲線 $y=x^2e^{-x}$ では直線 $y=0$ が漸近線である．

なぜなら

$$m = \lim_{x \to \infty} \frac{x^2 e^{-x}}{x} = \lim_{x \to \infty} \frac{x}{e^x} = 0$$

（∵ 第 3 章 §2，問 2 (2) を利用して導かれる）

$$b = \lim_{x \to \infty} x^2 e^{-x} = \lim_{x \to \infty} \frac{x^2}{e^x} = 0$$

（∵ 第 3 章 §2，問 2 (2) を利用して導かれる）

例題 10 曲線 $y = \dfrac{x^2}{x-1}$ の概形を描け．

解
$$y' = \frac{2x(x-1) - x^2}{(x-1)^2} = \frac{x^2 - 2x}{(x-1)^2} = \frac{x(x-2)}{(x-1)^2}$$

$$y'' = \frac{(2x-2)(x-1)^2 - 2(x^2-2x)(x-1)}{(x-1)^4} = \frac{2}{(x-1)^3}$$

（表 3.3 参照）

$$\lim_{x \to 1-0} \frac{x^2}{x-1} = -\infty, \quad \lim_{x \to 1+0} \frac{x^2}{x-1} = +\infty$$

$$m = \lim_{x \to \infty} \frac{1}{x} \cdot \frac{x^2}{x-1} = \lim_{x \to \infty} \frac{x}{x-1} = 1$$

$$b = \lim_{x \to \infty} \left(\frac{x^2}{x-1} - x \right) = \lim_{x \to \infty} \frac{x}{x-1} = 1$$

したがって，直線 $x = 1$，$y = x + 1$ が漸近線であり，$x = 0$ のとき極大値 0，$x = 2$ のとき極小値 4（図 3.11）．

表 3.3

x		0		1		2	
y'	+	0	−	×	−	0	+
y''	−		−	×	+		+
		上に凸		×		下に凸	
y	↗	極大 0	↘	×	↘	極小 4	↗

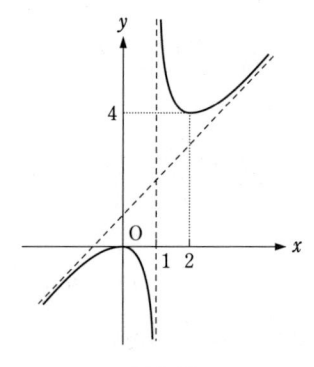

図 3.11

問 3 つぎの曲線の概形を描け．

(1) $y = \dfrac{x^3}{9} - 3x$ 　　(2) $y = x + \sqrt{2} \sin x$ 　$(0 \leqq x \leqq 2\pi)$

(3) $y = x \log x$

座標平面上のPに対し，原点OとPを通る直線とx軸とのなす角（x軸の正方向の部分を基線として反時計まわりに測った角）をθ，OPの距離をrとする．このときPの座標(x, y)は
$$x = r\cos\theta, \quad y = r\sin\theta$$
と表される．

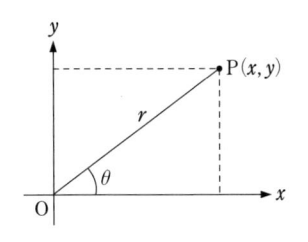

図 3.12

このような意味で，点Pの位置を(r, θ)と表示する方法を**極座標表示**（あるいは**極表示**）といい，r, θのことをそれぞれ点Pの**動径**，**偏角**という．

以下，rは負の数でもよいものとする．したがって，点(r, θ)と点$(-r, \theta+\pi)$は同一の点を表す．

平面上の曲線C上の各点Pを極座標表示により(r, θ)と表すとき，r, θが方程式
$$r = f(\theta) \quad \text{あるいは} \quad f(r, \theta) = 0$$
を満足するならば，これを曲線Cの**極方程式**という．

例題 11 原点を中心とする半径aの円の極方程式は$r = a$（定数）である． ∎

例題 12 極方程式$r = a\theta \ (a > 0)$で表される曲線は図 3.13 のような**らせん**である（**アルキメデスのらせん**）． ∎

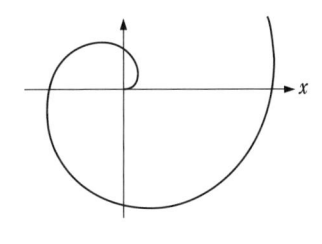

図 3.13

§3 曲線の凹凸，変曲点，グラフの概形

例題 13 極方程式 $r = a\sin 2\theta\,(a>0)$ により表される曲線の概形を描け．

解 $0 \leqq \theta \leqq 2\pi$ における r の変化の状況は表 3.4 のとおりである．

$0 \leqq \theta \leqq \pi$ に対する曲線は図 3.14 の太線のようになる．曲線全体は**四葉形**になる．

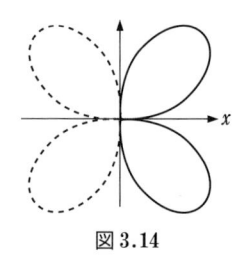

図 3.14

表 3.4

θ	0		$\dfrac{\pi}{4}$		$\dfrac{\pi}{2}$		$\dfrac{3\pi}{4}$		π		$\dfrac{5\pi}{4}$		$\dfrac{3\pi}{2}$		$\dfrac{7\pi}{4}$		2π
$\sin 2\theta$	0	↗	a	↘	0	↘	$-a$	↗	0	↗	a	↘	0	↘	$-a$	↗	0

§4 不定形の極限

たとえば，$x \to a$ のとき，$f(x) \to 0$，$g(x) \to 0$ であるとすれば，$\displaystyle\lim_{x \to a}\dfrac{f(x)}{g(x)}$ はどうなるであろうか．この場合を形式的に $\dfrac{0}{0}$ と書くことにする．同様に極限の状況が

$$\infty - \infty, \quad \infty \cdot 0, \quad \dfrac{\infty}{\infty}$$

などのような場合も考えられる．このような場合をまとめて**不定形の極限**という．

つぎの定理は不定形の極限の計算の基礎になる．

定理 5（コーシ（Cauchy）の平均値の定理）　$f(x), g(x)$ がともに $[a,b]$ で連続，(a,b) で微分可能で，かつ $g'(x) \neq 0$ であれば，

$$\dfrac{f(b)-f(a)}{g(b)-g(a)} = \dfrac{f'(c)}{g'(c)} \quad (a<c<b)$$

となる c が少なくとも 1 つ存在する．

証明　例題 3 により，$g(b)-g(a) \neq 0$ である．$\dfrac{f(b)-f(a)}{g(b)-g(a)} = k$ とおけば，

$$f(b)-f(a)-k\{g(b)-g(a)\} = 0$$

そこで
$$h(x) = f(x) - f(a) - k\{g(x) - g(a)\}$$
とおけば，$h(x)$ は $[a, b]$ で連続，(a, b) で微分可能であり，定義より $h(a) = h(b) = 0$ となる．したがって，ロルの定理より，$h'(c) = 0$ $(a < c < b)$ となる c が存在する．
$$h'(c) = f'(c) - kg'(c) = 0 \quad \text{より} \quad k = \frac{f'(c)}{g'(c)}. \qquad \blacksquare$$

注意 コーシの平均値の定理において，$g(x) = x$ とおけば従来の平均値の定理（定理2）となる．つまり，コーシの平均値の定理は定理2を一般化したものとみなすことができる．

定理 6（ロピタル (L'Hospital) の定理） $f(x), g(x)$ がともに $x = a$ を含む小開区間 I で連続で，$f(a) = g(a) = 0$ であり，さらに a を除いて微分可能であり，$g'(x) \neq 0$ とする．このとき，
$$\lim_{x \to a} \frac{f'(x)}{g'(x)} = \alpha \quad \text{であれば} \quad \lim_{x \to a} \frac{f(x)}{g(x)} = \alpha$$
である．

証明 a の近くに x をとると，コーシの平均値の定理から，a と x の間に
$$\frac{f(x)}{g(x)} = \frac{f(x) - f(a)}{g(x) - g(a)} = \frac{f'(c)}{g'(c)}$$
となるような c が存在する．$x \to a$ のとき，$c \to a$ であるから，
$$\lim_{x \to a} \frac{f(x)}{g(x)} = \lim_{c \to a} \frac{f'(c)}{g'(c)} = \alpha$$
が成り立つ． $\blacksquare$

例題 14 (1) $\displaystyle \lim_{x \to 2} \frac{2x^2 - x - 6}{x^3 - 8} = \lim_{x \to 2} \frac{4x - 1}{3x^2} = \frac{7}{12}$

(2) $\displaystyle \lim_{x \to 0} \frac{e^x + e^{-x} - 2}{1 - \cos x} = \lim_{x \to 0} \frac{e^x - e^{-x}}{\sin x} = \lim_{x \to 0} \frac{e^x + e^{-x}}{\cos x} = 2 \qquad \blacksquare$

問 4 つぎの極限値を求めよ．

(1) $\displaystyle\lim_{x\to 1}\frac{\log x}{1-x}$ 　　(2) $\displaystyle\lim_{x\to\frac{\pi}{2}}\frac{x\sin x - \frac{\pi}{2}}{\frac{\pi}{2}-x}$ 　　(3) $\displaystyle\lim_{x\to 0}\frac{x-\sin x}{x^3}$

定理 6 に類似してつぎのような命題が成り立つが，ここではその結果のみを注意事項として記しておく．

注意 1 $x \to a+0$ のとき，$f(x) \to \infty$，$g(x) \to \infty$ であって
$$\lim_{x\to a+0}\frac{f'(x)}{g'(x)} = \alpha \quad \text{ならば} \quad \lim_{x\to a+0}\frac{f(x)}{g(x)} = \alpha \quad \text{である．}$$
この命題は $x \to a-0$ のときにも成り立つ．

注意 2 定理 6 および注意 1 の命題は，$x \to \infty$ あるいは $x \to -\infty$ のときにも成り立つ．

例題 15 (1) $\displaystyle\lim_{x\to\infty}\frac{e^x}{x^3} = \lim_{x\to\infty}\frac{e^x}{3x^2} = \lim_{x\to\infty}\frac{e^x}{6x} = \lim_{x\to\infty}\frac{e^x}{6} = \infty$

(2) $\displaystyle\lim_{x\to\infty}\frac{\log(1+e^x)}{x} = \lim_{x\to\infty}\frac{e^x}{1+e^x} = \lim_{x\to\infty}\frac{e^x}{e^x} = 1$

§5 テイラーの定理

平均値の定理（定理 2）はつぎのように一般化される．

> **定理 7（テイラー(Taylor)の定理）** $f(x)$ が $[a,b]$ で C^{n-1} 級で，(a,b) で n 回微分可能であれば
> $$f(b) = f(a) + f'(a)(b-a) + \frac{f''(a)}{2!}(b-a)^2 + \cdots$$
> $$+ \frac{f^{(n-1)}(a)}{(n-1)!}(b-a)^{n-1} + R_n$$
> $$R_n = \frac{f^{(n)}(c)}{n!}(b-a)^n, \quad a < c < b$$
> を満たす c が少なくとも 1 つ存在する．

R_n のことを**剰余項**という．

証明

$$f(b) - \left\{ f(a) + f'(a)(b-a) + \frac{f''(a)}{2!}(b-a)^2 + \cdots + \frac{f^{(n-1)}(a)}{(n-1)!}(b-a)^{n-1} \right\}$$
$$= k(b-a)^n$$

とおくとき，k が

$$k = \frac{f^{(n)}(c)}{n!}, \quad a < c < b$$

と表せることを示せばよい．

$$F(x) = f(b) - \left\{ f(x) + f'(x)(b-x) + \frac{f''(x)}{2!}(b-x)^2 + \cdots \right.$$
$$\left. + \frac{f^{(n-1)}(x)}{(n-1)!}(b-x)^{n-1} \right\} - k(b-x)^n$$

とおくと，$F(x)$ は $[a, b]$ で連続，(a, b) で微分可能である．しかも定義より $F(a) = F(b) = 0$ であるから，ロルの定理が適用でき

$$F'(c) = 0, \quad a < c < b$$

を満たす c が存在する．

$$F'(x) = -f'(x)$$
$$\quad - \{ f''(x)(b-x) - f'(x) \}$$
$$\quad - \frac{1}{2!} \{ f'''(x)(b-x)^2 - 2f''(x)(b-x) \}$$
$$\quad \vdots$$
$$\quad - \frac{1}{(n-1)!} \{ f^{(n)}(x)(b-x)^{n-1} - (n-1)f^{(n-1)}(x)(b-x)^{n-2} \}$$
$$\quad + nk(b-x)^{n-1}$$
$$= n \left\{ k - \frac{1}{n!} f^{(n)}(x) \right\} (b-x)^{n-1}$$

であるから

$$F'(c) = 0 \iff k = \frac{f^{(n)}(c)}{n!}$$

となり定理が証明された． ∎

定理7において，$b-a=h$ とおき，
$$c = a+\theta(b-a) = a+\theta h, \quad 0 < \theta < 1$$
と表せば，定理7の式はつぎのように書き直すこともできる．

（＊）　$f(a+h) = f(a)+f'(a)h+\dfrac{f''(a)}{2!}h^2+\cdots+\dfrac{f^{(n-1)}(a)}{(n-1)!}h^{n-1}+R_n$

$$R_n = \frac{f^{(n)}(a+\theta h)}{n!}h^n, \quad 0 < \theta < 1$$

注意　定理の証明を注意深くみれば，（＊）の表示式は，$h<0$ の場合にもそのままの形で成り立つことがわかる．

さらに，表示式（＊）において，$a=0, h=x$ とおけば，つぎの定理が得られる．

定理8（マクローリン（Maclaurin）の定理）　$f(x)$ が $x=0$ を含む区間で n 回微分可能であれば，その区間でつぎの式が成り立つような θ が存在する．

$$f(x) = f(0)+f'(0)x+\frac{f''(0)}{2!}x^2+\cdots+\frac{f^{(n-1)}(0)}{(n-1)!}x^{n-1}+R_n(x)$$

$$R_n(x) = \frac{f^{(n)}(\theta x)}{n!}x^n, \quad 0 < \theta < 1$$

例題16　$f(x)=e^x$ にマクローリンの定理を適用した式を書け．

解　$f^{(k)}(x) = e^x \ (k=1,2,\cdots)$ であるから，
$$e^x = 1+x+\frac{1}{2!}x^2+\cdots+\frac{1}{(n-1)!}x^{n-1}+\frac{e^{\theta x}}{n!}x^n, \quad 0 < \theta < 1 \quad \blacksquare$$

例題17　$f(x)=\sqrt{1+x}$ にマクローリンの定理を $n=3$ として適用した式を書け．

解　$f'(x) = \dfrac{1}{2}(x+1)^{-\frac{1}{2}} = \dfrac{1}{2\sqrt{1+x}} \qquad \therefore \ f'(0) = \dfrac{1}{2}$

$$f''(x) = \frac{1}{2}\frac{-1}{2}(x+1)^{-\frac{3}{2}} = \frac{-1}{4\sqrt{(1+x)^3}} \quad \therefore \quad f''(0) = -\frac{1}{4}$$

$$f'''(x) = \frac{1}{2}\frac{-1}{2}\frac{-3}{2}(x+1)^{-\frac{5}{2}} = \frac{3}{8\sqrt{(1+x)^5}}$$

であるから

$$\sqrt{1+x} = 1 + \frac{1}{2}x - \frac{1}{8}x^2 + \frac{x^3}{16\sqrt{(1+\theta x)^5}}, \quad 0 < \theta < 1$$

問 5 つぎの関数にマクローリンの定理を $n=3$ として適用した式を書け．

(1) $\dfrac{1}{1-x}$ (2) $\dfrac{1}{\sqrt{x+1}}$ (3) $(x+1)^{10}$

関数の近似値と誤差

マクローリンの定理において，剰余項の絶対値 $|R_n(x)|$ が小さければ，$f(x)$ の近似関数として

$$f(x) = f(0) + f'(0)x + \frac{f''(0)}{2!}x^2 + \cdots + \frac{f^{(n-1)}(0)}{(n-1)!}x^{n-1}$$

をとることができる．このときの誤差は $|R_n(x)|$ であるが，もし $x=0$ を含む小区間で $|f^{(n)}(x)| \leqq M$（定数）であれば，この区間で

$$|R_n(x)| \leqq \frac{|x|^n}{n!}M$$

となる．

例題 18 $|x| \leqq \dfrac{1}{5}$ の範囲でつぎの近似式を採用するときの誤差の限界を求めよ．

(1) $\cos x \fallingdotseq 1 - \dfrac{1}{2}x^2$ (2) $\sin x \fallingdotseq x - \dfrac{1}{6}x^3$

解 マクローリンの定理より

$$\cos x = 1 - \frac{1}{2}x^2 + R_4(x), \quad R_4(x) = \frac{\cos \theta x}{4!}x^4$$

$$\sin x = x - \frac{1}{6}x^3 + R_5(x), \quad R_5(x) = \frac{\cos \theta x}{5!}x^5$$

であるから，$|\cos \theta x| \leqq 1$ を考慮すると，(1) の場合 $|R_4(x)| \leqq \dfrac{1}{24 \cdot 5^4}$

§5 テイラーの定理

$= 0.000066\cdots$,（2）の場合 $|R_5(x)| \leq \dfrac{1}{120 \cdot 5^5} = 0.0000026\cdots$ である．

問 6 ナピアの数 e の近似値として $1+1+\dfrac{1}{2!}+\dfrac{1}{3!}+\cdots+\dfrac{1}{8!}$ をとるときの誤差の限界を求めよ．

マクローリン級数

$f(x)$ が $x=0$ を含む区間で何回でも微分可能であれば，マクローリンの定理により，任意の n に対して，

$$f(x) = f(0) + f'(0)x + \frac{f''(0)}{2!}x^2 + \cdots + \frac{f^{(n-1)}(0)}{(n-1)!}x^{n-1} + R_n(x)$$

が成り立つ．ただし $R_n(x)$ は剰余項である．

このとき，もし $R_n(x) \to 0 \ (n \to \infty)$ であるならば，$f(x)$ はつぎのように無限級数で表されることになる．

$$f(x) = f(0) + f'(0)x + \frac{f''(0)}{2!}x^2 + \cdots + \frac{f^{(n)}(0)}{n!}x^n + \cdots$$

これを $f(x)$ の**マクローリン展開**あるいは $x=0$ での**テイラー展開**という．

たとえば例題 16 において $R_n(x) = \dfrac{e^{\theta x}}{n!}x^n$ は $(-\infty, \infty)$ 内の任意の x に対して

$$\lim_{n \to \infty} |R_n(x)| = \lim_{n \to \infty} e^{\theta x} \frac{|x|^n}{n!} = 0 \quad (\because 第 1 章，例題 9)$$

であるから，$(-\infty, \infty)$ において

$$e^x = 1 + x + \frac{1}{2!}x^2 + \cdots + \frac{1}{n!}x^n + \cdots$$

と無限級数に展開できる．

以下に代表的な関数のマクローリン展開を示す．

$$\sin x = x - \frac{x^3}{3!} + \frac{x^5}{5!} - \cdots + (-1)^n \frac{x^{2n+1}}{(2n+1)!} + \cdots \quad (-\infty < x < \infty)$$

$$\cos x = 1 - \frac{x^2}{2!} + \frac{x^4}{4!} - \cdots + (-1)^n \frac{x^{2n}}{(2n)!} + \cdots \quad (-\infty < x < \infty)$$

$$\log(1+x) = x - \frac{x^2}{2} + \frac{x^3}{3} - \cdots + (-1)^{n-1}\frac{x^n}{n} + \cdots \quad (-1 < x \leq 1)$$

$$(1+x)^a = 1 + ax + \frac{a(a-1)}{2!}x^2 + \cdots$$
$$+ \frac{a(a-1)\cdots(a-n+1)}{n!}x^n + \cdots \quad (-1 < x < 1)$$

演習問題 3

1. 次の関数 $f(x)$ と指定された区間 $[a,b]$ に対して，平均値の定理を満たす c および θ を求めよ．
　(1) $f(x) = \sqrt{x}$ 　$[a,b] = [1,4]$ 　(2) $f(x) = \log x$ 　$[a,b] = [1,e]$
　(3) $f(x) = x^3$ 　$[a,b] = [0,2]$

2. 次の関数の凹凸を調べ，変曲点を求めよ．
　(1) $f(x) = x^3 - 3x^2$ 　(2) $f(x) = 3x^4 - 16x^3 + 24x^2 + 2$
　(3) $f(x) = x - \sqrt{2}\cos x$ 　$(0 \leq x \leq 2\pi)$ 　(4) $f(x) = \dfrac{x}{x^2+1}$

3. つぎの極限値を計算せよ．
　(1) $\displaystyle\lim_{x \to 0}\frac{\sin 2x}{e^x - e^{-x}}$ 　(2) $\displaystyle\lim_{x \to \frac{\pi}{2}}\frac{1 - \sin x}{\left(x - \frac{\pi}{2}\right)^2}$ 　(3) $\displaystyle\lim_{x \to 0}\left(\frac{1}{x} - \frac{1}{e^x - 1}\right)$

　(4) $\displaystyle\lim_{x \to 0}\left(\frac{1}{\sin^2 x} - \frac{1}{x^2}\right)$ 　(5) $\displaystyle\lim_{x \to \infty}\frac{e^x}{x^n}$ 　(6) $\displaystyle\lim_{x \to \infty}(1+x)^{\frac{1}{x}}$

4. つぎの関数のマクローリン展開を 4 次の項まで求めよ．
　(1) $\dfrac{1}{1+x^2}$ 　(2) e^{3x+1} 　(3) $\cos\left(x + \dfrac{\pi}{3}\right)$

5. つぎの極限値をマクローリン展開を利用して求めよ．
　(1) $\displaystyle\lim_{x \to 0}\frac{x - \sin x}{x^3}$ 　(2) $\displaystyle\lim_{x \to 0}\frac{x + \log(1-x)}{x^2}$

　(3) $\displaystyle\lim_{x \to 0}\frac{2e^x - (2 + 2x + x^2)}{x^3}$

4 不定積分

§1 不定積分の定義と基本公式

関数 $f(x)$ に対して
$$F'(x) = f(x)$$
を満たすような関数 $F(x)$ が存在するとき，$F(x)$ のことを $f(x)$ の**原始関数**という．たとえば $(\sin x)' = \cos x$ であるから，$\sin x$ は $\cos x$ の原始関数である．

一般に関数 $f(x)$ の1つの原始関数 $F(x)$ が存在するなら
$$\{F(x)+C\}' = F'(x) = f(x) \quad (C \text{ は定数})$$
であるから，$F(x)+C$ も $f(x)$ の原始関数であり，$f(x)$ の原始関数は一意的ではない．

> **定理1** $f(x)$ の1つの原始関数を $F(x)$ とするとき，$f(x)$ のすべての原始関数は $F(x)+C$ で表される．ただし C は任意の定数である．

証明 $G(x)$ を $f(x)$ の任意の原始関数とすれば
$$\{G(x)-F(x)\}' = G'(x) - F'(x) = f(x) - f(x) = 0$$
となる．第3章，定理3(1) より，$G(x)-F(x)$ は定数関数であるから，これを C とすれば，$G(x) = F(x)+C$ となる．逆に，$F(x)+C$ が $f(x)$ のすべての原始関数であることは前に述べたとおりである． ∎

定理1から，$F(x)$ を $f(x)$ の1つの原始関数とすれば，任意の原始関数は $F(x)+C$ の形に書ける．これを $f(x)$ の**不定積分**といい，

$$\int f(x)\,dx$$

で表す．すなわち

$$\int f(x)\,dx = F(x)+C \quad (C\text{ は定数})$$

不定積分を求めることを，$f(x)$ を **積分する** といい，$f(x)$ のことを **被積分関数** という．

例題1 (1) $\displaystyle\int x^2\,dx = \frac{1}{3}x^3+C$ (2) $\displaystyle\int \cos x\,dx = \sin x + C$

不定積分について，つぎの定理は基本的である．

定理2 (1) $\displaystyle\int \{f(x)\pm g(x)\}\,dx = \int f(x)\,dx \pm \int g(x)\,dx$

(2) $\displaystyle\int kf(x)\,dx = k\int f(x)\,dx \quad (k\text{ は定数})$

証明 第2章の定理2より，

(1) $\displaystyle\frac{d}{dx}\left(\int f(x)\,dx \pm \int g(x)\,dx\right) = \frac{d}{dx}\left(\int f(x)\,dx\right) \pm \frac{d}{dx}\left(\int g(x)\,dx\right)$

$$= f(x) \pm g(x)$$

$$\therefore \int \{f(x)\pm g(x)\}\,dx = \int f(x)\,dx \pm \int g(x)\,dx$$

(2) $\displaystyle\frac{d}{dx}\left(k\int f(x)\,dx\right) = k\frac{d}{dx}\left(\int f(x)\,dx\right) = kf(x)$

$$\therefore \int kf(x)\,dx = k\int f(x)\,dx$$

定理2のような性質を不定積分の **線形性** という．

例題2 つぎの不定積分を求めよ．

(1) $\displaystyle\int (5x^4+6x^2)\,dx$ (2) $\displaystyle\int (4x^3+2\sin x)\,dx$

解 (1) $\displaystyle\int (5x^4+6x^2)\,dx = 5\int x^4\,dx + 6\int x^2\,dx$

§1 不定積分の定義と基本公式

$$= 5 \cdot \frac{1}{5}x^5 + 6 \cdot \frac{1}{3}x^3 + C = x^5 + 2x^3 + C$$

(2) $\int (4x^3 + 2\sin x)\, dx = 4\int x^3\, dx + 2\int \sin x\, dx$

$$= 4 \cdot \frac{1}{4}x^4 + 2(-\cos x) + C = x^4 - 2\cos x + C$$

問 1 つぎの不定積分を求めよ．

(1) $\int (x^3 + x^2)\, dx$ 　　(2) $\int (x^4 - 6x^3 + 2x - 3)\, dx$

(3) $\int (2\cos x + 3\sin x - 1)\, dx$

§2 不定積分の基本公式

この節では基本的な関数の不定積分を例題を通して考察していく．

2.1 x^a の積分

$a \neq -1$ のとき，$(x^{a+1})' = (a+1)x^a$ より，$\left(\dfrac{1}{a+1}x^{a+1}\right)' = x^a$ であるから，つぎの公式が成り立つ．

> **基本公式 1** $\displaystyle\int x^a\, dx = \dfrac{1}{a+1}x^{a+1} + C \quad (a \neq -1)$

例題 3 (1) $\displaystyle\int x^7\, dx = \dfrac{1}{7+1}x^{7+1} + C = \dfrac{1}{8}x^8 + C$

(2) $\displaystyle\int (\sqrt{x} + \sqrt[3]{x})\, dx = \int (x^{\frac{1}{2}} + x^{\frac{1}{3}})\, dx = \dfrac{1}{\frac{1}{2}+1}x^{\frac{1}{2}+1} + \dfrac{1}{\frac{1}{3}+1}x^{\frac{1}{3}+1} + C$

$$= \dfrac{2}{3}x^{\frac{3}{2}} + \dfrac{3}{4}x^{\frac{4}{3}} + C = \dfrac{2}{3}x\sqrt{x} + \dfrac{3}{4}x\sqrt[3]{x} + C$$

問 2 つぎの不定積分を求めよ．

(1) $\displaystyle\int \left(x^5 + \dfrac{1}{x^4}\right) dx$ 　　(2) $\displaystyle\int (x\sqrt{x} + \sqrt[5]{x})\, dx$ 　　(3) $\displaystyle\int (x^2 + 2)^2\, dx$

2.2 1次分数関数の積分

$(\log|x|)' = \dfrac{1}{x}$, もっと一般に $(\log|x+a|)' = \dfrac{1}{x+a}$ であるから, つぎの公式が成り立つ.

> **基本公式 2** $\displaystyle\int \dfrac{1}{x}\,dx = \log|x| + C$
>
> $\displaystyle\int \dfrac{1}{x+a}\,dx = \log|x+a| + C$

例題 4 (1) $\displaystyle\int \dfrac{x^2+x+2}{x}\,dx = \int\left(x+1+\dfrac{2}{x}\right)dx = \int(x+1)\,dx + 2\int\dfrac{1}{x}\,dx$

$= \dfrac{1}{2}x^2 + x + 2\log|x| + C$

(2) $\displaystyle\int \dfrac{5x^2}{2x-4}\,dx = \dfrac{5}{2}\int\dfrac{x^2}{x-2}\,dx = \dfrac{5}{2}\int\left(x+2+\dfrac{4}{x-2}\right)dx$

$= \dfrac{5}{2}\left\{\dfrac{1}{2}x^2 + 2x + 4\log|x-2|\right\} + C$

$= \dfrac{5}{4}x^2 + 5x + 10\log|x-2| + C$

問 3 つぎの不定積分を求めよ.

(1) $\displaystyle\int \dfrac{4}{3x+9}\,dx$ (2) $\displaystyle\int \dfrac{x^2+3x+5}{x+2}\,dx$ (3) $\displaystyle\int \dfrac{2x}{x^2-1}\,dx$

2.3 指数関数の積分

$(e^x)' = e^x$, もっと一般に $(e^{kx})' = ke^{kx}$ より, $\left(\dfrac{1}{k}e^{kx}\right)' = e^{kx}$ $(k \neq 0)$ である. また $a > 0$, $a \neq 1$ に対し, $a^x = e^{(\log a)x}$ であるから, $k = \log a$ として $\left(\dfrac{1}{\log a}a^x\right)' = a^x$ となる. したがって, つぎの公式が成り立つ.

> **基本公式 3** $\int e^x \, dx = e^x + C$
>
> $\int e^{kx} \, dx = \dfrac{1}{k} e^{kx} + C \quad (k \neq 0)$
>
> $\int a^x \, dx = \dfrac{1}{\log a} a^x + C \quad (a > 0, \ a \neq 1)$

例題 5 (1) $\int e^{3x} \, dx = \dfrac{1}{3} e^{3x} + C$

(2) $\int e^{2x+5} \, dx = \int e^{2x} e^5 \, dx = e^5 \int e^{2x} \, dx = e^5 \left(\dfrac{1}{2} e^{2x} \right) + C$

$= \dfrac{1}{2} e^{2x+5} + C$ ■

問 4 つぎの不定積分を求めよ．

(1) $\int e^{-4x} \, dx$ 　　(2) $\int (e^x + e^{-x})^2 \, dx$ 　　(3) $\int (3^x + 4^x) \, dx$

2.4 三角関数の積分

$(\sin x)' = \cos x,$ 　　　　$\left(\dfrac{1}{k} \sin kx \right)' = \cos kx$

$(\cos x)' = -\sin x,$ 　　　$\left(\dfrac{1}{k} \cos kx \right)' = -\sin kx$

$(\tan x)' = \dfrac{1}{\cos^2 x} = \sec^2 x,$ 　$\left(\dfrac{1}{k} \tan kx \right)' = \dfrac{1}{\cos^2 kx} = \sec^2 kx$

であるから，つぎの公式が成り立つ．

基本公式 4

$$\int \sin x \, dx = -\cos x + C, \quad \int \sin kx \, dx = -\frac{1}{k}\cos kx + C \quad (k \neq 0)$$

$$\int \cos x \, dx = \sin x + C, \quad \int \cos kx \, dx = \frac{1}{k}\sin kx + C \quad (k \neq 0)$$

$$\int \frac{1}{\cos^2 x} \, dx = \int \sec^2 x \, dx = \tan x + C,$$

$$\int \frac{1}{\cos^2 kx} \, dx = \int \sec^2 kx \, dx = \frac{1}{k}\tan kx + C \quad (k \neq 0)$$

例題 6 (1) $\displaystyle\int \sin 3x \, dx = -\frac{1}{3}\cos 3x + C$

(2) $\displaystyle\int \sec^2 2x \, dx = \frac{1}{2}\tan 2x + C$

問 5 つぎの不定積分を求めよ．

(1) $\displaystyle\int \left(2\sin\frac{2}{3}x + 5\cos 4x\right) dx$ 　　(2) $\displaystyle\int \{\sin(-x) + \cos(-2x)\} \, dx$

(3) $\displaystyle\int (2\sin 3x + 5\sec^2 4x) \, dx$

さらに

$$(\log|\cos x|)' = \frac{-\sin x}{\cos x} = -\tan x,$$

$$(\log|\cos kx|)' = \frac{-k\sin kx}{\cos kx} = -k\tan kx$$

であるから，つぎの公式も基本公式に加えておく．

基本公式 5 $\displaystyle\int \tan x \, dx = -\log|\cos x| + C,$

$\displaystyle\int \tan kx \, dx = -\frac{1}{k}\log|\cos kx| + C \quad (k \neq 0)$

例題 7 (1) $\int \tan 3x \, dx = -\dfrac{1}{3} \log |\cos 3x| + C$

(2) $\int \dfrac{\sin x + \cos x}{\cos x} \, dx = \int (\tan x + 1) \, dx = -\log |\cos x| + x + C$ ∎

上記以外のもっと複雑な三角関数の積分については次節でも取り扱う．

2.5 その他の基本公式

$$(\sin^{-1} x)' = \dfrac{1}{\sqrt{1-x^2}}, \quad \left(\sin^{-1} \dfrac{x}{a}\right)' = \dfrac{1}{\sqrt{a^2-x^2}} \quad (a > 0)$$

$$(\cos^{-1} x)' = -\dfrac{1}{\sqrt{1-x^2}}, \quad \left(\cos^{-1} \dfrac{x}{a}\right)' = -\dfrac{1}{\sqrt{a^2-x^2}} \quad (a > 0)$$

$$(\tan^{-1} x)' = \dfrac{1}{x^2+1}, \quad \left(\tan^{-1} \dfrac{x}{a}\right)' = \dfrac{a}{x^2+a^2} \quad (a > 0)$$

であるから，つぎの公式が成り立つ．

基本公式 6

$\int \dfrac{1}{\sqrt{1-x^2}} \, dx = \sin^{-1} x + C, \quad \int \dfrac{1}{\sqrt{a^2-x^2}} \, dx = \sin^{-1} \dfrac{x}{a} + C \quad (a > 0)$

$\int \dfrac{-1}{\sqrt{1-x^2}} \, dx = \cos^{-1} x + C, \quad \int \dfrac{-1}{\sqrt{a^2-x^2}} \, dx = \cos^{-1} \dfrac{x}{a} + C \quad (a > 0)$

$\int \dfrac{1}{x^2+1} \, dx = \tan^{-1} x + C, \quad \int \dfrac{1}{x^2+a^2} \, dx = \dfrac{1}{a} \tan^{-1} \dfrac{x}{a} + C \quad (a > 0)$

例題 8 (1) $\int \dfrac{3}{\sqrt{2-x^2}} \, dx = 3 \int \dfrac{1}{\sqrt{(\sqrt{2})^2-x^2}} \, dx = 3 \sin^{-1} \dfrac{x}{\sqrt{2}} + C$

(2) $\int \dfrac{5}{x^2+4} \, dx = 5 \int \dfrac{1}{x^2+2^2} \, dx = \dfrac{5}{2} \tan^{-1} \dfrac{x}{2} + C$ ∎

つぎの公式は被積分関数が基本公式 6 によく似ていて間違えやすいので注意を要する．

基本公式7 $\displaystyle\int \frac{1}{\sqrt{x^2+A}}\,dx = \log|x+\sqrt{x^2+A}| + C \quad (A \neq 0)$

$\displaystyle\int \frac{1}{x^2-a^2}\,dx = \frac{1}{2a}\log\left|\frac{x-a}{x+a}\right| + C \quad (a \neq 0)$

証明

$$\{\log|x+\sqrt{x^2+A}|\}' = \frac{(x+\sqrt{x^2+A})'}{x+\sqrt{x^2+A}}$$

$$= \frac{1}{x+\sqrt{x^2+A}}\left(1+\frac{x}{\sqrt{x^2+A}}\right)$$

$$= \frac{1}{x+\sqrt{x^2+A}} \cdot \frac{x+\sqrt{x^2+A}}{\sqrt{x^2+A}} = \frac{1}{\sqrt{x^2+A}}$$

$$\int \frac{1}{x^2-a^2}\,dx = \int \frac{1}{2a}\left\{\frac{1}{x-a}-\frac{1}{x+a}\right\}dx$$

$$= \frac{1}{2a}\left\{\int \frac{1}{x-a}\,dx - \int \frac{1}{x+a}\,dx\right\}$$

$$= \frac{1}{2a}\{\log|x-a|-\log|x+a|\} + C$$

$$= \frac{1}{2a}\log\left|\frac{x-a}{x+a}\right| + C$$

例題9（例題8に似ているので注意）

(1) $\displaystyle\int \frac{3}{\sqrt{2+x^2}}\,dx = 3\int \frac{1}{\sqrt{x^2+2}}\,dx = 3\log|x+\sqrt{x^2+2}| + C$

(2) $\displaystyle\int \frac{5}{x^2-4}\,dx = 5\int \frac{1}{x^2-2^2}\,dx = \frac{5}{4}\log\left|\frac{x-2}{x+2}\right| + C$

問6 つぎの不定積分を求めよ．

(1) $\displaystyle\int \frac{5}{\sqrt{3-x^2}}\,dx$ (2) $\displaystyle\int \frac{5}{\sqrt{7+x^2}}\,dx$ (3) $\displaystyle\int \frac{4}{x^2+3}\,dx$

§3 置換積分，部分積分

> **定理3（置換積分法）** $F(x) = \int f(x)\,dx$ とするとき，$x = \varphi(t)$ が微分可能であれば，
> $$F(x) = \int f(\varphi(t))\varphi'(t)\,dt \quad (x = \varphi(t))$$

証明 $F'(x) = f(x)$ である．合成関数の微分法により
$$\frac{d}{dt}F(\varphi(t)) = F'(\varphi(t))\varphi'(t) = f(\varphi(t))\varphi'(t)$$
したがって，
$$\int f(\varphi(t))\varphi'(t)\,dt = F(\varphi(t)) = F(x) \quad (x = \varphi(t)) \qquad \blacksquare$$

注意 この定理により，$\int f(x)\,dx$ を直接求めるかわりに，$x = \varphi(t)$ とその微分 $dx = \varphi'(t)\,dt$ をもとの式に形式的に代入して，$\int f(\varphi(t))\varphi'(t)\,dt$ を計算すればよい．

例題 10 置換積分法により，つぎの不定積分を求めよ．

(1) $\displaystyle\int 3x^2(x^3+2)^3\,dx$ 　　(2) $\displaystyle\int (2x+3)\sqrt{x^2+3x+1}\,dx$

解 (1) $t = x^3+2$ とおけば，$dt = 3x^2\,dx$ であるから
$$\int 3x^2(x^3+2)^3\,dx = \int t^3\,dt = \frac{1}{4}t^4 + C = \frac{1}{4}(x^3+2)^4 + C$$

(2) $t = x^2+3x+1$ とおけば，$dx = (2x+3)\,dt$ であるから
$$\int (2x+3)\sqrt{x^2+3x+1}\,dx = \int \sqrt{t}\,dt = \frac{2}{3}\sqrt{t^3} + C = \frac{2}{3}\sqrt{(x^2+3x+1)^3} + C$$

問 7 つぎの不定積分を求めよ．

(1) $\displaystyle\int (x^2+x)^4(2x+1)\,dx$ 　　(2) $\displaystyle\int (x^5-2x^3+2)^6(5x^4-6x^2)\,dx$

(3) $\displaystyle\int (x^2+2x)^5(x+1)\,dx$ 　　(4) $\displaystyle\int (x^3-3x^2)^7(x^2-2x)\,dx$

実際に置換積分法を適用する際に，以下の公式は便利である．

> **公式 1** $\int f(x)\,dx = F(x)$ ならば，
> $$\int f(g(x))g'(x)\,dx = F(g(x))$$

証明 $g(x) = t$ とおけば，$g'(x)\dfrac{dx}{dt} = 1$，したがって $g'(x)\,dx = dt$ であるから
$$\int f(g(x))g'(x)\,dx = \int f(t)\,dt = F(t) = F(g(x)) \qquad \blacksquare$$

つぎの公式は公式 1 の特別な場合である．

> **公式 2** $\int \{g(x)\}^{\alpha} g'(x)\,dx = \dfrac{1}{\alpha+1}\{g(x)\}^{\alpha+1} + C \quad (\alpha \ne -1)$
>
> $\int \dfrac{g'(x)}{g(x)}\,dx = \log|g(x)| + C$

例題 11 つぎの不定積分を求めよ．

(1) $\int 2xe^{x^2}\,dx$ (2) $\int 3x^2 \sin(x^3+2)\,dx$ (3) $\int \dfrac{3x^2}{x^3+5}\,dx$

解 (1) $\int 2xe^{x^2}\,dx = \int (x^2)' e^{x^2}\,dx = e^{x^2} + C$

(2) $\int 3x^2 \sin(x^3+2)\,dx = \int (x^3+2)' \sin(x^3+2)\,dx = -\cos(x^3+2) + C$

(3) $\int \dfrac{3x^2}{x^3+5}\,dx = \int \dfrac{(x^3+5)'}{x^3+5}\,dx = \log|x^3+5| + C \qquad \blacksquare$

問 8 つぎの不定積分を求めよ．

(1) $\int \sin^3 x \cos x\,dx$ (2) $\int \dfrac{(\log x)^4}{x}\,dx$

(3) $\int (2x+1)e^{x^2+x+3}\,dx$ (4) $\int \dfrac{1}{x(\log x)^3}\,dx$

微分法における積の微分の公式は
$$\{f(x)g(x)\}' = f'(x)g(x) + f(x)g'(x)$$
であった．このことは
$$f(x)g(x) = \int f'(x)g(x)\,dx + \int f(x)g'(x)\,dx$$
を意味し，したがって
$$\int f'(x)g(x)\,dx = f(x)g(x) - \int f(x)g'(x)\,dx$$
が成り立つ．この等式を使って不定積分を計算する方法を**部分積分法**という．

定理 4（部分積分法） $f(x), g(x)$ が微分可能であるとき
$$\int f'(x)g(x)\,dx = f(x)g(x) - \int f(x)g'(x)\,dx$$

例題 12 (1) $\displaystyle\int xe^x\,dx = \int x(e^x)'\,dx = xe^x - \int (x)'e^x\,dx$
$$= xe^x - \int e^x\,dx = xe^x - e^x + C$$

(2) $\displaystyle\int x\cos x\,dx = \int x(\sin x)'\,dx = x\sin x - \int (x)'\sin x\,dx$
$$= x\sin x - \int \sin x\,dx = x\sin x + \cos x + C$$

(3) $\displaystyle\int x^2\sin x\,dx = \int x^2(-\cos x)'\,dx = -x^2\cos x + \int (x^2)'\cos x\,dx$
$$= -x^2\cos x + \int 2x\cos x\,dx$$
$$= -x^2\cos x + 2\int x(\sin x)'\,dx$$
$$= -x^2\cos x + 2\Big\{x\sin x - \int \sin x\,dx\Big\}$$
$$= -(x^2-2)\cos x + 2x\sin x + C$$

問 9 つぎの不定積分を求めよ．
(1) $\displaystyle\int x\sin x\,dx$ (2) $\displaystyle\int x^2\cos x\,dx$

(3) $\displaystyle\int x \log x \, dx$ (4) $\displaystyle\int x^2 e^x \, dx$

例題 13 $\displaystyle\int \log|x| \, dx$ を求めよ．

解 $(x)' = 1$ であることに注意して

$$\int \log|x| \, dx = \int (x)' \log|x| \, dx = x\log|x| - \int x(\log|x|)' \, dx$$
$$= x\log|x| - \int 1 \, dx = x\log|x| - x + C$$

問 10 つぎの不定積分を求めよ．

(1) $\displaystyle\int \log(2x+1) \, dx$ (2) $\displaystyle\int \sin^{-1} x \, dx$ (3) $\displaystyle\int \tan^{-1} x \, dx$

(4) $\displaystyle\int \log(x^2+1) \, dx$

例題 14 $I_n = \displaystyle\int \dfrac{1}{(x^2+a^2)^n} \, dx$ (n は自然数，$a > 0$) とするとき，つぎの漸化式が成り立つことを示せ．

$$I_1 = \frac{1}{a}\tan^{-1}\frac{x}{a}$$
$$I_n = \frac{1}{2(n-1)a^2}\left\{\frac{x}{(x^2+a^2)^{n-1}} + (2n-3)I_{n-1}\right\} \quad (n \geq 2)$$

解
$$I_{n-1} = \int \frac{1}{(x^2+a^2)^{n-1}} \, dx = \int (x)' \frac{1}{(x^2+a^2)^{n-1}} \, dx$$
$$= \frac{x}{(x^2+a^2)^{n-1}} - \int x \cdot \frac{-2(n-1)x}{(x^2+a^2)^n} \, dx$$
$$= \frac{x}{(x^2+a^2)^{n-1}} + 2(n-1)\int \frac{x^2}{(x^2+a^2)^n} \, dx$$
$$= \frac{x}{(x^2+a^2)^{n-1}} + 2(n-1)\int \frac{x^2+a^2-a^2}{(x^2+a^2)^n} \, dx$$
$$= \frac{x}{(x^2+a^2)^{n-1}} + 2(n-1)(I_{n-1} - a^2 I_n)$$

これから，
$$2(n-1)a^2 I_n = \frac{x}{(x^2+a^2)^{n-1}} + (2n-3)I_{n-1}$$

となり，上記の漸化式が得られる．

問 11 例題 14 を使って，つぎの不定積分を求めよ．ただし $a > 0$ とする．

(1) $\displaystyle\int \frac{1}{(x^2+a^2)^2}\,dx$ (2) $\displaystyle\int \frac{1}{(x^2+a^2)^3}\,dx$

§4 有理関数の積分

2つの整式 $P(x), Q(x)\,(Q(x) \neq 0)$ の商 $\dfrac{P(x)}{Q(x)}$ で表される関数が有理関数である．ここでは有理関数の不定積分の求め方について考える．

$P(x)/Q(x)$ は分母 $Q(x)$ の素因子分解に応じて，整式と

(I) $\dfrac{A}{(x-a)^m}$ （m は自然数）

(II) $\dfrac{Bx+C}{(x^2+px+q)^n}$ （n は自然数，$p^2-4q < 0$）

の2つの型の分数式の有限個の和として分解できることが知られている．

したがって，$\displaystyle\int \dfrac{P(x)}{Q(x)}\,dx$ は，整式の積分と，(I) および (II) の型の関数の積分の和として求められることになる．

(I) については

$$\int \frac{A}{(x-a)^m}\,dx = \begin{cases} A\log|x-a| & (m=1) \\ \dfrac{-A}{m-1}\dfrac{1}{(x-a)^{m-1}} & (m \geq 2) \end{cases}$$

であるから，残る (II) の型の積分を考えればよいことになる．

(II) の型の積分については，一般論を避けて，いくつかの典型的な例題により，その求め方を述べることにする．

例題 15 $\displaystyle\int \frac{5}{x^2+x-6}\,dx$ を求めよ．

解
$$\frac{5}{x^2+x-6} = \frac{5}{(x+3)(x-2)} = \frac{A}{x-2}+\frac{B}{x+3}$$

とおける．右側の式を再び通分して恒等式
$$(A+B)x+(3A-2B) = 5$$

を得る．したがって
$$\begin{cases} A+B=0 \\ 3A-2B=5 \end{cases} \quad \therefore \quad A=1, \ B=-1$$

$$\int \frac{5}{x^2+x-6} dx = \int \frac{1}{x-2} dx - \int \frac{1}{x+3} dx = \log|x-2| - \log|x+3| + C$$
$$= \log\left|\frac{x-2}{x+3}\right| + C \qquad \blacksquare$$

問 12 つぎの不定積分を求めよ．

(1) $\displaystyle\int \frac{x}{x^2-3x+2} dx$ (2) $\displaystyle\int \frac{2x+2}{x^2+2x-3} dx$ (3) $\displaystyle\int \frac{x^2}{x^2-x-2} dx$

例題 16 つぎの不定積分を求めよ．

(1) $\displaystyle\int \frac{x^2}{(x-1)^3} dx$ (2) $\displaystyle\int \frac{x}{(x+1)^2(x+2)} dx$

解 (1) $\dfrac{x^2}{(x-1)^3} = \dfrac{A}{x-1} + \dfrac{B}{(x-1)^2} + \dfrac{C}{(x-1)^3}$ とおける．右辺を再び通分して，両辺の分子を比較して

$$A(x-1)^2 + B(x-1) + C = x^2$$
$$\therefore \quad Ax^2 + (B-2A)x + (A-B+C) = x^2$$

これより，$A = C = 1, \ B = 2$ となり，

$$\int \frac{x^2}{(x-1)^3} dx = \int \frac{1}{x-1} dx + 2\int \frac{1}{(x-1)^2} dx + \int \frac{1}{(x-1)^3} dx$$
$$= \log|x-1| - \frac{2}{x-1} - \frac{1}{2(x-1)^2} + C$$

(2) $\dfrac{x}{(x+1)^2(x+2)} = \dfrac{A}{x+2} + \dfrac{B}{(x+1)} + \dfrac{C}{(x+1)^2}$ とおける．右辺を再び通分し，両辺の分子を比較して

$$A(x+1)^2 + B(x+1)(x+2) + C(x+2) = x$$
$$\therefore \quad (A+B)x^2 + (2A+3B+C)x + (A+2B+2C) = x$$

これより，$A = -2, \ B = 2, \ C = -1$ となり，

$$\int \frac{x}{(x+1)^2(x+2)} dx = -2\int \frac{1}{x+2} dx + 2\int \frac{1}{x+1} dx - \int \frac{1}{(x+1)^2} dx$$

§4 有理関数の積分

$$= -2\log|x+2| + 2\log|x+1| + \frac{1}{x+1} + C$$
$$= 2\log\left|\frac{x+1}{x+2}\right| + \frac{1}{x+1} + C$$

問 13 つぎの不定積分を求めよ．

(1) $\displaystyle\int \frac{x^2+x+1}{(x+1)^3}\,dx$ 　　(2) $\displaystyle\int \frac{x^2+x}{(x-2)^3}\,dx$ 　　(3) $\displaystyle\int \frac{2x+1}{x^2(x+1)}\,dx$

例題 17 $\displaystyle\int \frac{2}{(x-1)(x^2+1)}\,dx$ を求めよ．

解 $\displaystyle\frac{2}{(x-1)(x^2+1)} = \frac{A}{x-1} + \frac{Bx+C}{x^2+1}$ とおける．右辺を再び通分し，分子を比較して
$$A(x^2+1) + (x-1)(Bx+C) = 2$$
$$\therefore\ (A+B)x^2 - (B-C)x + (A-C) = 2$$
これより，$A=1$，$B=-1$，$C=-1$ となり，
$$\int \frac{2}{(x-1)(x^2+1)}\,dx = \int \frac{1}{x-1}\,dx - \int \frac{x+1}{x^2+1}\,dx$$
$$= \int \frac{1}{x-1}\,dx - \frac{1}{2}\int \frac{2x}{x^2+1}\,dx - \int \frac{1}{x^2+1}\,dx$$
$$= \log|x-1| - \frac{1}{2}\log(x^2+1) - \tan^{-1}x + C$$
$$= \log\frac{|x-1|}{\sqrt{x^2+1}} - \tan^{-1}x + C$$

問 14 つぎの不定積分を求めよ．

(1) $\displaystyle\int \frac{x+2}{x(x^2+1)}\,dx$ 　　(2) $\displaystyle\int \frac{2x^2+x}{(x-2)(x^2+1)}\,dx$

(3) $\displaystyle\int \frac{x^2+5x+4}{(x+2)(x^2+2x+2)}\,dx$

§5 無理関数の積分とその他の積分

　無理関数，三角関数，指数関数などを含む関数の不定積分はいつでも求められるとは限らない．ここでは，適当な置換積分により有理関数の積分に帰着で

きるものをいくつか例示する．以下，この節では $R(u,v)$ は u, v の有理関数とする．

5.1 無理関数の積分

（I） $\int R(x, \sqrt[n]{ax+b})\,dx$ （$a \neq 0$, n は自然数）の計算

$\sqrt[n]{ax+b} = t$ とおけば，$x = \dfrac{1}{a}(t^n - b)$ であるから

$$dx = \dfrac{n}{a} t^{n-1}\,dt$$

ゆえに

$$\int R(x, \sqrt[n]{ax+b})\,dx = \int R\left(\dfrac{t^n - b}{a}, t\right) \dfrac{nt^{n-1}}{a}\,dt$$

となり，t についての有理関数の積分に帰着できる．

例題 18 $\displaystyle\int \dfrac{1}{(x+3)\sqrt{1-x}}\,dx$ を求めよ．

解 $\sqrt{1-x} = t$ とおけば
$$x = 1 - t^2, \quad dx = -2t\,dt$$
よって
$$\int \dfrac{1}{(x+3)\sqrt{1-x}}\,dx = \int \dfrac{-2t}{(4-t^2)t}\,dt = 2\int \dfrac{1}{t^2 - 4}\,dt$$
$$= \dfrac{1}{2}\log\left|\dfrac{t-2}{t+2}\right| + C = \dfrac{1}{2}\log\left|\dfrac{\sqrt{1-x}-2}{\sqrt{1-x}+2}\right| + C$$

問 15 つぎの不定積分を求めよ．

(1) $\displaystyle\int \dfrac{3}{2x\sqrt{1-x}}\,dx$ \quad (2) $\displaystyle\int \dfrac{x}{\sqrt{2x+3}}\,dx$ \quad (3) $\displaystyle\int \dfrac{x}{\sqrt[3]{x+1}}\,dx$

（II） $\displaystyle\int R\left(x, \sqrt[n]{\dfrac{px+q}{rx+s}}\right)dx$ （$ps - qr \neq 0$）の計算

$\sqrt[n]{\dfrac{px+q}{rx+s}} = t$ とおけば，

$$x = \frac{-st^n + q}{rt^n - p}, \qquad dx = \frac{n(ps - qr)t^{n-1}}{(rt^n - p)^2} dt$$

ゆえに

$$\int R\left(x, \sqrt[n]{\frac{px+q}{rx+s}}\right) dx = n(ps-qr) \int R\left(\frac{-st^n+q}{rt^n-p}, t\right) \frac{t^{n-1}}{(rt^n-p)^2} dt$$

となり，t についての有理関数の積分に帰着できる．

例題 19 $\int \frac{1}{x}\sqrt{\frac{x+2}{x-1}}\, dx$ を求めよ．

解 $\sqrt{\frac{x+2}{x-1}} = t$ とおけば，

$$x = \frac{t^2+2}{t^2-1}, \qquad dx = -\frac{6t}{(t^2-1)^2} dt$$

よって

$$\begin{aligned}
\int \frac{1}{x}\sqrt{\frac{x+2}{x-1}}\, dx &= -6 \int \frac{t^2}{(t^2+2)(t^2-1)} dx \\
&= -2 \int \left(\frac{2}{t^2+2} + \frac{1}{t^2-1}\right) dt \\
&= -4 \frac{1}{\sqrt{2}} \tan^{-1} \frac{t}{\sqrt{2}} - \log\left|\frac{t-1}{t+1}\right| + C \\
&= -2\sqrt{2}\, \tan^{-1} \sqrt{\frac{x+2}{2x-2}} - \log\left|\frac{\sqrt{x+2}-\sqrt{x-1}}{\sqrt{x+2}+\sqrt{x-1}}\right| + C
\end{aligned}$$

問 16 つぎの不定積分を求めよ．

(1) $\int \frac{1}{x}\sqrt{\frac{x+2}{x-1}}\, dx$ (2) $\int \frac{1}{x-3}\sqrt{\frac{x-1}{x-2}}\, dx$ (3) $\int \frac{1}{x}\sqrt{\frac{2-x}{1-x}}\, dx$

5.2 三角関数の積分

$\sin x, \cos x$ を含む関数 $R(\sin x, \cos x)$ の不定積分は，つぎのような置換

$$t = \sin x, \qquad t = \cos x, \qquad t = \tan x, \qquad t = \tan \frac{x}{2}$$

により，t に関する有理関数の積分に帰着できる．

例題 20 つぎの不定積分を求めよ．

(1) $\int \sin^5 x\, dx$ (2) $\int \frac{\cos^3 x}{1-\sin x} dx$

解 (1) $\cos x = t$ とおけば，$-\sin x\, dx = dt$ であるから

$$\int \sin^5 x\, dx = \int (1-\cos^2 x)^2 \sin x\, dx$$
$$= -\int (1-t^2)^2\, dt = -\int (1-2t^2+t^4)\, dt$$
$$= -t + \frac{2}{3}t^3 - \frac{1}{5}t^5 + C$$
$$= -\cos x + \frac{2}{3}\cos^3 x - \frac{1}{5}\cos^5 x + C$$

(2) $\sin x = t$ とおけば，$\cos x\, dx = dt$ であるから

$$\int \frac{\cos^3 x}{1-\sin x}\, dx = \int \frac{(1-\sin^2 x)\cos x}{1-\sin x}\, dx$$
$$= \int (1+\sin x)\cos x\, dx = \int (1+t)\, dt$$
$$= t + \frac{1}{2}t^2 + C = \sin x + \frac{1}{2}\sin^2 x + C$$

問 17 つぎの不定積分を求めよ．

(1) $\displaystyle\int \cos^5 x\, dx$ (2) $\displaystyle\int \sin^3 3x\, dx$ (3) $\displaystyle\int \frac{\sin^3 x}{1+\cos x}\, dx$

$t = \tan\dfrac{x}{2}\ \left(-\dfrac{\pi}{2} < x < \dfrac{\pi}{2}\right)$ とおけば

$$\sin x = 2\sin\frac{x}{2}\cos\frac{x}{2} = \frac{2\sin\dfrac{x}{2}\cos\dfrac{x}{2}}{\cos^2\dfrac{x}{2}+\sin^2\dfrac{x}{2}} = \frac{2\tan\dfrac{x}{2}}{1+\tan^2\dfrac{x}{2}} = \frac{2t}{1+t^2}$$

$$\cos x = \cos^2\frac{x}{2} - \sin^2\frac{x}{2} = \frac{\cos^2\dfrac{x}{2}-\sin^2\dfrac{x}{2}}{\cos^2\dfrac{x}{2}+\sin^2\dfrac{x}{2}} = \frac{1-\tan^2\dfrac{x}{2}}{1+\tan^2\dfrac{x}{2}} = \frac{1-t^2}{1+t^2}$$

$$x = 2\tan^{-1} t \quad \text{したがって} \quad dx = \frac{2}{1+t^2}\, dt$$

よって

$$\int R(\sin x, \cos x)\, dx = \int R\!\left(\frac{2t}{1+t^2}, \frac{1-t^2}{1+t^2}\right)\frac{2}{1+t^2}\, dt$$

となり，t に関する有理関数の積分に帰着できる．

例題 21 $\displaystyle\int \frac{3}{1+\sin x}\, dx$ を求めよ．

解 $t = \tan\dfrac{x}{2}$ とおけば

$$\int \frac{3}{1+\sin x}\,dx = \int \frac{3}{1+\dfrac{2t}{1+t^2}} \frac{2}{1+t^2}\,dt = \int \frac{6}{(t+1)^2}\,dt$$

$$= \frac{-6}{t+1} + C = \frac{-6}{\tan\dfrac{x}{2}+1} + C \blacksquare$$

問 18 つぎの不定積分を求めよ．

(1) $\displaystyle\int \frac{1}{1+\cos x}\,dx$ 　　(2) $\displaystyle\int \frac{1}{\sin x}\,dx$ 　　(3) $\displaystyle\int \frac{\sin x}{1+\sin x}\,dx$

注意 $\displaystyle\int R(\sin^2 x, \cos^2 x)\,dx$ では $t = \tan x$ とおいた方が計算は簡単である．この場合

$$\sin^2 x = \frac{t^2}{1+t^2}, \quad \cos^2 x = \frac{1}{1+t^2}, \quad dx = \frac{1}{1+t^2}\,dt$$

となり，

$$\int R(\sin^2 x, \cos^2 x)\,dx = \int R\Big(\frac{t^2}{1+t^2}, \frac{1}{1+t^2}\Big) \frac{1}{1+t^2}\,dt$$

演習問題 4

1. 次の不定積分を求めよ．

(1) $\displaystyle\int \Big(3x^2 - \frac{2}{x^3}\Big) dx$ 　　(2) $\displaystyle\int \Big(3x^4 - \frac{3}{x^5}\Big) dx$ 　　(3) $\displaystyle\int \Big(2\cos x - 3x^6 + \frac{2}{x^2}\Big) dx$

(4) $\displaystyle\int \sqrt{x^3}\,dx$ 　　　　　　　(5) $\displaystyle\int \frac{1}{\sqrt[5]{x^2}}\,dx$ 　　　　　　(6) $\displaystyle\int \frac{1}{\sqrt[3]{x^7}}\,dx$

(7) $\displaystyle\int x^4 \cos(x^5 + 3)\,dx$ 　　(8) $\displaystyle\int e^{2x}(e^{2x}+1)^3\,dx$ 　　(9) $\displaystyle\int xe^{3x}\,dx$

(10) $\displaystyle\int (2x+1)\sin 3x\,dx$ 　　(11) $\displaystyle\int x^2 \cos 2x\,dx$

2. $X = \displaystyle\int e^{ax}\sin bx\,dx,\ Y = \displaystyle\int e^{ax}\cos bx\,dx\ (a \neq 0,\ b \neq 0)$ とするとき，

(1) つぎの等式を導け．

$$X = \frac{1}{a}e^{ax}\sin bx - \frac{b}{a}Y, \quad Y = \frac{1}{a}e^{ax}\cos bx + \frac{b}{a}X$$

(2) (1) を使用して，つぎの公式を導け．
$$\int e^{ax}\sin bx\, dx = \frac{e^{ax}}{a^2+b^2}(a\sin bx - b\cos bx) + C$$
$$\int e^{ax}\cos bx\, dx = \frac{e^{ax}}{a^2+b^2}(a\cos bx + b\sin bx) + C$$

3. つぎの漸化式を導け

(1) $I_n = \int \sin^n x\, dx$ $(n = 0, 1, 2, \cdots)$ とするとき，
$$I_n = -\frac{1}{n}\sin^{n-1} x \cos x + \frac{n-1}{n}I_{n-2} \quad (n \geq 2)$$

(2) $I_n = \int \tan^n x\, dx$ $(n = 0, 1, 2, \cdots)$ とするとき，
$$I_n = \frac{1}{n-1}\tan^{n-1} x - I_{n-2} \quad (n \geq 2)$$

(3) $I_n = \int (\log x)^n\, dx$ $(n = 0, 1, 2, \cdots)$ とするとき，
$$I_n = x(\log x)^n - nI_{n-1} \quad (n \geq 1)$$

4. 前問 **3** を使用してつぎの不定積分を求めよ．

(1) $I_n = \int \sin^n x\, dx$ $(n = 2, 3, 4)$ (2) $I_n = \int \tan^n x\, dx$ $(n = 1, 2, 3)$

(3) $I_n = \int (\log x)^n\, dx$ $(n = 1, 2, 3)$

5. つぎの不定積分を求めよ．

(1) $\displaystyle\int \frac{2}{(x-1)(x-2)(x-3)}\, dx$ (2) $\displaystyle\int \frac{2x}{(x+1)(x+2)^2}\, dx$

(3) $\displaystyle\int \frac{2x+3}{x^2+x+1}\, dx$ (4) $\displaystyle\int \frac{1}{x^2+2x+2}\, dx$

(5) $\displaystyle\int \frac{4}{x^2-2x+5}\, dx$ (6) $\displaystyle\int \frac{x+2}{(x-1)(x^2+x+1)}\, dx$

6. つぎの不定積分を求めよ．

(1) $\displaystyle\int \frac{x+1}{x\sqrt[3]{x-8}}\, dx$ (2) $\displaystyle\int \frac{1}{x}\sqrt{\frac{x+4}{1-x}}\, dx$

(3) $\displaystyle\int \frac{1}{x\sqrt{x^2+x+1}}\, dx$ (4) $\displaystyle\int \frac{1}{x\sqrt{2+x-x^2}}\, dx$

(5) $\displaystyle\int \sin^4 x \cos^3 x\, dx$ (6) $\displaystyle\int \frac{1}{\cos x}\, dx$

(7) $\displaystyle\int \frac{\cos x}{\sin x + \cos x}\, dx$ (8) $\displaystyle\int \frac{6}{4\cos^2 x + \sin^2 x}\, dx$

5

簡単な微分方程式

放物線
$$y = Cx^2 \quad (5.1)$$
を考える．定数 C の値を変化させるとそれに応じて原点を頂点とする放物線群が対応する（図 5.1）．

(5.1) 式とこの式を微分した式
$$\frac{dy}{dx} = 2Cx$$
から定数 C を消去して関係式
$$\frac{dy}{dx} = \frac{2y}{x} \quad (5.2)$$
が得られる．

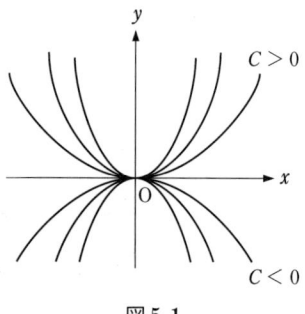

図 5.1

(5.2) 式は放物線群 (5.1) を特徴づける関係式であり，図形的には，曲線上の点 $P = (x, y)$ における接線の傾きが $\frac{2y}{x}$ で与えられるような曲線を意味している．

上記の例のように，変数 x とその関数 $y = f(x)$ およびその導関数 $y' = f'(x)$, $y'' = f''(x)$, … の間の関係式
$$F(x, y, y', y'', \cdots) = 0$$
のことを**微分方程式**という．微分方程式の中に含まれる最高次の導関数が $y^{(n)}$ であるとき，これを **n 階微分方程式**という．最初にあげた例は
$$F(x, y, y') = y' - \frac{2y}{x} = 0$$

で，1階微分方程式である．

とくに微分方程式が $y, y', y'', \cdots$ の1次式で与えられるようなものを**線形微分方程式**という．

微分方程式を満足する関数 $y = f(x)$ のことをこの微分方程式の**解**といい，解を求めることを**微分方程式を解く**という．

一般に，n 階微分方程式の解で本質的に n 個の任意定数を含むものを，この微分方程式の**一般解**という．一般解の中の任意定数にある特定の値を代入して得られる解を**特殊解**といい，一般解でも特殊解でもない解を**特異解**という．

最初にあげた
$$y = Cx^2 \quad (C \text{ は任意定数})$$
は微分方程式 $y' - \dfrac{2y}{x} = 0$ の一般解である．

以下，この章では1階，2階微分方程式の中で最も基本的なものについてその解法を述べる．

§1　1階微分方程式

1階微分方程式といえども，すべてを包括するような一般的解法があるわけではない．本節ではいくつかの特殊な形の1階微分方程式の解法について述べる．

（1）変数分離形

$$\frac{dy}{dx} = P(x)Q(y)$$

の形の微分方程式を**変数分離形**という．この方程式は，$Q(y) \neq 0$ のときには，

$$\frac{1}{Q(y)} \frac{dy}{dx} = P(x)$$

と表され，両辺を x で積分し，とくに左辺には置換積分の公式を適用すれば

$$\int \frac{1}{Q(y)} \, dy = \int P(x) \, dx$$

となる．最後の式は導関数 $y' = \dfrac{dy}{dx}$ を含まない，x, y だけの関係式であり，この微分方程式の解を与える．$Q(y_0) = 0$ となるような y_0 が存在するときは，$y = y_0$（定数）もこの微分方程式の解となる．

例題 1　$y' = y \cos x$ を解け．

解　$y \neq 0$ のとき，
$$\int \frac{1}{y} dy = \int \cos x \, dx$$
$\log|y| = \sin x + C_1$　すなわち　$y = \pm e^{\sin x + C_1} = \pm e^{C_1} e^{\sin x}$

改めて $\pm e^{C_1} = C$ とおけば
$$y = C e^{\sin x}$$

これが一般解である．

$y = 0$ もこの微分方程式の解であるが，この解は一般解において $C = 0$ を代入して得られる特殊解になっている．

問 1　つぎの微分方程式を解け．
(1) $y' = x^2 y$　　(2) $yy' + x = 0$　　(3) $y^2 - x^3 y' = 0$
(4) $xy' = y(y-1)$　(5) $y' = e^x(y^2+1)$　(6) $(1+4x^2)y' = 1 + y^2$

（2）同次形

$$y' = \frac{dy}{dx} = f\left(\frac{y}{x}\right)$$

この形の微分方程式を**同次形**という．この場合

$$\frac{y}{x} = z \quad \text{すなわち} \quad y = xz$$

と変数変換すれば

$$\frac{dy}{dx} = z + x \frac{dz}{dx}$$

であるから，与えられた方程式は

$$z + x \frac{dz}{dx} = f(z) \quad \text{すなわち} \quad \frac{dz}{dx} = \frac{1}{x}\{f(z) - z\}$$

となる．これは変数分離形である．ここで得られた一般解に $z = \dfrac{y}{x}$ を代入し

たものが求める一般解である．

例題 2 $2xyy' = x^2 + y^2$ を解け．

解 与式を変形すると

$$\frac{dy}{dx} = \frac{x^2 + y^2}{2xy} = \frac{1 + \left(\frac{y}{x}\right)^2}{2\frac{y}{x}} \quad (同次形)$$

$y = xz$ と変数変換すると

$$z + x\frac{dz}{dx} = \frac{1 + z^2}{2z} \quad したがって \quad x\frac{dz}{dx} = \frac{1 - z^2}{2z}$$

$z \neq \pm 1$ のとき

$$\int \frac{2z}{1 - z^2} dz = \log|x| + C \qquad -\log|z^2 - 1| = \log|x| + C$$

したがって

$$\log|x(z^2 - 1)| = -C \quad すなわち \quad |x(z^2 - 1)| = e^{-C}$$

$\pm e^{-C}$ を改めて C とおいて，$z = \dfrac{y}{x}$ を代入して

$$y^2 - x^2 = Cx$$

を得る．これが求める一般解である．

他方 $z = \pm 1$ のとき，$y = \pm x$ も 1 つの解となっているが，これは一般解において $C = 0$ に相当する特殊解である．

問 2 つぎの微分方程式を解け．

(1) $x + yy' = 2y$ 　　　(2) $y' = \dfrac{x^3 + y^3}{xy^2}$

(3) $3x + y + (x + y)y' = 0$ 　　　(4) $x^2 y' = y^2 + 2xy$

（3） 1 階線形微分方程式

$$y' + P(x)y = Q(x)$$

この形の微分方程式を **1 階線形微分方程式** という．

定理 1 $y' + P(x)y = Q(x)$ の一般解は

$$y = e^{-\int P(x)dx} \left\{ \int Q(x) e^{\int P(x)dx} dx + C \right\} \quad (C は任意定数)$$

で与えられる．

証明 $y' + P(x)y = Q(x)$ の両辺に $e^{\int P(x)dx}$ をかけると
$$e^{\int P(x)dx} y' + P(x) e^{\int P(x)dx} y = e^{\int P(x)dx} Q(x)$$
この式の左辺は
$$\frac{dy}{dx}(e^{\int P(x)dx} y) = e^{\int P(x)dx} y' + P(x) e^{\int P(x)dx} y$$
であるので,
$$\frac{dy}{dx}(e^{\int P(x)dx} y) = Q(x) e^{\int P(x)dx}$$
両辺を x で積分して
$$e^{\int P(x)dx} y = \int Q(x) e^{\int P(x)dx} dx + C$$
したがって
$$y = e^{-\int P(x)dx} \left\{ \int Q(x) e^{\int P(x)dx} dx + C \right\}$$
が得られる

例題 3 $y' + \dfrac{y}{x} = x^2$ を解け.

解 $P = \dfrac{1}{x}$, $Q = x^2$ であるから
$$e^{\int P dx} = e^{\int \frac{1}{x} dx} = e^{\log x} = x, \quad e^{-\int P dx} = \frac{1}{x}$$
したがって
$$y = \frac{1}{x}\left(\int x^2 x \, dx + C \right) = \frac{1}{x}\left(\frac{1}{4} x^4 + C \right) \quad (C \text{ は任意定数})$$

問 3 つぎの微分方程式を解け.

(1) $y' - \dfrac{2}{x} y = x^3$ (2) $y' + y = e^{-x}$

(3) $y' + y = x$ (4) $y' + \dfrac{y}{x} = \dfrac{1}{x^2}$

例題 4 微分方程式 $y'+P(x)y=Q(x)y^n$ $(n \neq 0,1)$ は $y^{-(n-1)}=z$ とおくことにより，x,z に関する線形微分方程式になることを示せ（ベルヌーイの微分方程式）．

解 両辺を y^n でわると
$$\frac{1}{y^n}y'+P(x)\frac{1}{y^{n-1}}=Q(x)$$
他方 $z'=-(n-1)y^{-n}y'$ であるから
$$z'-(n-1)P(x)z=-(n-1)Q(x)$$
となる．これは x,z に関する線形微分方程式である．

例題 5 微分方程式 $y'-y=xy^2$ を解け．

解 $y^{-1}=z$ とおけば，$z'=-y^{-2}y'$ であるから，与式は
$$z'+z=-x$$
となる．これは線形微分方程式であるから，定理 1 の公式より
$$z = e^{-x}\left(-\int xe^x\,dx + C\right) = e^{-x}\left(-xe^x + \int e^x\,dx + C\right)$$
$$= -x+1+Ce^{-x}$$
したがって
$$y = \frac{1}{z} = \frac{1}{Ce^{-x}-x+1}$$

問 4 つぎの微分方程式を解け．
(1) $y'-xy=xy^3$ (2) $y'+2xy=2x^3y^3$ (3) $x^2y'-xy=y^2$

§2 2 階線形微分方程式

$$y''+P(x)y'+Q(x)y=R(x)$$

この形の微分方程式を **2 階線形微分方程式** という．とくに $R(x) \equiv 0$ のとき **同次** という．

［1］ 最初に，2 階同次線形微分方程式
$$y''+P(x)y'+Q(x)y=0$$
の一般解の形について述べる．

> **定理 2** $y_1 = y_1(x)$, $y_2 = y_2(x)$ が
> $$y'' + P(x)y' + Q(x)y = 0$$
> の解であって，しかも条件
> $$W[y_1, y_2] = \begin{vmatrix} y_1 & y_2 \\ y_1' & y_2' \end{vmatrix} = y_1 y_2' - y_1' y_2 \neq 0$$
> を満たすならば，この微分方程式の任意の解 y は
> $$y = C_1 y_1 + C_2 y_2 \quad (C_1, C_2 \text{は定数})$$
> と表せる．

証明 最初に，$y = C_1 y_1 + C_2 y_2$ の形の y はすべてこの微分方程式の解であることを確かめておこう．実際

$$\begin{aligned}
& y'' + P(x)y' + Q(x)y \\
&= (C_1 y_1 + C_2 y_2)'' + P(x)(C_1 y_1 + C_2 y_2)' + Q(x)(C_1 y_1 + C_2 y_2) \\
&= C_1\{y_1'' + P(x)y_1' + Q(x)y_1\} + C_2\{y_2'' + P(x)y_2' + Q(x)y_2\} \\
&= 0
\end{aligned}$$

つぎに，y をこの微分方程式の任意の解とすると，それぞれ

$$y_1'' + P(x)y_1' + Q(x)y_1 = 0 \tag{1}$$
$$y_2'' + P(x)y_2' + Q(x)y_2 = 0 \tag{2}$$
$$y'' + P(x)y' + Q(x)y = 0 \tag{3}$$

(2), (3) 式から $Q(x)$ の項を消去して

$$y_2 y'' - y_2'' y + P(x)(y_2 y' - y_2' y) = 0 \tag{4}$$

$z = y_2 y' - y_2' y$ とおけば，

$$z' = y_2 y'' - y_2'' y$$

であるから，(4) 式は

$$z' + P(x)z = 0 \quad (\text{変数分離型})$$

となり，

$$z = y_2 y' - y_2' y = A_1 e^{-\int P(x)dx} \quad (A_1 \text{は定数}) \tag{5}$$

と解くことができる．

同様に，(3), (1) 式から

$$yy_1' - y'y_1 = A_2 e^{-\int P(x)dx} \quad (A_2 \text{ は定数}) \tag{6}$$

(1), (2) 式から

$$y_1 y_2' - y_1' y_2 = A_3 e^{-\int P(x)dx} \quad (A_3 \text{ は定数}) \tag{7}$$

が得られる．(5)×y_1+(6)×y_2+(7)×y より

$$0 = (A_1 y_1 + A_2 y_2 + A_3 y) e^{-\int P(x)dx}$$

さらに $e^{-\int P(x)dx} \neq 0$ であるから，

$$A_1 y_1 + A_2 y_2 + A_3 y = 0$$

条件：$y_1 y_2' - y_1' y_2 \neq 0$ より，$A_3 \neq 0$ でなければならない．したがって

$$y = -\frac{A_1}{A_3} y_1 - \frac{A_2}{A_3} y_2$$

∎

定理 2 より，2 階線形同次微分方程式の一般解を求めるためには，

$$\text{条件：} \quad W[y_1, y_2] = \begin{vmatrix} y_1 & y_2 \\ y_1' & y_2' \end{vmatrix} \neq 0$$

を満たす 2 つの解の組 $\{y_1, y_2\}$ を探しさえすればよいことになる．このような解の組のことをこの微分方程式の**基本解**という．

　基本解を探すための一般的な方法はないが，次節で見るように，いくつかの特殊な場合には基本解を探すことができる．

　[2] つぎに，同次でない 2 階線形微分方程式

$$y'' + P(x)y' + Q(x)y = R(x) \tag{5.3}$$

の一般解の構造について述べる．この方程式に対して

$$y'' + P(x)y' + Q(x)y = 0 \tag{5.4}$$

のことを，(5.3) の**補助方程式**という．

　$y_0 = y_0(x)$ を微分方程式 (5.3) の 1 つの特殊解とする．方程式 (5.3) の任意の解 y について，$y - y_0 = Y$ とおけば，

$$Y'' + P(x)Y' + Q(x)Y$$
$$= (y'' - y_0'') + P(x)(y' - y_0') + Q(x)(y - y_0)$$

$$= \{y'' + P(x)y' + Q(x)y\} - \{y_0'' + P(x)y_0' + Q(x)y_0\}$$
$$= R(x) - R(x) = 0$$

つまり，Y は補助方程式 (5.4) の解である．

逆に，補助方程式 (5.4) の解 Y に対して，$y = y_0 + Y$ が方程式 (5.3) を満たすことも同様に確かめられる．したがって，つぎの定理 3 が成り立つ．

> **定理 3** 微分方程式
> $$y'' + P(x)y' + Q(x)y = R(x)$$
> の 1 つの特殊解を y_0 とするとき，一般解は
> $$y = y_0 + C_1 y_1 + C_2 y_2 \quad (C_1, C_2 \text{ は任意定数})$$
> で与えられる．ここで，$\{y_1, y_2\}$ は補助方程式
> $$y'' + P(x)y' + Q(x)y = 0$$
> の基本解である．

定理 3 より，同次でない 2 階線形微分方程式の解法は

(i) 補助方程式の基本解 $\{y_1, y_2\}$ を求めること．

(ii) 1 つの特殊解 y_0 を探すこと．

に帰着される．

特殊解 y_0 を求める一般的公式についてはここでは触れない．しかし，次節で見るように，いくつかの特殊な場合には特殊解 y_0 をうまく探すことができる．

例題 6 $y'' + \dfrac{1}{x}y' - \dfrac{4}{x^2}y = \dfrac{9}{x}$ について，

(1) $y_1 = x^2$, $y_2 = \dfrac{1}{x^2}$ が補助方程式 $y'' + \dfrac{1}{x}y' - \dfrac{4}{x^2}y = 0$ の基本解であることを確かめよ．

(2) $y_0 = -3x$ がこの微分方程式の 1 つの特殊解であることを確かめよ．

証明 (1) $y_1'' + \dfrac{1}{x}y_1' - \dfrac{4}{x^2}y_1 = 2 + 2 - 4 = 0$

$$y_2'' + \frac{1}{x}y_2' - \frac{4}{x^2}y_2 = \frac{6}{x^4} + \frac{-2}{x^4} - \frac{4}{x^4} = 0$$

$$W[y_1, y_2] = \begin{vmatrix} x^2 & \dfrac{1}{x^2} \\ 2x & -\dfrac{2}{x^3} \end{vmatrix} = -\frac{4}{x} \neq 0$$

(2) $\quad y_0'' + \dfrac{1}{x}y_0' - \dfrac{4}{x^2}y_0 = 0 - \dfrac{3}{x} + \dfrac{12}{x} = \dfrac{9}{x}$

以上のことから,この微分方程式の一般解は

$$y = -3x + C_1 x^2 + \frac{C_2}{x^2} \quad (C_1, C_2 \text{ は任意定数})$$

である.

§3 定数係数の2階線形微分方程式の解法

この節では p, q を定数とし,微分方程式

$$y'' + py' + qy = R(x) \tag{5.5}$$

とその補助方程式

$$y'' + py' + qy = 0 \tag{5.6}$$

について考察する.

(1) $y'' + py' + qy = 0$ **の基本解の求め方**

いま,$y = e^{\lambda x}$ として,(5.6) 式に代入すれば,

$$\text{左辺} = \lambda^2 e^{\lambda x} + p\lambda e^{\lambda x} + q e^{\lambda x} = (\lambda^2 + p\lambda + q)e^{\lambda x}$$

である.したがって,λ が2次方程式

$$\lambda^2 + p\lambda + q = 0 \tag{5.7}$$

の解であれば,$y = e^{\lambda x}$ は微分方程式 (5.6) の特殊解となる.2次方程式 (5.7) のことを方程式 (5.6) の**特性方程式**(あるいは**固有方程式**)という.

定理4 微分方程式

$$y'' + py' + qy = 0$$

の一般解は,その特性方程式

$$\lambda^2 + p\lambda + q = 0$$

が

> (1) 実数解 α, β ($\alpha \neq \beta$) をもつ場合, $y = C_1 e^{\alpha x} + C_2 e^{\beta x}$
> (2) 実数解 α（重解）をもつ場合, $y = C_1 e^{\alpha x} + C_2 x e^{\alpha x}$
> (3) 虚数解 $\mu \pm \nu i$ ($\nu \neq 0$) をもつ場合,
> $$y = e^{\mu x}(C_1 \cos \nu x + C_2 \sin \nu x)$$

証明　(1)　$y_1 = e^{\alpha x}$, $y_2 = e^{\beta x}$ はともにこの微分方程式の解であり,

$$W[y_1, y_2] = \begin{vmatrix} e^{\alpha x} & e^{\beta x} \\ \alpha e^{\alpha x} & \beta e^{\beta x} \end{vmatrix} = (\beta - \alpha) e^{(\alpha + \beta)x} \neq 0$$

であるから, $\{y_1, y_2\}$ は基本解である.

(2)　$y_1 = e^{\alpha x}$ はこの微分方程式の 1 つの解である. α が特性方程式の重解であるから

$$\begin{cases} \alpha^2 + p\alpha + q = 0 \\ 2\alpha + p = 0 \end{cases}$$

いま, $y_2 = xe^{\alpha x}$ とおけば, $y_2' = e^{\alpha x} + \alpha x e^{\alpha x}$, $y_2'' = 2\alpha e^{\alpha x} + \alpha^2 x e^{\alpha x}$ だから

$$y_2'' + py_2' + qy_2 = (2\alpha + p)e^{\alpha x} + (\alpha^2 + p\alpha + q)xe^{\alpha x} = 0$$

したがって, y_2 も解であり,

$$W[y_1, y_2] = \begin{vmatrix} e^{\alpha x} & xe^{\alpha x} \\ \alpha e^{\alpha x} & e^{\alpha x} + \alpha x e^{\alpha x} \end{vmatrix} = \begin{vmatrix} e^{\alpha x} & xe^{\alpha x} \\ 0 & e^{\alpha x} \end{vmatrix} = e^{2\alpha x} \neq 0$$

であるから, $\{y_1, y_2\}$ は基本解である.

(3)　$(\mu + \nu i)^2 + p(\mu + \nu i) + q = 0$ より,

$$\begin{cases} \mu^2 - \nu^2 + p\mu + q = 0 \\ 2\mu + p = 0 \end{cases} \quad (\nu \neq 0)$$

いま, $y_1 = e^{\mu x} \cos \nu x$, $y_2 = e^{\mu x} \sin \nu x$ とおけば,

$$y_1'' + py_1' + qy_1 = \{(\mu^2 - \nu^2) + p\mu + q\}e^{\mu x} \cos \nu x + (2\mu + p)\nu e^{\mu x} \sin \nu x = 0$$
$$y_2'' + py_2' + qy_2 = \{(\mu^2 - \nu^2) + p\mu + q\}e^{\mu x} \sin \nu x + (2\mu + p)\nu e^{\mu x} \cos \nu x = 0$$

$$W[y_1, y_2] = \begin{vmatrix} e^{\mu x} \cos \nu x & e^{\mu x} \sin \nu x \\ \mu e^{\mu x} \cos \nu x - \nu e^{\mu x} \sin \nu x & \mu e^{\mu x} \sin \nu x + \nu e^{\mu x} \cos \nu x \end{vmatrix}$$

$$= \begin{vmatrix} e^{\mu x}\cos \nu x & e^{\mu x}\sin \nu x \\ -\nu e^{\mu x}\sin \nu x & \nu e^{\mu x}\cos \nu x \end{vmatrix} = \nu e^{2\mu x} \neq 0$$

であるから，$\{y_1, y_2\}$ は基本解である．

例題 7 つぎの微分方程式の一般解を求めよ．
(1) $y'' - y' - 6y = 0$ (2) $y'' - 6y' + 9y = 0$
(3) $y'' + 4y' + 13y = 0$

解 (1) $\lambda^2 - \lambda - 6 = 0$ の解は $\lambda = -2, 3$ である．
$$\therefore \ y = C_1 e^{-2x} + C_2 e^{3x}$$
(2) $\lambda^2 - 6\lambda + 9 = 0$ の解は $\lambda = 3$（重解）である．
$$\therefore \ y = C_1 e^{3x} + C_2 x e^{3x}$$
(3) $\lambda^2 + 4\lambda + 13 = 0$ の解は $\lambda = -2 \pm 3i$ である．
$$\therefore \ y = e^{-2x}(C_1 \cos 3x + C_2 \sin 3x)$$

問 5 つぎの微分方程式の一般解を求めよ．
(1) $y'' - 3y' - 10y = 0$ (2) $y'' - 2y' + 10y = 0$
(3) $y'' + 4y' + 4y = 0$ (4) $2y'' - 5y' - 3y = 0$
(5) $y'' + 9y = 0$ (6) $9y'' - 12y' + 4y = 0$

（2） $y'' + py' + qy = R(x)$ の解法

定理 3 より，定数係数の非同次 2 階線形微分方程式
$$y'' + py' + qy = R(x) \tag{5.8}$$
の一般解は
$$y = y_0 + C_1 y_1 + C_2 y_2$$
の形で与えられる．ここで，y_0 はこの微分方程式の 1 つの特殊解であり，$\{y_1, y_2\}$ は補助方程式
$$y'' + py' + qy = 0$$
の基本解である．

基本解 $\{y_1, y_2\}$ は定理 4 により具体的に求めることができる．したがって，特殊解 y_0 が得られれば，この微分方程式は解けたことになる．以下，この節では，$R(x)$ の形に応じたいくつかの特別な場合に，y_0 の具体的な求め方を

§3 定数係数の 2 階線形微分方程式の解法

例示する．

例題 8 $y'' + y' - 2y = -2x^2 + 4x + 3$ の一般解を求めよ．

解 補助方程式
$$y'' + y' - 2y = 0$$
の一般解は $y = C_1 e^{-2x} + C_2 e^x$ である．

つぎに a, b, c を未定係数として，$y_0 = ax^2 + bx + c$ とおいてもとの式に代入してみると，
$$\begin{aligned} y_0'' + y_0' - 2y_0 &= 2a + (2ax + b) - 2(ax^2 + bx + c) \\ &= -2ax^2 + (2a - 2b)x + (2a + b - 2c) \\ &= -2x^2 + 4x + 3 \end{aligned}$$

係数を比較して，
$$\begin{cases} -2a = -2 \\ 2a - 2b = 4 \\ 2a + b - 2c = 3 \end{cases} \quad \text{したがって} \quad a = 1, \ b = -1, \ c = -1$$

よって $y_0 = x^2 - x - 1$ は1つの特殊解であり，求める一般解は
$$y = x^2 - x - 1 + C_1 e^{-2x} + C_2 e^x$$
である．

この例題のように，$R(x)$ が n 次の整式である場合には，同じ次数の整式
$$y_0 = a_0 x^n + a_1 x^{n-1} + \cdots + a_n$$
をもとの式に代入して係数を決めれば特殊解が求められる．

問 6 つぎの微分方程式の一般解を求めよ．
(1) $y'' - 3y' + 2y = 4x^2 - 4x - 2$ 　　(2) $y'' - 2y' + y = 2x^2 - 5x + 1$
(3) $y'' - 4y' + 5y = 10x - 3$ 　　(4) $y'' - 6y' + 10y = 5$

例題 9 $y'' + 2y' - 3y = 10e^{2x}$ の特殊解 y_0 を求めよ．

解 $y_0 = ae^{2x}$ とおいてもとの式に代入すれば
$$y_0'' + 2y_0' - 3y_0 = (2a + 4a - 3a)e^{2x} = 2ae^{2x} = 10e^{2x}$$
であるから，$a = 5$．よって $y_0 = 5e^{2x}$ が1つの特殊解となる．

例題9のように，$R(x) = Ae^{kx}$ の場合には，指数が同じ関数 $y_0 = ae^{kx}$ をもとの式に代入して係数 a を決めれば特殊解が得られる．この際，もし k が特性方程式の実数解であれば，ae^{kx} も補助方程式の解となるので，この方法

では係数 a は定まらない．この場合には $y_0 = axe^{kx}$ とおけばよい．また，k が特性方程式の重解である場合には，$y_0 = ax^2 e^{kx}$ とおけばよい．

問 7 つぎの微分方程式の一般解を求めよ．
(1) $y'' + y' - 6y = 7e^{4x}$ 　　(2) $y'' + y' - 6y = 5e^{-3x}$
(3) $y'' + 4y' + 4y = 5e^{3x}$ 　　(4) $y'' + 4y' + 4y = 3e^{-2x}$

例題 10　$y'' + 2y' + y = -5 \sin 2x$ の特殊解 y_0 を求めよ．

解　$y_0 = a \sin 2x + b \cos 2x$ とおいてもとの式に代入すれば

$y_0'' + 2y_0' + y_0$
$= -4(a \sin 2x + b \cos 2x) + 2(2a \cos 2x - 2b \sin 2x) + (a \sin 2x + b \cos 2x)$
$= -(3a + 4b) \sin 2x + (4a - 3b) \cos 2x = -5 \sin 2x$

係数を比較して

$$\begin{cases} 3a + 4b = 5 \\ 4a - 3b = 0 \end{cases} \quad \text{したがって} \quad a = \frac{3}{5}, \; b = \frac{4}{5}$$

よって，$y_0 = \dfrac{3}{5} \sin 2x + \dfrac{4}{5} \cos 2x$ が1つの特殊解である．

例題10のように，$R(x) = A \sin \alpha x + B \cos \alpha x$ の形の場合には，同じ形の関数

$$y_0 = a \sin \alpha x + b \cos \alpha x$$

をもとの式に代入して，係数 a, b を定めれば特殊解が求まる．この場合にも，もし補助方程式の特性方程式が $\lambda^2 + \alpha^2 = 0$ であれば $a \sin \alpha x + b \cos \alpha x$ も補助方程式の解となって，この方法では係数 a, b は定まらない．この場合には，$y_0 = x(a \sin \alpha x + b \cos \alpha x)$ とおけばよい．

問 8 つぎの微分方程式の一般解を求めよ．
(1) $y'' + y' - 6y = 5 \sin x$ 　　(2) $y'' - 2y' + 2y = 10 \cos x$

2つの微分方程式
$$y'' + py' + qy = R_1(x), \quad y'' + py' + qy = R_2(x)$$
の特殊解をそれぞれ，y_{01}, y_{02} とするとき，$y_0 = y_{01} + y_{02}$ は
$$y'' + py' + qy = R_1(x) + R_2(x)$$
の1つの特殊解となる．なぜなら，

$$(y_{01}+y_{02})'' + p(y_{01}+y_{02})' + q(y_{01}+y_{02})$$
$$= (y_{01}'' + py_{01}' + qy_{01}) + (y_{02}'' + py_{02}' + qy_{02})$$
$$= R_1(x) + R_2(x)$$

例題 11 $y'' + 4y = 2e^{2x} + 4x + 8$ の特殊解 y_0 を求めよ．

解 $y'' + 4y = 2e^{2x}$ の特殊解：$y_{01} = ae^{2x}$ とおけば，
$$4ae^{2x} + 4ae^{2x} = 8ae^{2x} = 2e^{2x} \quad \text{より} \quad a = \frac{1}{4}$$
が得られ，$y_{01} = \frac{1}{4}e^{2x}$ が $y'' + 4y = 2e^{2x}$ の 1 つの特殊解である．

$y'' + 4y = 4x + 8$ の特殊解：$y_{02} = ax + b$ とおけば，
$$4(ax + b) = 4x + 8 \quad \text{より} \quad a = 1, \ b = 2$$
が得られ，$y_{02} = x + 2$ が $y'' + 4y = 4x + 8$ の 1 つの特殊解である．

以上から，$y_0 = \frac{1}{4}e^{2x} + x + 2$ が求める 1 つの特殊解である． ∎

問 9 つぎの微分方程式の一般解を求めよ．
(1) $y'' - 4y = 2e^{3x} + 4x^2 + 8x + 1$ 　　(2) $y'' - y' - 2y = 3\sin x + 4e^x$

演習問題 5

1. つぎの微分方程式を解け．

(1) $y' = e^{3x+5y}$ 　　(2) $y' = \dfrac{x(y^2+1)}{x^2+1}$

(3) $y' = \dfrac{y^2-1}{x^2-x-2}$ 　　(4) $y' = \dfrac{1}{\sin^3 y \cos y \sqrt{4-x^2}}$

2. つぎの微分方程式を解け．

(1) $(2x+y)y' = 3x$ 　　(2) $(y^2 - 2x^2)y' = y^2$ 　　(3) $(x^2 - xy)y' = -y^2$

(4) $(x-y)y' = x + y$

3. つぎの微分方程式を解け．

(1) $y' + 2xy = x$ 　　(2) $y' - 2y = x$ 　　(3) $y' + \dfrac{3}{x}y = \sqrt{x}$

(4) $y' + \dfrac{1}{x} y = e^{3x}$　　(5) $y' + \dfrac{5}{x} y = \log x$

4. つぎの微分方程式を解け．
  (1) $xy' - y = x\sqrt{x}\, y^2$　　(2) $3y' - 2xy = xy^4$

5. つぎの微分方程式を与えられた初期条件のもとで解け．
  (1) $y' = \dfrac{e^{2y}}{3x+1}$　$(x=0,\ y=1)$　　(2) $y' + \dfrac{2}{x} y = \dfrac{1}{x^3}$　$(x=1,\ y=1)$

6. つぎの微分方程式を解け．
  (1) $y'' + 16y' = 0$　　(2) $y'' + 16y = 0$
  (3) $y'' - 4y' + 13y = 0$　　(4) $2y'' - 7y' + 3y = 0$
  (5) $9y'' - 24y' + 16y = 0$

7. つぎの微分方程式を解け．
  (1) $y'' + 2y' - 3y = -6x^2 + 5x - 3$　　(2) $4y'' + 12y' + 9y = 18x + 33$
  (3) $y'' - 2y' - 3y = 15e^{4x}$　　(4) $y'' + y' - 12y = 14e^{3x}$
  (5) $y'' + y' - 2y = -14 \sin 2x - 2 \cos 2x$

8. つぎの微分方程式を解け．
  (1) $y'' + y = 10e^{2x} + x^2 + 3x + 4$
  (2) $y'' - y' - 2y = 9e^{2x} - 8 \sin x - 6 \cos x$

9. つぎの微分方程式を与えられた初期条件のもとで解け．
  (1) $y'' - y' - 12y = 0$　$(x=0$ のとき，$y=3,\ y'=-2)$
  (2) $y'' - 2y' - 3y = -9e^{2x}$　$(x=0$ のとき，$y=6,\ y'=11)$

6

定 積 分

§1 定積分の定義と基本定理

1.1 定積分の定義

関数 $f(x)$ は閉区間 $[a,b]$ で連続とする．閉区間 $[a,b]$ をつぎのような点 x_i $(i=0,1,\cdots,n)$ で n 個の小区間に分割する．

$$(\varDelta) \qquad a = x_0 < x_1 < \cdots < x_i < \cdots < x_n = b$$

この分割を $\varDelta$ で表し，$\varDelta x_i = x_i - x_{i-1}$ $(i=1,2,\cdots,n)$ の中で最大のものを $|\varDelta|$ で表す．いま，各小区間 $[x_{i-1}, x_i]$ 内に点 ξ_i を任意にとり，有限和

$$S(\varDelta) = f(\xi_1)\varDelta x_1 + f(\xi_2)\varDelta x_2 + \cdots + f(\xi_n)\varDelta x_n = \sum_{i=1}^{n} f(\xi_i)\varDelta x_i$$

を考える．これを関数 $f(x)$ の，分割 $\varDelta$ に関する，**Riemann 和**という．$S(\varDelta)$ は，$f(x)$ が区間 $[a,b]$ で正であれば，図 6.1 のような小長方形の面積の和である．

いま，$|\varDelta| \to 0$ となるように，分割 $\varDelta$ を限りなく細かくしていくとき，分割 $\varDelta$ のとり方および点 ξ_i の選び方に関係なく，$S(\varDelta)$ は限りなく一定値に近

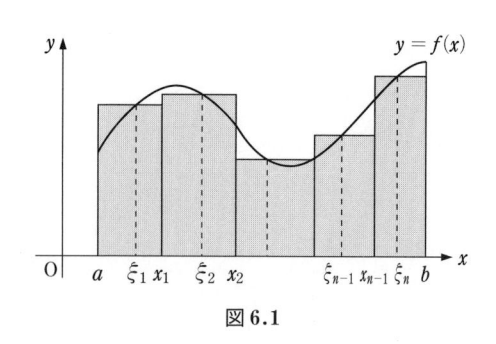

図 6.1

づく．このときの極限値
$$\lim_{|\Delta|\to 0} S(\Delta) = \lim_{|\Delta|\to 0} \sum f(\xi_i)\, \Delta x_i$$
を $f(x)$ の区間 $[a, b]$ での**定積分**といい，
$$\int_a^b f(x)\, dx$$
と記す．

　定積分の定義から，$[a, b]$ で $f(x) \geqq 0$ であれば $\int_a^b f(x)\, dx$ は，y 軸に平行な 2 直線 $x = a$, $x = b$, x 軸および曲線 $y = f(x)$ で囲まれる図形の面積を与える（図 6.2）．

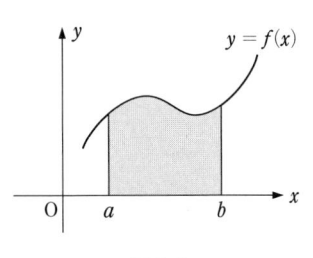

図 6.2

例題 1 $f(x) = k$（定数）のとき，$\int_a^b f(x)\, dx = k(b-a)$ である．

解
$$S(\Delta) = \sum_{i=1}^n f(\xi_i)\, \Delta x_i = \sum_{i=1}^n k(x_i - x_{i-1}) = k(b-a)$$
であり，これは分割 Δ のとり方に関係なく一定である． ∎

例題 2 $\int_0^1 x\, dx$ を求めよ．

解　区間 $[0, 1]$ の分割の仕方は任意であるから，$[0, 1]$ を n 等分する．したがって，分点 $x_0, x_1, \cdots, x_n$ は
$$0, \quad \frac{1}{n}, \quad \frac{2}{n}, \quad \cdots, \quad \frac{n-1}{n}, \quad \frac{n}{n}$$
$\Delta x_i = |\Delta| = \frac{1}{n}$ である．ξ_i のとり方も任意であるから，$\xi_i = x_i = \frac{i}{n}$ ととれば，
$$S(\Delta) = \sum_{i=1}^n f(\xi_i)\, \Delta x_i = \sum_{i=1}^n \frac{i}{n} \cdot \frac{1}{n}$$
$$= \frac{1}{n^2}(1 + 2 + \cdots + n) = \frac{1}{n^2} \cdot \frac{n(n+1)}{2} = \frac{n+1}{2n}$$
したがって
$$\int_0^1 x\, dx = \lim_{|\Delta|\to 0} S(\Delta) = \lim_{n\to\infty} \frac{n+1}{2n} = \lim_{n\to\infty}\left(\frac{1}{2} + \frac{1}{2n}\right) = \frac{1}{2}$$
∎

§1　定積分の定義と基本定理

問 1 $\int_0^1 x^2 \, dx$ を求めよ. $\left(\text{ヒント}: 1^2+2^2+\cdots+n^2 = \dfrac{n(n+1)(2n+1)}{6}\right)$

1.2 定積分の性質

定積分について，つぎの定理は基本的である．

定理1 $f(x), g(x)$ は区間 $[a,b]$ で連続とする．

(1) $\displaystyle\int_a^b \{f(x) \pm g(x)\} \, dx = \int_a^b f(x) \, dx \pm \int_a^b g(x) \, dx$

(2) $\displaystyle\int_a^b kf(x) \, dx = k\int_a^b f(x) \, dx$ （k は定数）

(3) $a < c < b$ のとき, $\displaystyle\int_a^b f(x) \, dx = \int_a^c f(x) \, dx + \int_c^b f(x) \, dx$

(4) $[a,b]$ で $f(x) \leqq g(x)$ のとき, $\displaystyle\int_a^b f(x) \, dx \leqq \int_a^b g(x) \, dx$

とくに, $\left|\displaystyle\int_a^b f(x) \, dx\right| \leqq \int_a^b |f(x)| \, dx$

証明 (1) $[a,b]$ の分割を

$$(\varDelta) \qquad a = x_0 < x_1 < \cdots < x_i < \cdots < x_n = b$$

とし，各小区間 $[x_{i-1}, x_i]$ 内の任意の点 ξ_i に対し Riemann 和をとると，

$$\sum_{i=1}^n \{f(\xi_i) \pm g(\xi_i)\} \varDelta x_i = \sum_{i=1}^n f(\xi_i) \varDelta x_i \pm \sum_{i=1}^n g(\xi_i) \varDelta x_i$$

ここで, $|\varDelta| \to 0$ とすると

$$\int_a^b \{f(x) \pm g(x)\} \, dx = \int_a^b f(x) \, dx \pm \int_a^b g(x) \, dx$$

(2) 証明は (1) と同様である（省略）．

(3) $[a,b]$ の分割を

$$(\varDelta_1) \qquad a = x_0 < x_1 < \cdots < x_n = c$$

$[c,b]$ の分割を

$$(\varDelta_2) \qquad c = x_n < x_{n+1} < \cdots < x_m = b$$

とすると, $\varDelta = \varDelta_1 \cup \varDelta_2$ は $[a,b]$ の分割を与え，

$$|\varDelta| \to 0 \iff |\varDelta_1|, |\varDelta_2| \to 0$$

である．各小区間 $[x_{i-1}, x_i]$ 内の任意の点 ξ_i に対し Riemann 和をとると，

$$\sum_{i=1}^{m} f(\xi_i)\, \Delta x_i = \sum_{i=1}^{n} f(\xi_i)\, \Delta x_i + \sum_{i=n+1}^{m} f(\xi_i)\, \Delta x_i$$

であるから，

$$\int_a^b f(x)\, dx = \int_a^c f(x)\, dx + \int_c^b f(x)\, dx$$

(4) Δ を (1) と同様の $[a, b]$ の任意の分割とすると，Riemann 和について

$$\sum_{i=1}^{n} f(\xi_i)\, \Delta x_i \leq \sum_{i=1}^{n} g(\xi_i)\, \Delta x_i$$

であるから，$|\Delta| \to 0$ とすると

$$\int_a^b f(x)\, dx \leq \int_a^b g(x)\, dx$$

とくに，$-|f(x)| \leq f(x) \leq |f(x)|$ であるから，

$$-\int_a^b |f(x)|\, dx \leq \int_a^b f(x)\, dx \leq \int_a^b |f(x)|\, dx$$

$$\therefore \quad \left|\int_a^b f(x)\, dx\right| \leq \int_a^b |f(x)|\, dx$$

以後，$a \geq b$ のときにも，定積分 $\int_a^b f(x)\, dx$ を考え，

$$\int_a^b f(x)\, dx = -\int_b^a f(x)\, dx, \qquad \int_a^a f(x)\, dx = 0$$

と定義する．

例題 3 不等式 $0 \leq \int_0^{\frac{\pi}{2}} \sqrt{1-\sin x}\, dx \leq \dfrac{\pi}{2}$ を証明せよ．

解 区間 $\left[0, \dfrac{\pi}{2}\right]$ において，$0 \leq \sqrt{1-\sin x} \leq 1$ であるから，定理 1 (4) より

$$0 \leq \int_0^{\frac{\pi}{2}} \sqrt{1-\sin x}\, dx \leq \frac{\pi}{2}$$

である．

§1 定積分の定義と基本定理

> **定理2（定積分の平均値の定理）** $f(x)$ が点 a, b を含む区間で連続であれば，
> $$\int_a^b f(x)\, dx = f(\xi)(b-a)$$
> となるような ξ が a, b の間に少なくとも1つ存在する．

証明 $a < b$ の場合を考える（図6.3）．$[a, b]$ における $f(x)$ の最大値を M，最小値を m とすれば，$m \leq f(x) \leq M$ である．定理1(4)および例題1を用いれば
$$m(b-a) \leq \int_a^b f(x)\, dx \leq M(b-a)$$
すなわち
$$m \leq \frac{1}{b-a}\int_a^b f(x)\, dx \leq M$$
となる．$[a, b]$ で $f(x)$ は連続であるから，中間値の定理より，
$$\frac{1}{b-a}\int_a^b f(x)\, dx = f(\xi) \quad (a < \xi < b)$$
となる ξ が存在する．

$a > b$ の場合も同様である（省略）．

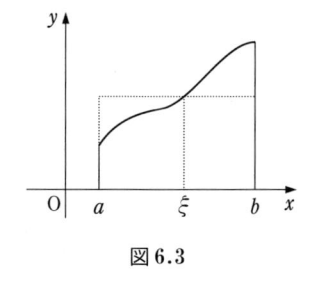

図6.3

1.3 基本定理

$f(x)$ が a を含む区間 I で連続であるとき，I 内の任意の x に対して，
$$S(x) = \int_a^x f(t)\, dt$$
と定義する（図6.4）とき，$S(x)$ は I を定義域にもつ関数である．I 内の任意の2点 $x, x+h$ ($h \neq 0$) に対して，定理1(3)および平均値の定理より

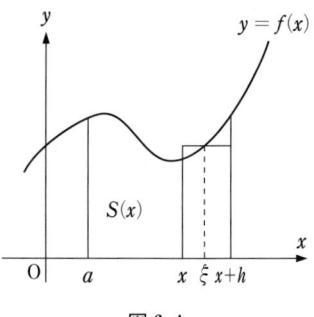

図6.4

$$\frac{S(x+h)-S(x)}{h} = \frac{1}{h}\int_x^{x+h} f(t)\,dt = f(\xi)$$

ここで，ξ は $x, x+h$ の間の数である．$h \to 0$ のとき $f(\xi) \to f(x)$ であるから，つぎの定理が成り立つ．

定理 3 $f(x)$ が a を含む区間 I で連続であるとき，$S(x) = \displaystyle\int_a^x f(t)\,dt$ は I において微分可能であり，

$$\frac{d}{dx}S(x) = \frac{d}{dx}\int_a^x f(t)\,dt = f(x)$$

となる．

注意 定理 3 は，連続な関数は必ず原始関数をもっていることを示している．

例題 4 $f(x)$ が連続であるとき，つぎの関数を微分せよ．

(1) $\displaystyle\int_a^{x^2} f(t)\,dt$　　　(2) $\displaystyle\int_x^{x+1} f(t)\,dt$

解 $S(x) = \displaystyle\int_a^x f(t)\,dt$ とおけば，$S'(x) = f(x)$ である．

(1) $\displaystyle\frac{d}{dx}\int_a^{x^2} f(t)\,dt = \frac{d}{dx}S(x^2) = f(x^2)\cdot 2x = 2xf(x^2)$

(2) $\displaystyle\frac{d}{dx}\int_x^{x+1} f(t)\,dt = \frac{d}{dx}\{S(x+1)-S(x)\} = f(x+1)-f(x)$

問 2 $f(x)$ が連続であるとき，つぎの関数を微分せよ．

(1) $\displaystyle\int_{-x}^{a} f(t)\,dt$　　　(2) $\displaystyle\int_a^x x f(t)\,dt$　　　(3) $\displaystyle\int_a^{x^2} x f(t)\,dt$

定理 4（微分積分の基本定理） $f(x)$ は a を含む区間 I で連続とし，$f(x)$ の 1 つの原始関数を $F(x)$ とするとき，I 内の任意の b に対し，

$$\int_a^b f(x)\,dx = F(b)-F(a)$$

が成り立つ．

証明 定理 3 より，$S(x) = \int_a^x f(t)\,dt$ も $f(x)$ の 1 つの原始関数である．第 4 章の定理 1 より，
$$F(x) = S(x) + C \quad (C \text{ は定数})$$
よって
$$F(b) - F(a) = \{S(b) + C\} - \{S(a) + C\} = S(b) \quad (\because S(a) = 0)$$
$$= \int_a^b f(t)\,dt = \int_a^b f(x)\,dx \quad \blacksquare$$

定理 4 の右辺を $\left[F(x)\right]_a^b$ と書けば，
$$\int_a^b f(x)\,dx = \left[F(x)\right]_a^b$$
と書ける．

　この定理により，定積分は，原始関数（不定積分）さえわかれば，機械的に求められることになる．

例題 5　(1) $\displaystyle\int_a^b x^2\,dx = \left[\dfrac{1}{3}x^3\right]_a^b = \dfrac{1}{3}(b^3 - a^3)$

(2) $\displaystyle\int_1^2 \dfrac{1}{x}\,dx = \left[\log x\right]_1^2 = \log 2 - \log 1 = \log 2$

(3) $\displaystyle\int_0^1 x\sqrt{x}\,dx = \int_0^1 x^{\frac{3}{2}}\,dx = \left[\dfrac{2}{5}x^{\frac{5}{2}}\right]_0^1 = \dfrac{2}{5}$

問 3　つぎの定積分を求めよ．

(1) $\displaystyle\int_0^5 x^3\,dx$　　(2) $\displaystyle\int_0^4 \sqrt{x}\,dx$　　(3) $\displaystyle\int_0^\pi \sin x\,dx$

例題 6　極限値 $\displaystyle\lim_{n\to\infty} \dfrac{1}{n^4}(1^3 + 2^3 + \cdots + n^3)$ を求めよ．

解　$\dfrac{1}{n^4}(1^3 + 2^3 + \cdots + n^3) = \left\{\left(\dfrac{1}{n}\right)^3 + \left(\dfrac{2}{n}\right)^3 + \cdots + \left(\dfrac{n}{n}\right)^3\right\}\cdot\dfrac{1}{n}$

この和は，区間 $[0, 1]$ の n 等分分割に対する，関数 x^3 の Riemann 和になっている．ゆえに

$$\lim_{n\to\infty} \frac{1}{n^4}(1^3+2^3+\cdots+n^3) = \int_0^1 x^3\,dx = \left[\frac{1}{4}x^4\right]_0^1 = \frac{1}{4}$$

問 4 つぎの極限値を求めよ．

(1) $\displaystyle\lim_{n\to\infty} \frac{1}{n\sqrt{n}}(\sqrt{1}+\sqrt{2}+\cdots+\sqrt{n})$ 　　(2) $\displaystyle\lim_{n\to\infty} \sum_{k=1}^n \frac{n}{n^2+k^2}$

§2 定積分の計算

> **定理 5（置換積分法）** $f(x)$ は区間 $[a,b]$ で連続，$x=\varphi(t)$ は $[\alpha,\beta]$ で C^1 級で，かつ $a=\varphi(\alpha)$，$b=\varphi(\beta)$ とする．このとき，
> $$\int_a^b f(x)\,dx = \int_\alpha^\beta f(\varphi(t))\varphi'(t)\,dt$$

証明 $F(x) = \int f(x)\,dx$ とする．不定積分の置換積分により，
$$F(\varphi(t)) = \int f(\varphi(t))\varphi'(t)\,dt$$
であるから，
$$\int_a^b f(x)\,dx = \bigl[F(x)\bigr]_a^b = \bigl[F(\varphi(t))\bigr]_\alpha^\beta = \int_\alpha^\beta f(\varphi(t))\varphi'(t)\,dt$$

例題 7 つぎの定積分を求めよ．

(1) $\displaystyle\int_0^1 2x(x^2+1)^4\,dx$ 　　(2) $\displaystyle\int_1^e \frac{(\log x)^2}{x}\,dx$

(3) $\displaystyle\int_0^a \sqrt{a^2-x^2}\,dx \quad (a>0)$

解 (1) $x^2+1 = t\ (x=\sqrt{t-1})$ とおくと，$t=1$ のとき $x=0$，$t=2$ のとき $x=1$ である．また，$2x\,dx = dt$ であるから，
$$\int_0^1 2x(x^2+1)^4\,dx = \int_1^2 t^4\,dt = \left[\frac{1}{5}t^5\right]_1^2 = \frac{31}{5}$$

(2) $\log x = t\ (x=e^t)$ とおくと，$t=0$ のとき $x=1$，$t=1$ のとき $x=e$ である．また，$\dfrac{1}{x}\,dx = dt$ であるから

$$\int_1^e \frac{(\log x)^2}{x}\,dx = \int_0^1 t^2\,dt = \left[\frac{1}{3}t^3\right]_0^1 = \frac{1}{3}$$

(3) $x = a\sin t$ とおくと, $t=0$ のとき $x=0$, $t=\dfrac{\pi}{2}$ のとき $x=a$ である. また, $dx = a\cos t\,dt$, $\sqrt{a^2-x^2} = \sqrt{a^2(1-\sin^2 t)} = a\cos t$ であるから,

$$\int_0^a \sqrt{a^2-x^2}\,dx = \int_0^{\frac{\pi}{2}} a^2\cos^2 t\,dt = \frac{1}{2}a^2\int_0^{\frac{\pi}{2}}(\cos 2t + 1)\,dt$$

$$= \frac{1}{2}a^2\left[\frac{1}{2}\sin 2t + t\right]_0^{\frac{\pi}{2}} = \frac{\pi a^2}{4}$$

注意 例題7(3)の定積分は半径 a の円の第1象限の部分の面積である. ここでは, 置換積分の例としてとりあげたが, この定積分は以後よく出てくるので, 四半円の面積として記憶しておけば便利である (図6.5).

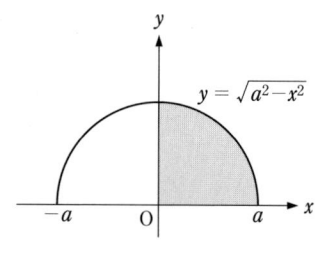

図 6.5

問 5 つぎの定積分を求めよ.

(1) $\displaystyle\int_0^1 (x^3+x+1)^4(3x^2+1)\,dx$ (2) $\displaystyle\int_0^1 (x^2+x)^5(2x+1)\,dx$

(3) $\displaystyle\int_0^{\frac{\pi}{2}} \sin^3 x \cos x\,dx$ (4) $\displaystyle\int_{-1}^1 (x^2+2x)^4(x+1)\,dx$

(5) $\displaystyle\int_{-1}^1 x^2(x^3+1)^4\,dx$

例題 8 つぎの等式を証明せよ.

(1) $\displaystyle\int_0^a f(x)\,dx = \int_0^a f(a-x)\,dx$

(2) $\displaystyle\int_0^{\frac{\pi}{2}} f(\sin x)\,dx = \int_0^{\frac{\pi}{2}} f(\cos x)\,dx$

証明 (1) $a-x=t$ とおくと, $t=a$ のとき $x=0$, $t=0$ のとき $x=a$ である. また, $-dx = dt$ であるから

$$\int_0^a f(a-x)\,dx = -\int_a^0 f(t)\,dt = \int_0^a f(t)\,dt$$

(2) (1)で $a=\dfrac{\pi}{2}$ とすれば,

$$\int_0^{\frac{\pi}{2}} f(\sin x)\,dx = \int_0^{\frac{\pi}{2}} f\!\left(\sin\!\left(\dfrac{\pi}{2}-x\right)\right) dx = \int_0^{\frac{\pi}{2}} f(\cos x)\,dx$$

定理6（部分積分法） $f(x), g(x)$ が $[\,a\,,b\,]$ で C^1 級であれば

$$\int_a^b f'(x)g(x)\,dx = \Bigl[\,f(x)g(x)\,\Bigr]_a^b - \int_a^b f(x)g'(x)\,dx$$

証明 $\{f(x)g(x)\}' = f'(x)g(x) + f(x)g'(x)$

であるから

$$\Bigl[\,f(x)g(x)\,\Bigr]_a^b = \int_a^b \{f'(x)g(x) + f(x)g'(x)\}\,dx$$
$$= \int_a^b f'(x)g(x)\,dx + \int_a^b f(x)g'(x)\,dx$$

よって

$$\int_a^b f'(x)g(x)\,dx = \Bigl[\,f(x)g(x)\,\Bigr]_a^b - \int_a^b f(x)g'(x)\,dx$$

例題9 つぎの定積分を求めよ.

(1) $\displaystyle\int_0^{\frac{\pi}{2}} x\cos x\,dx$ 　　(2) $\displaystyle\int_0^2 xe^x\,dx$

解 (1) $\displaystyle\int_0^{\frac{\pi}{2}} x\cos x\,dx = \int_0^{\frac{\pi}{2}} x\cdot(\sin x)'\,dx = \Bigl[\,x\cdot\sin x\,\Bigr]_0^{\frac{\pi}{2}} - \int_0^{\frac{\pi}{2}} \sin x\,dx$

$$= \dfrac{\pi}{2} - \Bigl[-\cos x\Bigr]_0^{\frac{\pi}{2}} = \dfrac{\pi}{2} - 1$$

(2) $\displaystyle\int_0^2 xe^x\,dx = \int_0^2 x(e^x)'\,dx = \Bigl[\,xe^x\,\Bigr]_0^2 - \int_0^2 e^x\,dx$

$$= 2e^2 - \Bigl[\,e^x\,\Bigr]_0^2 = e^2$$

§2 定積分の計算

問 6 つぎの定積分を求めよ．

(1) $\int_0^{\pi} x \sin x \, dx$ 　　(2) $\int_1^e \log x \, dx$ 　　(3) $\int_0^{\frac{\pi}{2}} (6-x) \cos x \, dx$

(4) $\int_0^{\frac{\pi}{2}} x^2 \cos x \, dx$ 　　(5) $\int_0^{\pi} x^2 \sin x \, dx$ 　　(6) $\int_0^1 x^2 e^x \, dx$

例題 10 つぎの公式を証明せよ．

$$\int_0^{\frac{\pi}{2}} \sin^n x \, dx = \int_0^{\frac{\pi}{2}} \cos^n x \, dx$$

$$= \begin{cases} \dfrac{n-1}{n} \dfrac{n-3}{n-2} \cdots \dfrac{3}{4} \dfrac{1}{2} \dfrac{\pi}{2} & (n \text{ は偶数}, \ n \geq 2) \\ \dfrac{n-1}{n} \dfrac{n-3}{n-2} \cdots \dfrac{4}{5} \dfrac{2}{3} & (n \text{ は奇数}, \ n \geq 3) \end{cases}$$

証明 例題 8(2) より $\int_0^{\frac{\pi}{2}} \sin^n x \, dx = \int_0^{\frac{\pi}{2}} \cos^n x \, dx$ であるから，これを I_n とおく．

$I_0 = \int_0^{\frac{\pi}{2}} dx = \dfrac{\pi}{2}, \ I_1 = \int_0^{\frac{\pi}{2}} \sin x \, dx = \Big[-\cos x\Big]_0^{\frac{\pi}{2}} = 1$ である．$n \geq 2$ のとき

$$I_n = \int_0^{\frac{\pi}{2}} \sin^n x \, dx = \int_0^{\frac{\pi}{2}} \sin^{n-1} x \, (-\cos x)' \, dx$$

$$= \Big[-\sin^{n-1} x \cdot \cos x\Big]_0^{\frac{\pi}{2}} + \int_0^{\frac{\pi}{2}} (n-1) \sin^{n-2} x \cdot \cos^2 x \, dx$$

$$= (n-1) \int_0^{\frac{\pi}{2}} \sin^{n-2} x \, (1-\sin^2 x) \, dx$$

$$= (n-1) \int_0^{\frac{\pi}{2}} \sin^{n-2} x \, dx - (n-1) \int_0^{\frac{\pi}{2}} \sin^n x \, dx$$

$$= (n-1) I_{n-2} - (n-1) I_n$$

したがって

$$I_n = \dfrac{n-1}{n} I_{n-2}$$

この漸化式により，

$$I_n = \dfrac{n-1}{n} I_{n-2} = \dfrac{n-1}{n} \dfrac{n-3}{n-2} I_{n-4} = \cdots = \begin{cases} \dfrac{n-1}{n} \dfrac{n-3}{n-2} \cdots \dfrac{3}{4} \dfrac{1}{2} \dfrac{\pi}{2} & (n \text{ は偶数}) \\ \dfrac{n-1}{n} \dfrac{n-3}{n-2} \cdots \dfrac{4}{5} \dfrac{2}{3} & (n \text{ は奇数}) \end{cases}$$ ∎

例題 10 により，たとえば

$$\int_0^{\frac{\pi}{2}} \sin^8 x \, dx = \frac{7}{8} \frac{5}{6} \frac{3}{4} \frac{1}{2} \frac{\pi}{2} = \frac{35}{256} \pi$$

$$\int_0^{\frac{\pi}{2}} \cos^9 x \, dx = \frac{8}{9} \frac{6}{7} \frac{4}{5} \frac{2}{3} = \frac{128}{315}$$

となる．

問 7 つぎの定積分を求めよ．

(1) $\displaystyle\int_0^{\frac{\pi}{2}} \sin^7 x \, dx$ (2) $\displaystyle\int_0^{\frac{\pi}{4}} \sin^8 2x \, dx$ (3) $\displaystyle\int_0^{\frac{\pi}{6}} \cos^5 3x \, dx$

§3 広 義 の 積 分

これまで考えてきた定積分 $\displaystyle\int_a^b f(x)\,dx$ では，$f(x)$ は有限閉区間 $[a,b]$ で連続であると仮定されていた．それでは $f(x)$ が $[a,b]$ で連続でない場合，あるいは積分区間が有限区間でない場合には定積分は定義されないであろうか．

3.1 有限区間における広義積分

$f(x)$ は区間 $(a,b]$ で連続であるが，$x = a$ で不連続である場合を考える．この場合，任意の正の数 ε $(a+\varepsilon < b)$ に対し，$f(x)$ は $[a+\varepsilon, b]$ で連続であり，$\displaystyle\int_{a+\varepsilon}^b f(x)\,dx$ は有限値となる．そこで，もし

$$\lim_{\varepsilon \to +0} \int_{a+\varepsilon}^b f(x)\,dx$$

が有限になるならば，この極限値をもって $\displaystyle\int_a^b f(x)\,dx$ と定義し，これを**広義の定積分**という．

例題 11 $f(x) = \dfrac{1}{\sqrt{x}}$ は区間 $(0,1]$ で連続であるが，$x = 0$ で定義されていない．この場合

$$\int_\varepsilon^1 \frac{1}{\sqrt{x}}\,dx = \left[2\sqrt{x}\right]_\varepsilon^1 = 2(1-\sqrt{\varepsilon})$$

$$\therefore \int_0^1 \frac{1}{\sqrt{x}}\,dx = \lim_{\varepsilon \to +0} \int_\varepsilon^1 \frac{1}{\sqrt{x}}\,dx = 2$$

同様に，$f(x)$ が区間 $[a,b)$ で連続で，$x=b$ で不連続である場合には

$$\int_a^b f(x)\,dx = \lim_{\varepsilon \to +0} \int_a^{b-\varepsilon} f(x)\,dx$$

と定義し，$f(x)$ が区間 (a,b) で連続で，$x=a,b$ で不連続である場合には

$$\int_a^b f(x)\,dx = \lim_{\varepsilon,\varepsilon' \to +0} \int_{a+\varepsilon}^{b-\varepsilon'} f(x)\,dx$$

と定義する．

さらに $f(x)$ が $[a,b]$ 内で有限個の点 $c_1, \cdots, c_s$ $(a < c_1 < \cdots < c_s < b)$ を除いて連続である場合には，広義積分の和として

$$\int_a^b f(x)\,dx = \int_a^{c_1} f(x)\,dx + \int_{c_1}^{c_2} f(x)\,dx + \cdots + \int_{c_s}^b f(x)\,dx$$

と定義する．

例題 12 つぎの定積分を求めよ．

(1) $\displaystyle\int_{-1}^1 \frac{1}{\sqrt{1-x^2}}\,dx$ 　　(2) $\displaystyle\int_0^1 x\log x\,dx$

解 (1) $\displaystyle\int_{-1}^1 \frac{1}{\sqrt{1-x^2}}\,dx = \lim_{\varepsilon,\varepsilon' \to +0} \int_{-1+\varepsilon}^{1-\varepsilon'} \frac{1}{\sqrt{1-x^2}}\,dx = \lim_{\varepsilon,\varepsilon' \to +0} [\sin^{-1} x]_{-1+\varepsilon}^{1-\varepsilon'}$

$\qquad = \displaystyle\lim_{\varepsilon,\varepsilon' \to +0} \{\sin^{-1}(1-\varepsilon') - \sin^{-1}(-1+\varepsilon)\}$

$\qquad = \dfrac{\pi}{2} - \left(-\dfrac{\pi}{2}\right) = \pi$

(2) $x\log x$ は $(0,1]$ で連続であるが，$x=0$ で定義されていない．

$\displaystyle\int_0^1 x\log x\,dx = \lim_{\varepsilon \to +0} \int_\varepsilon^1 x\log x\,dx$

$\qquad = \displaystyle\lim_{\varepsilon \to +0} \left\{\left[\frac{1}{2}x^2 \log x\right]_\varepsilon^1 - \int_\varepsilon^1 \frac{1}{2}x\,dx\right\}$ 　（部分積分）

$\qquad = \displaystyle\lim_{\varepsilon \to +0} \left[\frac{1}{4}x^2\right]_\varepsilon^1 = \lim_{\varepsilon \to +0} \frac{1}{4}(1-\varepsilon^2) = \frac{1}{4}$

注意 ロピタルの定理より $\displaystyle\lim_{\varepsilon \to +0} \varepsilon^2 \log \varepsilon = 0$．

問 8 つぎの広義定積分を求めよ．

(1) $\displaystyle\int_0^1 \frac{1}{\sqrt{1-x}}\,dx$ 　　(2) $\displaystyle\int_0^2 \frac{1}{\sqrt[3]{x^2}}\,dx$ 　　(3) $\displaystyle\int_1^2 \frac{1}{x\sqrt{x-1}}\,dx$

(4) $\displaystyle\int_0^1 \log x\,dx$ 　　(5) $\displaystyle\int_1^2 \frac{1}{\sqrt{x^2-1}}\,dx$

つぎの例題は，広義積分
$$\int_a^b f(x)\,dx = \lim_{\varepsilon\to +0}\int_{a+\varepsilon}^b f(x)\,dx$$
が有限値となるかどうかを知るための目安になる．

例題 13 　$\displaystyle\int_a^b \frac{1}{(x-a)^\lambda}\,dx = \begin{cases} \dfrac{1}{1-\lambda}(b-a)^{1-\lambda} & (\lambda<1) \\ \infty & (\lambda\geqq 1) \end{cases}$

証明 　$\displaystyle\int \frac{1}{(x-a)^\lambda}\,dx = \begin{cases} \dfrac{1}{1-\lambda}(x-a)^{1-\lambda} & (\lambda\neq 1) \\ \log|x-a| & (\lambda=1) \end{cases}$

であるから，

$\lambda<1$ のとき，$\displaystyle\int_a^b \frac{1}{(x-a)^\lambda}\,dx = \lim_{\varepsilon\to +0}\frac{1}{1-\lambda}\{(b-a)^{1-\lambda}-\varepsilon^{1-\lambda}\}$

　　　　　　　　　　　　　$\displaystyle = \frac{1}{1-\lambda}(b-a)^{1-\lambda}$

$\lambda=1$ のとき，$\displaystyle\int_a^b \frac{1}{(x-a)}\,dx = \lim_{\varepsilon\to +0}\{\log(b-a)-\log\varepsilon\} = \infty$

$\lambda>1$ のとき，$\displaystyle\int_a^b \frac{1}{(x-a)^\lambda}\,dx = \lim_{\varepsilon\to +0}\frac{1}{1-\lambda}\left\{(b-a)^{1-\lambda}-\frac{1}{\varepsilon^{\lambda-1}}\right\} = \infty$ ∎

3.2 無限積分

$f(x)$ は区間 $[a,\infty)$ で連続とする．
$$\lim_{M\to\infty}\int_a^M f(x)\,dx$$
が有限値であれば，この極限値をもって $\displaystyle\int_a^\infty f(x)\,dx$ と定義する．同様に，$f(x)$ が区間 $(-\infty,b]$ で連続であるとき，

$$\lim_{N \to -\infty} \int_N^b f(x)\, dx$$

が有限値であれば，この極限値をもって $\int_{-\infty}^b f(x)\, dx$ と定義する．また $f(x)$ が $(-\infty, \infty)$ で連続であるとき，

$$\lim_{\substack{M \to \infty \\ N \to -\infty}} \int_N^M f(x)\, dx$$

が有限値であれば，この極限値をもって $\int_{-\infty}^{\infty} f(x)\, dx$ と定義する．このように積分区間が無限区間であるものを**無限積分**という．

例題 14 $\displaystyle\int_1^{\infty} \frac{1}{x^{\lambda}}\, dx = \begin{cases} \dfrac{1}{\lambda - 1} & (\lambda > 1) \\ 0 & (\lambda \leq 1) \end{cases}$

証明 $\lambda > 1$ のとき

$$\int_1^M \frac{1}{x^{\lambda}}\, dx = \left[\frac{-1}{\lambda - 1} \frac{1}{x^{\lambda - 1}} \right]_1^M = \frac{1}{\lambda - 1}\left(1 - \frac{1}{M^{\lambda - 1}}\right)$$

$$\therefore \int_1^{\infty} \frac{1}{x^{\lambda}}\, dx = \lim_{M \to \infty} \frac{1}{\lambda - 1}\left(1 - \frac{1}{M^{\lambda - 1}}\right) = \frac{1}{\lambda - 1}$$

$\lambda = 1$ のとき

$$\int_1^M \frac{1}{x}\, dx = [\log x]_1^M = \log M$$

$$\therefore \int_1^{\infty} \frac{1}{x}\, dx = \lim_{M \to \infty} \log M = \infty$$

$\lambda < 1$ のとき

$$\int_1^M \frac{1}{x^{\lambda}}\, dx = \left[\frac{1}{1 - \lambda} x^{1 - \lambda} \right]_1^M = \frac{1}{1 - \lambda}(M^{1 - \lambda} - 1)$$

$$\therefore \int_1^{\infty} \frac{1}{x^{\lambda}}\, dx = \lim_{M \to \infty} \frac{1}{1 - \lambda}(M^{1 - \lambda} - 1) = \infty$$

問 9 つぎの無限積分を求めよ．

(1) $\displaystyle\int_1^{\infty} \frac{1}{x^3}\, dx$ (2) $\displaystyle\int_1^{\infty} \frac{1}{x(x+1)}\, dx$ (3) $\displaystyle\int_0^{\infty} e^{-x}\, dx$

(4) $\displaystyle\int_0^{\infty} x e^{-x}\, dx$ (5) $\displaystyle\int_{-\infty}^{\infty} \frac{1}{x^2 + 1}\, dx$ (6) $\displaystyle\int_{-\infty}^{\infty} \frac{1}{(x^2 + 1)(x^2 + 2)}\, dx$

追記 実数 $s\ (s>0)$ に対して，$\displaystyle\lim_{M\to\infty}\int_0^M e^{-x}x^{s-1}\,dx$ は有限値であることが知られている．この極限値を $\Gamma(s)$ と定義するとき，$\Gamma(s)$ は s の関数である．これは **Gamma 関数** とよばれている．

つぎに，実数 $p, q\ (p>0,\ q>0)$ に対して，$\displaystyle\int_0^1 x^{p-1}(1-x)^{q-1}\,dx$ を考える．$p\geqq 1,\ q\geqq 1$ であれば，$f(x)=x^{p-1}(1-x)^{q-1}$ は $[0,1]$ で連続であるから，この積分は意味がある（有限値である）．$0<p<1$ あるいは $0<q<1$ の場合には，$f(x)$ は $x=0$ あるいは $x=1$ で不連続となる．しかし，この場合にも広義積分 $\displaystyle\int_0^1 x^{p-1}(1-x)^{q-1}\,dx$ は有限値となることが知られている．

実変数 $p, q\ (p>0,\ q>0)$ に対して，
$$B(p,q)=\int_0^1 x^{p-1}(1-x)^{q-1}\,dx$$
で定義される関数が **Beta 関数** とよばれているものである．

§4 定積分の応用

4.1 面積の計算

$f(x)$ は区間 $[a,b]$ で連続で，$f(x)\geqq 0$ とする．このとき，$\displaystyle\int_a^b f(x)\,dx$ は曲線 $y=f(x)$ と x 軸および 2 直線 $x=a,\ x=b$ で囲まれる図形の面積であった（定積分の定義）．

一般に，$f(x), g(x)$ が区間 $[a,b]$ で連続で，$f(x)\geqq g(x)$ とする．このとき，2 つの曲線 $y=f(x),\ y=g(x)$ と 2 直線 $x=a,\ x=b$ とで囲まれる図形の面積は
$$S=\int_a^b \{f(x)-g(x)\}\,dx$$
で与えられる（図 6.6）．

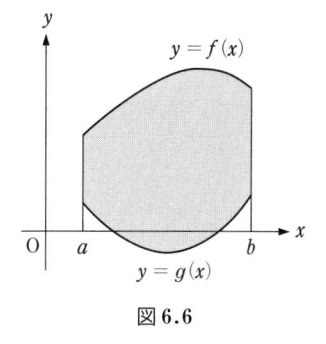

図 6.6

例題 15 曲線 $y = \dfrac{1}{x}$ と x 軸および 2 直線 $x = 1$, $x = 5$ で囲まれる図形の面積を求めよ (図 6.7).

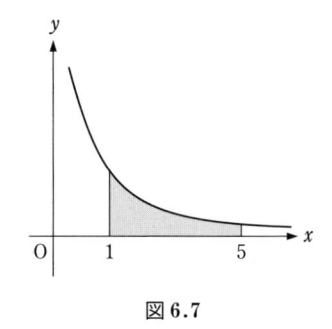

解 $[1, 5]$ で $\dfrac{1}{x} > 0$ であるから

$$S = \int_1^5 \dfrac{1}{x}\, dx = \Big[\log x\Big]_1^5 = \log 5 \qquad \blacksquare$$

図 6.7

例題 16 2 つの放物線 $C_1: y = x^2 - 2x + 2$, $C_2: y = -x^2 + 4x - 2$ で囲まれる図形の面積を求めよ (図 6.8).

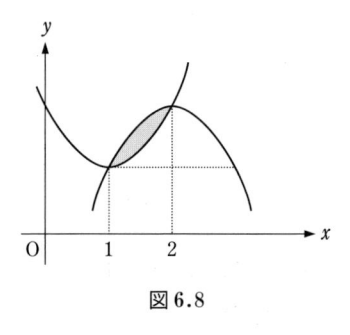

解 C_1, C_2 の交点の x 座標は $x = 1, 2$. $[1, 2]$ で $-x^2 + 4x - 2 \geqq x^2 - 2x + 2$ であるから,

$$\begin{aligned}
S &= \int_1^2 \{(-x^2 + 4x - 2) - (x^2 - 2x + 2)\}\, dx \\
&= \int_1^2 (-2x^2 + 6x - 4)\, dx \\
&= \Big[-\dfrac{2}{3}x^3 + 3x^2 - 4x\Big]_1^2 = \dfrac{1}{3} \qquad \blacksquare
\end{aligned}$$

図 6.8

問 10 つぎの図形の面積を求めよ.

(1) 曲線 $y = x^3$ と x 軸および 2 直線 $x = 1$, $x = 4$ で囲まれる図形.

(2) 曲線 $y = x^4 - x^2$ と x 軸とで囲まれる図形.

(3) 2 つの曲線 $y = x^3 - 2x^2 - x + 2$ と $y = -x^2 + x + 2$ で囲まれる図形.

例題 17 サイクロイド曲線

$$\begin{cases} x = t - \sin t \\ y = 1 - \cos t \end{cases} \quad (0 \leqq t \leqq 2\pi)$$

と x 軸で囲まれる図形の面積を求めよ (図 6.9).

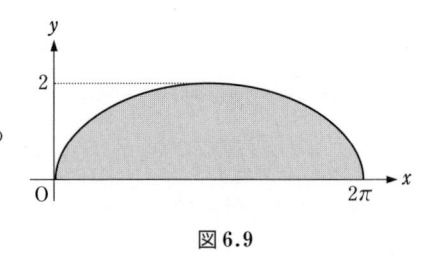

解 $S = \displaystyle\int_0^{2\pi} y\, dx$

図 6.9

$$= \int_0^{2\pi} (1-\cos t)(t-\sin t)'\, dt$$
$$= \int_0^{2\pi} (1-\cos t)^2\, dt = \int_0^{2\pi} (1-2\cos t + \cos^2 t)\, dt$$
$$= \int_0^{2\pi} \left((1-2\cos t + \frac{1+\cos 2t}{2} \right) dt = \left[\frac{3}{2}t - 2\sin t + \frac{1}{4}\sin 2t \right]_0^{2\pi} = 3\pi \quad \blacksquare$$

問 11 つぎの図形の面積を求めよ．
(1) 楕円 $\begin{cases} x = a\cos t \\ y = b\sin t \end{cases}$ $(0 \leqq t \leqq 2\pi)$ で囲まれる図形．
(2) アステロイド曲線 $\begin{cases} x = a\cos^3 t \\ y = a\sin^3 t \end{cases}$ $(0 \leqq t \leqq 2\pi)$ で囲まれる図形．

極表示で与えられる曲線 $C: r = f(\theta)$ と 2 つの半直線 $\theta = \alpha$, $\theta = \beta$ ($\alpha < \beta$) で囲まれる図形の面積は

公式 1
$$S = \frac{1}{2}\int_\alpha^\beta r^2\, d\theta = \frac{1}{2}\int_\alpha^\beta f(\theta)^2\, d\theta$$

で与えられる．ここで，$f(\theta)$ は $[\alpha, \beta]$ で連続としておく．

この公式はつぎのようにして導かれる．
$f(\theta)$ は $[\alpha, \beta]$ で連続としておく．$[\alpha, \beta]$ の分割を

(Δ) $\alpha = \theta_0 < \theta_1 < \cdots < \theta_n = \beta$

とし，$\Delta\theta_i = \theta_i - \theta_{i-1}$ $(i = 1, 2, \cdots, n)$ とする．各小区間 $[\theta_{i-1}, \theta_i]$ 内の任意の数を ξ_i とするとき，図 6.10 の小扇形 OPQ の面積 ΔS_i は

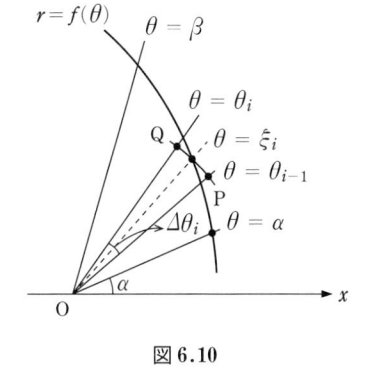

図 6.10

$$\Delta S_i = \frac{1}{2} f(\xi_i)^2\, \Delta\theta_i$$

であり，これらの小扇形の面積の総和は

$$S(\Delta) = \sum_{i=1}^n \Delta S_i = \frac{1}{2}\sum_{i=1}^n f(\xi_i)^2\, \Delta\theta_i$$

となる．ここで $|\Delta| = \max\limits_{1 \leq i \leq n} \Delta\theta_i \to 0$ とするとき，$S(\Delta)$ は一定値に収束し，求める図形の面積を与える．

$f(\theta)$ が $[\alpha, \beta]$ で連続でないときにも，広義積分 $\dfrac{1}{2}\displaystyle\int_\alpha^\beta f(\theta)^2\,d\theta$ が存在するならば，これは求める図形の面積を与える．

例題 18 四葉形 $r = a\cos 2\theta\ (a > 0)$ で囲まれる部分の面積を求めよ．

解 $\theta = 0$ から $\theta = \dfrac{\pi}{4}$ までの部分（図 6.11 の網掛けの部分）の面積の 8 倍が求める面積であるから，

$$\begin{aligned}
S &= 8 \times \dfrac{1}{2}\int_0^{\frac{\pi}{4}} a^2 \cos^2 2\theta\,d\theta \\
&= 4a^2 \int_0^{\frac{\pi}{4}} \dfrac{1+\cos 4\theta}{2}\,d\theta \\
&= 2a^2 \left[\theta + \dfrac{1}{4}\sin 4\theta\right]_0^{\frac{\pi}{4}} = \dfrac{\pi}{2}a^2
\end{aligned}$$

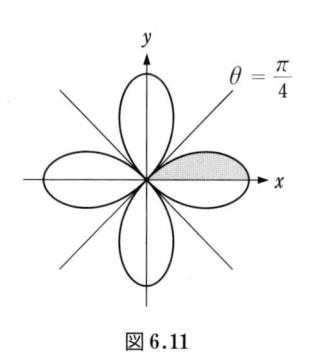

■

図 6.11

問 12 つぎの曲線で囲まれる部分の面積を求めよ．ただし $a > 0$ とする．

(1) $r = a$ （円）
(2) $r = 2a\cos\theta$ （円）
(3) $r = a\sin 3\theta$ （三葉形）
(4) $r = a(1+\cos\theta)$ （カージオイド）

4.2 回転体の体積

座標空間において，1 つの有界な立体 K があるとき，x 軸上の点 x で x 軸に垂直な平面で立体 K を切り取るときの切り口の面積を $S(x)$ とすれば（図 6.12），$S(x)$ は x の関数とみなせる．この立体の 2 平面 $x = a$，$x = b$（$a < b$）ではさまれる部分の体積は

$$V = \int_a^b S(x)\,dx$$

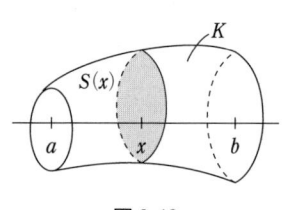

図 6.12

で与えられる．以下にその証明の概略を述べる．

$S(x)$ は $[a,b]$ で連続とする．$[a,b]$ の分割を

$$(\Delta) \qquad a = x_0 < x_1 < \cdots < x_n = b$$

とし，$\Delta x_i = x_i - x_{i-1}\ (i = 1, 2, \cdots, n)$ とする．この立体の 2 平面 $x = x_{i-1}$，$x = x_i$ ではさまれる部分の体積を $V_i\ (i = 1, 2, \cdots, n)$ とすれば，

$$m_i\,\Delta x_i \leqq V_i \leqq M_i\,\Delta x_i$$

である．ここで，m_i, M_i はそれぞれ小区間 $[x_{i-1}, x_i]$ における $S(x)$ の最小値，最大値である．中間値の定理により，

$$V_i = S(\xi_i)\,\Delta x_i, \qquad x_{i-1} < \xi_i < x_i$$

となる ξ_i がとれる．$V = \sum_{i=1}^{n} V_i = \sum_{i=1}^{n} S(\xi_i)\,\Delta x_i$ であるから，$|\Delta| = \max_{1 \leqq i \leqq n} \Delta x_i \to 0$ とすれば，

$$V = \int_a^b S(x)\,dx$$

となる．

$S(x)$ が $[a,b]$ で連続でない場合にも，上記の積分（広義積分）が存在するならば，求める部分の体積を与える．

例題 19 底面が面積 S，高さが h の多角錐の体積を求めよ（図 6.13）．

解 底面に平行で底面からの高さが $x\ (0 \leqq x \leqq h)$ の平面でこの錐体を切り取るときの切り口の面積を $S(x)$ とすれば，相似比の関係より，

$$S(x) = \frac{(h-x)^2}{h^2} S = S\left(1 - \frac{2x}{h} + \frac{x^2}{h^2}\right)$$

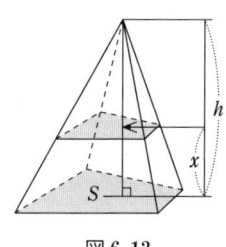

図 6.13

ゆえに

$$V = \int_0^h S(x)\,dx = S\left[x - \frac{x^2}{h} + \frac{x^3}{3h^2}\right]_0^h = \frac{1}{3} Sh$$

問 13 1 辺の長さが a の正三角形を底面とし，高さが h の三角錐の体積を求めよ．

とくに，連続曲線 $y = f(x)$ と x 軸および 2 直線 $x = a$, $x = b$ $(a < b)$ とで囲まれる図形を x 軸のまわりに回転してできる回転体の体積は（図 6.14）

公式 2　$V = \pi \int_a^b f(x)^2 \, dx$

で与えられる．なぜなら，切り口の面積が $S(x) = \pi f(x)^2$ だからである．

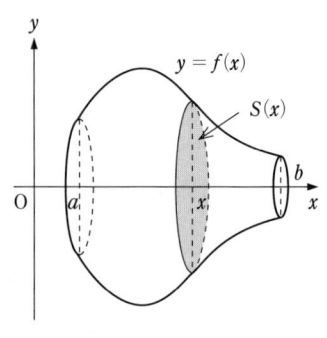

図 6.14

例題 20　半径 a の球の体積を求めよ．

解　曲線 $y = \sqrt{a^2 - x^2}$ $(-a \leq x \leq a)$ の回転体は半径 a の球であるから，
$$V = \pi \int_{-a}^{a} y^2 \, dx = \pi \int_{-a}^{a} (a^2 - x^2) \, dx = \pi \left[a^2 x - \frac{1}{3} x^3 \right]_{-a}^{a} = \frac{4}{3} \pi a^3$$

問 14　つぎの曲線を x 軸のまわりに回転して得られる回転体の体積を求めよ．
(1)　$y = x^2$　$(0 \leq x \leq 2)$
(2)　$y = \sqrt{x}$　$(0 \leq x \leq 4)$
(3)　$y = \sin x$　$(0 \leq x \leq \pi)$
(4)　$y = e^x$　$(0 \leq x \leq 2)$

例題 21　放物線 $y = -x^2 + 2x$ と直線 $y = x$ で囲まれる図形を x 軸のまわりに回転してできる回転体の体積を求めよ（図 6.15）．

解　放物線と直線は $x = 0, 1$ で交わる．$[0, 1]$ における，放物線と直線の回転体の体積をそれぞれ V_1, V_2 とすれば
$$\begin{aligned} V &= V_1 - V_2 \\ &= \pi \int_0^1 (-x^2 + 2x)^2 \, dx - \pi \int_0^1 x^2 \, dx \\ &= \pi \int_0^1 (x^4 - 4x^3 + 3x^2) \, dx = \pi \left[\frac{1}{5} x^5 - x^4 + x^3 \right]_0^1 = \frac{1}{5} \pi \end{aligned}$$

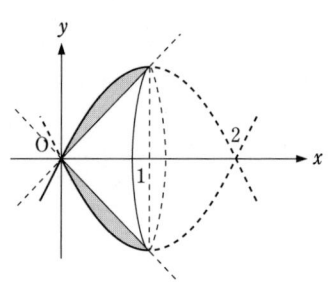

図 6.15

問 15 つぎの曲線で囲まれる図形を x 軸のまわりに回転してできる回転体の体積を求めよ．

(1) $y = \sqrt{x},\ y = x$ (2) $x^2 + (y-2)^2 = 1$

4.3 曲線の長さ

平面上に，2 点 P, Q を結ぶ曲線 C がある．C の長さ l を測る（計算する）方法を考えよう．

C 上に点 $P = P_0, P_1, P_2, \cdots, P_{n-1}, P_n = Q$ をとり，これらの点を順次に結んだ折れ線で曲線 C を近似する（図 6.16）．線分 $P_{i-1}P_i$ の長さを $\overline{P_{i-1}P_i}$ で表す．$\max\limits_{1 \leq i \leq n} \overline{P_{i-1}P_i} \to 0$ となるように分点の数を増やしていくときに，折れ線の長さ

$$\sum_{i=1}^{n} \overline{P_{i-1}P_i}$$

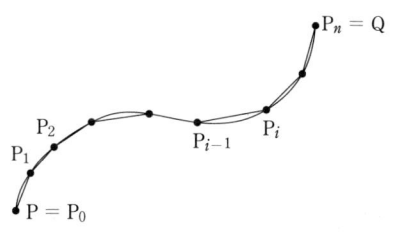

図 6.16

が一定の値に限りなく近づくならば，このときの極限値をもって曲線 C の長さと考えるのは自然である．

$f(x)$ が $[a, b]$ で C^1 級とするとき，曲線 $y = f(x)\ (a \leq x \leq b)$ の長さは

> **公式 3** $l = \displaystyle\int_a^b \sqrt{1 + \left(\dfrac{dy}{dx}\right)^2}\, dx = \int_a^b \sqrt{1 + f'(x)^2}\, dx$

で与えられる．

証明 区間 $[a, b]$ の分割を

$$(\Delta) \qquad a = x_0 < x_1 < \cdots < x_n = b$$

とし，$\Delta x_i = x_i - x_{i-1},\ \Delta y_i = f(x_i) - f(x_{i-1})\ (i = 1, 2, \cdots, n)$ とする．点 $(x_i, f(x_i))$ を P_i とすれば，

$$\overline{P_{i-1}P_i} = \sqrt{(\Delta x_i)^2 + (\Delta y_i)^2} = \sqrt{1 + \left(\dfrac{\Delta y_i}{\Delta x_i}\right)^2}\, \Delta x_i$$

ここで，平均値の定理を使用すれば

$$\Delta y_i = f'(\xi_i)\,\Delta x_i, \qquad x_{i-1} < \xi_i < x_i$$

となる ξ_i が存在する．したがって

$$\overline{\mathrm{P}_{i-1}\mathrm{P}_i} = \sqrt{1+f'(\xi_i)^2}\,\Delta x_i$$

となり，

$$\sum_{i=1}^{n} \overline{\mathrm{P}_{i-1}\mathrm{P}_i} = \sum_{i=1}^{n} \sqrt{1+f'(\xi_i)^2}\,\Delta x_i$$

である．ここで，$|\Delta| = \max\limits_{1 \leqq i \leqq n} \Delta x_i \to 0$ となるように，$[a, b]$ の分割を細かくしていくとき，左辺は曲線の長さになり，右辺は定積分 $\int_a^b \sqrt{1+f'(x)^2}\,dx$ になる．よって公式が導かれる．

例題 22 曲線 $y = \sqrt{x^3}\ (0 \leqq x \leqq 4)$ の長さ l を求めよ．

解 $y' = \dfrac{3}{2}x^{\frac{1}{2}},\ (y')^2 = \dfrac{9}{4}x$ であるから，

$$l = \int_0^4 \sqrt{1+\dfrac{9}{4}x}\,dx = \left[\dfrac{8}{27}\left(1+\dfrac{9}{4}x\right)^{\frac{3}{2}}\right]_0^4 = \dfrac{8}{27}(10^{\frac{3}{2}}-1)$$

問 16 つぎの曲線の長さを求めよ．

(1) $y = \dfrac{2}{3}\sqrt{(x-1)^3}\ (1 \leqq x \leqq 3)$ (2) $y = \dfrac{1}{2}x^2\ (0 \leqq x \leqq 2)$

(3) $y = \dfrac{1}{2}(e^x + e^{-x})\ (0 \leqq x \leqq 2)$

つぎに曲線 C が媒介変数表示

$$\begin{cases} x = \varphi(t) \\ y = \psi(t) \end{cases} (\alpha \leqq t \leqq \beta)$$

で与えられる場合について考察する．ここで，$\varphi(t), \psi(t)$ は区間 $[\alpha, \beta]$ で C^1 級としておく．このとき曲線 C の長さは

公式 4 $\quad l = \int_\alpha^\beta \sqrt{\varphi'(t)^2 + \psi'(t)^2}\,dt = \int_\alpha^\beta \sqrt{\left(\dfrac{dx}{dt}\right)^2 + \left(\dfrac{dy}{dt}\right)^2}\,dt$

で与えられる．

証明 (1) 最初に，区間 $[\alpha, \beta]$ で $\varphi'(t) > 0$ の場合を考える．この場合 $a = \varphi(\alpha)$, $b = \varphi(\beta)$ とすれば，$a < b$ である．置換積分により，

$$l = \int_a^b \sqrt{1+\left(\frac{dy}{dx}\right)^2}\, dx = \int_\alpha^\beta \sqrt{1+\left\{\frac{\psi'(t)}{\varphi'(t)}\right\}^2}\, \varphi'(t)\, dt$$
$$= \int_\alpha^\beta \sqrt{\varphi'(t)^2 + \psi'(t)^2}\, dt$$

がいえる．

同様に，区間 $[\alpha, \beta]$ で $\varphi'(t) < 0$ の場合には，$a > b$ であるから，

$$l = \int_b^a \sqrt{1+\left(\frac{dy}{dx}\right)^2}\, dx = \int_\beta^\alpha \sqrt{1+\left\{\frac{\psi'(t)}{\varphi'(t)}\right\}^2}\, \varphi'(t)\, dt$$
$$= \int_\alpha^\beta \sqrt{\varphi'(t)^2 + \psi'(t)^2}\, dt \quad (\because \varphi'(t) < 0)$$

(2) つぎに，開区間 (α, β) で $\varphi'(t) \neq 0$ で，$\varphi'(\alpha) = 0$（または $\varphi'(\beta) = 0$）の場合には，$\sqrt{1+\left(\frac{dy}{dx}\right)^2}$ は $x = a$（または $x = b$）で不連続であるが，広義積分が存在し，

$$\int_\alpha^\beta \sqrt{\varphi'(t)^2 + \psi'(t)^2}\, dt$$

が曲線 C の長さを与える．

(3) 最後に，区間 $[\alpha, \beta]$ 内の有限個の点で $\varphi'(t) = 0$ となる場合には，曲線 C の長さは，対応する (2) の形の有限個の広義積分の和として表せる．したがって，この場合にも，

$$l = \int_\alpha^\beta \sqrt{\varphi'(t)^2 + \psi'(t)^2}\, dt$$

がいえる． ∎

例題 23 曲線 $\begin{cases} x = 2t \\ y = t^2 \end{cases}$ $(0 \leq t \leq 1)$ の長さを求めよ．

解 $\dfrac{dx}{dt} = 2$, $\dfrac{dy}{dt} = 2t$ より

$$l = \int_0^1 \sqrt{4+4t^2}\, dt = 2\int_0^1 \sqrt{1+t^2}\, dt$$
$$= \left[t\sqrt{1+t^2} + \log|t+\sqrt{1+t^2}| \right]_0^1 = \sqrt{2} + \log(1+\sqrt{2})$$

問 17 つぎの曲線の長さを求めよ．
 (1) $x = a\cos t,\ y = a\sin t\ \ (0 \leq t \leq 2\pi,\ a > 0)$
 (2) $x = a(t-\sin t),\ y = a(1-\cos t)\ \ (0 \leq t \leq 2\pi,\ a > 0)$
 (3) $x = t - e^{2t},\ y = 2\sqrt{2}\, e^t\ \ (0 \leq t \leq 1)$

極方程式 $r = f(\theta)\ (\alpha \leq \theta \leq \beta)$ で表示される曲線の長さは

公式 5　$\displaystyle l = \int_\alpha^\beta \sqrt{r^2 + \left(\frac{dr}{d\theta}\right)^2}\, d\theta = \int_\alpha^\beta \sqrt{f(\theta)^2 + f'(\theta)^2}\, d\theta$

で与えられる．ここで，$f(\theta)$ は $[\alpha, \beta]$ で C^1 級であるとする．

証明　この曲線は xy 座標で，θ を媒介変数として
$$\begin{cases} x = f(\theta)\cos\theta \\ y = f(\theta)\sin\theta \end{cases} (\alpha \leq \theta \leq \beta)$$

と表示される．
$$\frac{dx}{d\theta} = \frac{dr}{d\theta}\cos\theta - r\sin\theta, \quad \frac{dy}{d\theta} = \frac{dr}{d\theta}\sin\theta + r\cos\theta$$

であるから，
$$\left(\frac{dx}{d\theta}\right)^2 + \left(\frac{dy}{d\theta}\right)^2 = \left(\frac{dr}{d\theta}\cos\theta - r\sin\theta\right)^2 + \left(\frac{dr}{d\theta}\sin\theta + r\cos\theta\right)^2$$
$$= r^2 + \left(\frac{dr}{d\theta}\right)^2$$

したがって
$$l = \int_\alpha^\beta \sqrt{r^2 + \left(\frac{dr}{d\theta}\right)^2}\, d\theta$$

例題 24 カージオイド $r = 2(1+\cos\theta)$ $(0 \leq \theta \leq 2\pi)$ の長さを求めよ.

解 対称性（図 6.17）より, $0 \leq \theta \leq \pi$ に該当する部分の長さを 2 倍すればよい. 公式 5 より

$$l = 2 \times \int_0^\pi \sqrt{4(1+\cos\theta)^2 + 4\sin^2\theta}\, d\theta$$
$$= 4\sqrt{2} \int_0^\pi \sqrt{1+\cos\theta}\, d\theta$$
$$= 8 \int_0^\pi \cos\frac{\theta}{2}\, d\theta = 8\left[2\sin\frac{\theta}{2}\right]_0^\pi = 16 \quad \blacksquare$$

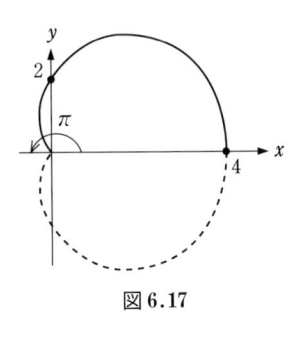

図 6.17

問 18 つぎの曲線の長さを求めよ.
(1) $r = 2a\cos\theta$ （円） (2) $r = a\theta$ $(0 \leq \theta \leq \pi)$

追記 **定積分の近似計算**

定積分 $\int_a^b f(x)\, dx$ の正確な値を計算するのが困難であったり, あるいは不可能である場合に, その近似値を計算する方法として**シンプソンの公式**を紹介しよう.

区間 $[a, b]$ を $2n$ 等分し, $h = \dfrac{b-a}{2n}$

$$x_0 = a, \quad x_1 = a+h, \quad \cdots, \quad x_i = a+ih, \quad \cdots, \quad x_{2n} = b$$

とおき,

$$y_0 = f(x_0), \quad y_1 = f(x_1), \quad \cdots, \quad y_i = f(x_i), \quad \cdots, \quad y_{2n} = f(x_{2n})$$

とするとき

$$\int_a^b f(x)\, dx \fallingdotseq \frac{b-a}{6n}\{(y_0+y_{2n}) + 4(y_1+y_3+\cdots+y_{2n-1})$$
$$+ 2(y_2+y_4+\cdots+y_{2n-2})\}$$

が成り立つ（シンプソンの公式）.

証明の概略 各区間 $[x_{2i-2}, x_{2i}]$ で $f(x)$ を, 3 点 (x_{2i-2}, y_{2i-2}), (x_{2i-1}, y_{2i-1}), (x_{2i}, y_{2i}) を通る 2 次式 $g(x) = px^2 + qx + r$ で近似する. このとき,

§4 定積分の応用

$$\int_{x_{2i-2}}^{x_{2i}} f(x)\, dx \fallingdotseq \int_{x_{2i-2}}^{x_{2i}} g(x)\, dx = \left[\frac{1}{3}px^3 + \frac{1}{2}qx^2 + rx\right]_{x_{2i-2}}^{x_{2i}}$$

$$= \frac{1}{3}p(x_{2i}{}^3 - x_{2i-2}{}^3) + \frac{1}{2}q(x_{2i}{}^2 - x_{2i-2}{}^2) + r(x_{2i} - x_{2i-2})$$

$$= \frac{h}{3}\{2p(x_{2i}{}^2 + x_{2i}x_{2i-2} + x_{2i-2}{}^2) + 3q(x_{2i} + x_{2i-2}) + 6r\}$$

$$= \frac{h}{3}\{y_{2i} + 4y_{2i-1} + y_{2i-2}\}$$

であるから，

$$\int_a^b f(x)\, dx = \sum_{i=1}^n \int_{x_{2i-2}}^{x_{2i}} f(x)\, dx \fallingdotseq \sum_{i=1}^n \{y_{2i} + 4y_{2i-1} + y_{2i-2}\}$$

$$\fallingdotseq \frac{h}{3}\{y_0 + y_{2n} + 2(y_2 + y_4 + \cdots + y_{2n-2}) + 4(y_1 + y_3 + \cdots + y_{2n-1})\}$$

例題 $[0, 1]$ を10等分し，シンプソンの公式により

$$\int_0^1 \frac{4}{x^2+1}\, dx = \pi$$

の近似値を計算せよ．

解 $f(x) = \dfrac{4}{x^2+1}$ として，

$$y_i = f(x_i) \quad \left(x_i = \frac{i}{10},\ i = 0, 1, \cdots, 10\right)$$

を計算すると

$y_1 = 3.96039604$　　　$y_2 = 3.84615384$　　　$y_1 = 4.00000000$

$y_3 = 3.66972477$　　　$y_4 = 3.44827586$　　　$y_{10} = 2.00000000$ （＋

$y_5 = 3.20000000$　　　$y_6 = 2.94117647$　　　　　6.00000000

$y_7 = 2.68456375$　　　$y_8 = 2.43902439$ （＋

$y_9 = 2.20994475$ （＋　　12.67463056

　　15.72462931　　　　　×　　　　2

　　×　　　　4　　　　　25.34926112

　　62.89851724

したがって

$$S = \frac{1}{30}(6.00000000 + 25.34926112 + 62.89851724) = 3.141592612$$

参考までに円周率の正確な値は $\pi = 3.1415926535897\cdots$ であるから，近似値は小数 6 位までは正確であることがわかる．

演習問題 6

1. つぎの定積分を求めよ．

  (1) $\int_{-1}^{2} x^4 dx$ (2) $\int_{0}^{\frac{\pi}{2}} \cos x \, dx$ (3) $\int_{1}^{3} \frac{3}{x^2} dx$

  (4) $\int_{1}^{2} \left(\sqrt{x} - \frac{1}{\sqrt{x}}\right)^2 dx$ (5) $\int_{0}^{2} e^{3x} dx$

2. つぎの極限値を求めよ．

  (1) $\displaystyle\lim_{n\to\infty} \frac{1}{n^2}\left\{\sqrt{n^2-1^2} + \sqrt{n^2-2^2} + \cdots + \sqrt{n^2-n^2}\right\}$

  (2) $\displaystyle\lim_{n\to\infty} \left\{\frac{1}{\sqrt{n^2-1^2}} + \frac{1}{\sqrt{n^2-2^2}} + \cdots + \frac{1}{\sqrt{n^2-n^2}}\right\}$

3. つぎの定積分を求めよ．

  (1) $\int_{-1}^{1} \left(2x + \frac{1}{x} + 1\right)^3 \left(2 - \frac{1}{x^2}\right) dx$ (2) $\int_{0}^{\frac{\pi}{2}} \cos^3 x \sin x \, dx$

  (3) $\int_{0}^{1} (x^3 + 3x^2)^3 (x^2 + 2x) \, dx$ (4) $\int_{0}^{3} \sqrt{9-x^2} \, dx$ (5) $\int_{0}^{1} \sqrt{4-x^2} \, dx$

  (6) $\int_{0}^{\sqrt{2}} \sqrt{4-x^2} \, dx$ (7) $\int_{1}^{e} x^5 \log x \, dx$ (8) $\int_{0}^{1} x^3 e^x \, dx$

4. 非負整数 m, n に対して，$I(m,n) = \int_{0}^{\frac{\pi}{2}} \sin^m x \cos^n x \, dx$ とおくとき，

  (1) 等式 $I(m,n) = \dfrac{m-1}{m+n} I(m-2, n) \ (m \geq 2)$ を証明せよ．

  (2) $I(3,3) = \int_{0}^{\frac{\pi}{2}} \sin^3 x \cos^3 x \, dx$, $I(4,3) = \int_{0}^{\frac{\pi}{2}} \sin^4 x \cos^3 x \, dx$ を求めよ．

5. 自然数 m, n に対して，$B(m,n) = \int_{0}^{1} x^m (1-x)^n \, dx$ とおくとき，

  (1) 等式 $B(m,n) = \dfrac{m}{n+1} B(m-1, n+1)$ を証明せよ．

  (2) (1) を使用して，等式 $B(m,n) = \dfrac{m! \, n!}{(m+n+1)!}$ を示せ．

6. 自然数 n に対して, $\Gamma(n) = \int_0^\infty e^{-x} x^{n-1}\, dx$ とおくとき,

(1) $\Gamma(1) = \int_0^\infty e^{-x}\, dx$ を求めよ.

(2) $\Gamma(n+1) = n\Gamma(n)$ を示せ.

(3) $\Gamma(n) = (n-1)!$ であることを示せ.

7. つぎの図形の面積を求めよ.

(1) $y = \dfrac{1}{12}x^2$, $y = \dfrac{1}{x^2+1}$ で囲まれる図形.

(2) $y^2 = x^2(4-x^2)$ で囲まれる図形.

8. 自然数 n に対して, $S_n = 1 + \dfrac{1}{2} + \dfrac{1}{3} + \cdots + \dfrac{1}{n}$ とおく.

(1) 定積分 $\int_1^n \dfrac{1}{x}\, dx$ を利用して, 不等式 $S_n > 1 + \log n$ を導け.

(2) $\lim_{n \to \infty} S_n = \infty$ を示せ.

7 偏微分法

§1 2変数関数
1.1 領　域

xy 平面上の，点 $P(a, b)$ を中心とする半径 δ の円の内部の点の集合
$$U(P, \delta) = \{(x, y) \mid (x-a)^2 + (y-b)^2 < \delta^2\}$$
を点 P の **δ 近傍**または単に**近傍**という．

D を xy 平面上の点の集合とする．点 P に対し，十分小さな半径 δ をとれば P の近傍 $U(P, \delta)$ が D に含まれるとき，点 P のことを集合 D の**内点**という（図 7.1）．

点 Q に対し，半径 δ をどんなに小さくとっても $U(Q, \delta)$ が D に属する点と属さない点を含むとき，Q のことを D の**境界点**という（図 7.1）．

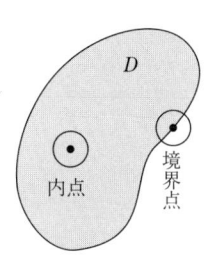

図 7.1

集合 D の境界点全体の集合を単に D の**境界**とよび，記号で ∂D と書く．

境界 ∂D が D に含まれるような集合 D のことを**閉集合**という．これに対し，D の各点がすべて D の内点であるような集合 D のことを**開集合**という．開集合とは"その境界点を含まないような集合"と言い換えてもよい．

集合 D 内の任意の 2 点 P, Q が D 内の 1 つの連続曲線 C で結ぶことができるとき，D は**連結集合**あるいは**連結**であるという（図 7.2）．

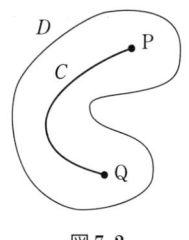

図 7.2

連結であるような開集合を**領域**（あるいは**開領域**）という．平面全体，閉曲線で囲まれた平面の内部，長方形の内部などは領域である．領域にその境界を付け加えた集合を**閉領域**という．

領域（あるいは閉領域）D に対し，十分大きな定数 K ($K > 0$) をとれば D が $U(0, K)$ に含まれるとき，D を**有界領域**（あるいは**有界閉領域**）という．

注意 開領域，閉領域という言葉は，数直線上の開区間，閉区間に対応する．

例題 1 (1) $D = \{(x, y) \mid 1 < x < 3,\ 1 < y < 2\}$ は有界な領域（図 7.3）．

(2) $D = \left\{(x, y) \left| \dfrac{x^2}{9} + \dfrac{y^2}{4} \leq 1 \right.\right\}$ は有界閉領域（図 7.4）．

(3) $D = \{xy\ 平面全体\}$ は有界でない開領域．

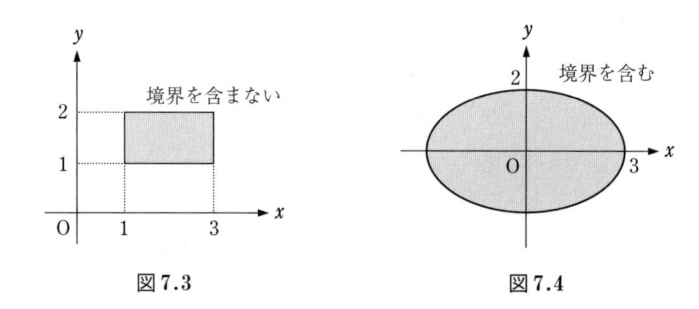

図 7.3

図 7.4

問 1 つぎの集合 D を図示し，それらは開集合，閉集合，有界性，連結性，領域などについて調べよ．

(1) $D = \{(x, y) \mid 1 \leq x - y \leq 3\}$ 　(2) $D = \{(x, y) \mid |x| + |y| < 2\}$

(3) $D = \{(x, y) \mid |x| \leq 2,\ |y| > 1\}$ 　(4) $D = \{(x, y) \mid xy > 0\}$

1.2 2 変数関数とグラフ

xy 平面上の集合 D の各点 (x, y) に対して，ある約束により，実数 z がただ 1 つ対応するとき，z は変数 x, y の関数といい，
$$z = f(x, y)$$
のように表す．x, y を**独立変数**，z を**従属変数**という．D をこの関数の**定義域**といい，z のとる値の集合をこの関数の**値域**という．

例題 2 底円の半径が x，高さが y の円錐の体積を z とするとき，z は変数 x, y の関数であり，
$$z = \dfrac{1}{3}\pi x^2 y$$

と表される. この関数の定義域は領域 $D = \{(x, y) \mid x > 0, y > 0\}$ であり, 値域は開区間 $(0, \infty)$ である.

問 2 周の長さが一定 $(= 2s)$ であり, 2 辺の長さが x, y である三角形の面積を z とする. z を x, y の関数として表せ. また, この関数の定義域を求めよ.

1 変数関数 $y = f(x)$ $(a \leq x \leq b)$ のグラフは曲線であるが, それは xy 平面上の点集合
$$G = \{(x, f(x)) \mid a \leq x \leq b\}$$
にほかならない.

2 変数関数 $z = f(x, y)$ に対しても, 点 $\mathrm{P}(x, y)$ が定義域 D 内のすべての点を動くときの, 空間における点 $\mathrm{Q}(x, y, f(x, y))$ 全体の集合
$$G = \{(x, y, f(x, y)) \mid (x, y) \in D\}$$
のことをこの関数のグラフという (図 7.5).

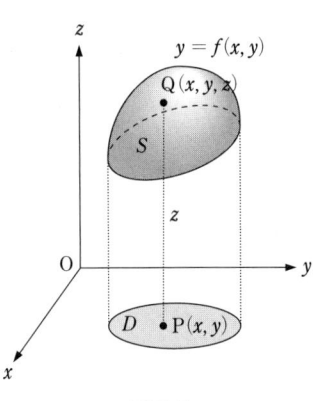

図 7.5

平面曲線の場合と違って, 空間のグラフを図示することは技術的に難しいが, 最近ではコンピュータグラフィックスの恩恵により, その様子を視覚的に知ることができるようになった.

例題 3 (1) $z = c$ (定数) のグラフは, 点 $(0, 0, c)$ を通り xy 平面に平行な平面である (図 7.6).

(2) $z = \sqrt{9 - x^2 - y^2}$ のグラフは, 原点 $(0, 0, 0)$ を中心とする半径 3 の上半球面である (図 7.7).

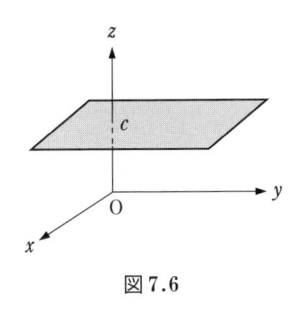

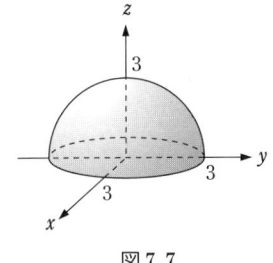

図 7.6

図 7.7

§1 2 変数関数

関数 $z=f(x,y)$ に対し，$f(x,y)=c$（一定）を満たす点 (x,y) の集合は xy 平面上の曲線をなす．これを（高さ c の）**等高線**という．c の値を変化させながら，高さ c の位置に等高線を重ねていけば，ある程度は $z=f(x,y)$ のグラフの様子を把握することができる．

たとえば，例題 3 (2) の球面は，円：$x^2+y^2=(9-c^2)$ $(0 \leq c < 3)$ を重ね合わせたものである．高さ c の円の半径は $\sqrt{9-c^2}$ である（図 7.8）．

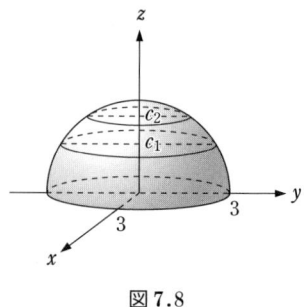

図 7.8

このように，2 変数関数のグラフは空間の**曲面**を表す．

問 3 指定された領域 D 上で，つぎの関数の表す曲面の概形を描け．

(1) $z=6-2x-3y$ $\quad D=\left\{(x,y)\,\middle|\,x \geq 0,\ y \geq 0,\ \dfrac{x}{3}+\dfrac{y}{2} \leq 1\right\}$

(2) $z=x^2+y^2$ $\quad D=\{(x,y)\,|\,x^2+y^2 \leq 4\}$

(3) $z=\sqrt{x^2+y^2}$ $\quad D=\{(x,y)\,|\,x^2+y^2 \leq 4\}$

§2 2 変数関数の極限と連続

xy 平面上の動点 $\mathrm{P}(x,y)$ が定点 $\mathrm{A}(a,b)$ に限りなく近づくことを

$$\mathrm{P} \to \mathrm{A} \quad \text{あるいは} \quad (x,y) \to (a,b)$$

と書く．すなわち

$$\mathrm{P} \to \mathrm{A} \iff \sqrt{(x-a)^2+(y-b)^2} \to 0$$

とする．とくに指定しない限り，$\mathrm{P} \to \mathrm{A}$ と書く場合，"どのような方向から近づけても"という意味が言外に含まれることを注意しておく．

関数 $f(x,y)$ の定義域 D 内の動点 $\mathrm{P}(x,y)$ が定点 $\mathrm{A}(a,b)$（必ずしも D 内の点でなくてもよい）に限りなく近づくとき，$f(x,y)$ の値が定数 α に限りなく近づくならば，

$$\lim_{(x,y) \to (a,b)} f(x,y) = \alpha \quad \text{あるいは} \quad \lim_{\mathrm{P} \to \mathrm{A}} f(\mathrm{P}) = \alpha$$

と書き，α を (x,y) が (a,b) に近づくときの $f(x,y)$ の**極限値**という．

例題 4 (1) $\displaystyle\lim_{(x,y)\to(2,3)}(x^2+4y)=16$

(2) $\displaystyle\lim_{(x,y)\to(1,1)}\frac{x-y}{x^2-y^2}=\lim_{(x,y)\to(1,1)}\frac{1}{x+y}=\frac{1}{2}$

(3) $\displaystyle\lim_{(x,y)\to(0,0)}\frac{x+y}{\sqrt{x^2+y^2}}$ は存在しない．なぜなら，直線 $y=mx$ に沿って $(x,y)\to(0,0)$ とすれば

$$\frac{x+y}{\sqrt{x^2+y^2}}=\frac{x(1+m)}{|x|\sqrt{1+m^2}}\to\pm\frac{1+m}{\sqrt{1+m^2}}\quad(m\text{ により異なる})$$

問 4 つぎの極限値を求めよ．

(1) $\displaystyle\lim_{(x,y)\to(1/2,1/2)}\{x^2(y-1)+y^2(x-1)\}$ (2) $\displaystyle\lim_{(x,y)\to(1,1)}\frac{x^2+y^2-3x}{x-y+y^2}$

問 5 つぎの極限値は存在しないことを確かめよ．

(1) $\displaystyle\lim_{(x,y)\to(0,0)}\frac{x+y}{x^2+y^2}$ (2) $\displaystyle\lim_{(x,y)\to(0,0)}\frac{x-y}{x+y}$

関数の極限についてはつぎの定理が基本的である．

定理 1 $\displaystyle\lim_{(x,y)\to(a,b)}f(x,y)=\alpha,\quad\lim_{(x,y)\to(a,b)}g(x,y)=\beta$ ならば，

(1) $\displaystyle\lim_{(x,y)\to(a,b)}\{f(x,y)\pm g(x,y)\}=\alpha\pm\beta$

(2) $\displaystyle\lim_{(x,y)\to(a,b)}kf(x,y)=k\alpha\quad(k\text{ は定数})$

(3) $\displaystyle\lim_{(x,y)\to(a,b)}f(x,y)g(x,y)=\alpha\beta$

(4) $\displaystyle\lim_{(x,y)\to(a,b)}\frac{f(x,y)}{g(x,y)}=\frac{\alpha}{\beta}\quad(\text{ただし }\beta\ne 0)$

証明 証明の基本的な部分は第 1 章の定理 3 の証明と同じであるから証明を省略する．

例題 5 (1) $\displaystyle\lim_{(x,y)\to(0,0)}\frac{\log(1+x+y)}{x^2y+xy^2+2(x+y)}$

$\displaystyle =\lim_{(x,y)\to(0,0)}\frac{\log(1+x+y)}{x+y}\cdot\frac{1}{xy+2}=\frac{1}{2}$

(2) $\displaystyle\lim_{(x,y)\to(0,0)}\frac{\sin(x+y)}{x^2-2y^2-xy+3(x+y)}$

$\displaystyle =\lim_{(x,y)\to(0,0)}\frac{\sin(x+y)}{x+y}\cdot\frac{1}{x-2y+3}=\frac{1}{3}$

関数 $f(x,y)$ が点 (a,b) を含むある領域で定義されていて
$$\lim_{(x,y)\to(a,b)}f(x,y)=f(a,b)$$
を満たしているとき，$f(x,y)$ は点 (a,b) で**連続である**という．また，$f(x,y)$ が領域 D の各点で連続であるとき，$f(x,y)$ は D で連続であるという．

定理 1 よりただちにつぎの定理が成り立つ．

定理 2 $f(x,y), g(x,y)$ が領域 D で連続ならば
(1) $f(x,y)\pm g(x,y)$, $kf(x,y)$ (k は定数)，$f(x,y)\cdot g(x,y)$ はいずれも D で連続である．
(2) $\dfrac{f(x,y)}{g(x,y)}$ は $g(x,y)=0$ となる点を除く D の各点で連続である．

例題 6 (1) $f(x,y)=c$ (c は定数) は全平面で連続である．
(2) x,y の整式は全平面で連続である．
(3) x,y の有理式は分母が 0 となる点以外のすべての点で連続である．

問 6 つぎの式で定義される関数 $f(x,y)$ は全平面で連続であることを示せ．
$$f(x,y)=\begin{cases}\dfrac{x^3}{x^2+y^2} & ((x,y)\neq(0,0))\\ 0 & ((x,y)=(0,0))\end{cases}$$

§3 偏微分係数と偏導関数

関数 $z = f(x, y)$ が開領域 D で定義されているとし，(a, b) を D 内の点とする．$f(x, y)$ において $y = b$ と固定すれば，$f(x, b)$ は x だけの関数である．この関数が $x = a$ で微分可能，すなわち

$$\lim_{\Delta x \to 0} \frac{f(a + \Delta x, b) - f(a, b)}{\Delta x}$$

が有限値であるとき，$f(x, y)$ は点 (a, b) で x について**偏微分可能である**といい，この微分係数を x についての**偏微分係数**とよび，$f_x(a, b)$ で表す．

同様に $x = a$ と固定すれば，$f(a, y)$ は y だけの関数である．この関数が $y = b$ で微分可能，すなわち

$$\lim_{\Delta y \to 0} \frac{f(a, b + \Delta y) - f(a, b)}{\Delta y}$$

が有限値であるとき，$f(x, y)$ は点 (a, b) で y について**偏微分可能である**といい，この微分係数を y についての**偏微分係数**とよび，$f_y(a, b)$ で表す．

$f(x, y)$ が点 (a, b) で x および y について偏微分可能であるとき，$f(x, y)$ は点 (a, b) で**偏微分可能である**という．

$f_x(a, b)$ は x の関数 $f(x, b)$ の $x = a$ での微分係数である．図形的には，曲面 $z = f(x, y)$ と空間の平面 $y = b$ の交わりを表す曲線 $z = f(x, b)$（これを **x 曲線**という）の $x = a$ における接線の傾きを意味する．同様に $f_y(a, b)$ は **y 曲線** $z = f(a, y)$ の $y = b$ における接線の傾きを意味する（図 7.9）．

図 7.9

例題 7 $f(x, y) = 16 - x^2 - y^2$ について，$f_x(1, 2), f_y(1, 2)$ を求め，この図形的な意味を調べよ．

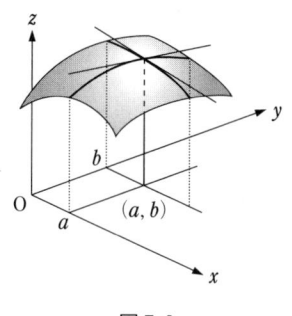

解 $f_x(1, 2) = \displaystyle\lim_{\Delta x \to 0} \frac{\{12 - (1 + \Delta x)^2\} - 11}{\Delta x} = \lim_{\Delta x \to 0} \frac{-2\Delta x + (\Delta x)^2}{\Delta x} = -2$

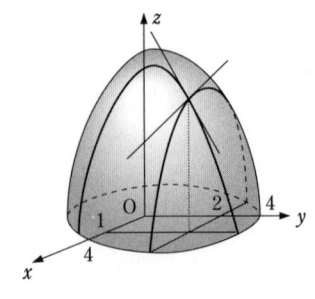

図 7.10

$$f_y(1,2) = \lim_{\Delta y \to 0} \frac{\{15-(2+\Delta y)^2\}-11}{\Delta y} = \lim_{\Delta y \to 0} \frac{-4\Delta y + (\Delta y)^2}{\Delta y} = -4$$

これらは $(1,2)$ での x 曲線, y 曲線の接線の傾きを表す (図 7.10).

関数 $z=f(x,y)$ が領域 D のすべての点で偏微分可能であるとき, D 内の各点 (x,y) に対し, 偏微分係数 $f_x(x,y), f_y(x,y)$ が対応し, それぞれが領域 D を定義域にもつ関数を与える. $f_x(x,y), f_y(x,y)$ をそれぞれ, x についての**偏導関数**, y についての**偏導関数**といい, 必要に応じて

$$f_x(x,y), \quad \frac{\partial}{\partial x}f(x,y), \quad z_x, \quad \frac{\partial z}{\partial x}$$

$$f_y(x,y), \quad \frac{\partial}{\partial y}f(x,y), \quad z_y, \quad \frac{\partial z}{\partial y}$$

などと表す. 偏導関数を求めることを, **偏微分する**という.

定義より, $f_x(x,y)$ を計算するには, $f(x,y)$ において "y を定数とみなし", x についての通常の導関数を計算すればよい. $f_y(x,y)$ の計算についても同様である.

例題 8 つぎの関数を偏微分せよ.

(1) $f(x,y) = x^3 - 2xy + 3y^2$ 　　(2) $f(x,y) = \dfrac{xy}{x^2+y^2}$

解 (1) $f_x(x,y) = 3x^2 - 2y, \ f_y(x,y) = -2x + 6y$

(2) $f_x(x,y) = \dfrac{y(x^2+y^2) - xy(2x)}{(x^2+y^2)^2} = \dfrac{y^3 - x^2 y}{(x^2+y^2)^2}$

$$f_y(x,y) = \frac{x(x^2+y^2)-xy(2y)}{(x^2+y^2)^2} = \frac{x^3-xy^2}{(x^2+y^2)^2}$$

問 7 つぎの関数を偏微分せよ．
(1) $z = x^2+y^3$ (2) $z = x^2y^2$ (3) $z = (x^2+y^3)e^x$
(4) $z = \dfrac{x-y^3}{x^2-y}$ (5) $z = \dfrac{1}{x^2+y^2}$

3変数以上の関数 $u = f(x_1, x_2, \cdots, x_n)$ についても
$$\lim_{\Delta x_i \to 0} \frac{f(x_1, x_2, \cdots, x_i+\Delta x_i, \cdots, x_n)-f(x_1, x_2, \cdots, x_i, \cdots, x_n)}{\Delta x_i}$$
が存在するとき，この極限値を
$$f_{x_i}(x_1, x_2, \cdots, x_n), \quad \frac{\partial}{\partial x_i}f(x_1, x_2, \cdots, x_n), \quad u_{x_i}, \quad \frac{\partial u}{\partial x_i}$$
などと表し，$u = f(x_1, x_2, \cdots, x_n)$ の x_i についての偏導関数という．
たとえば，$u = \sqrt{x^2+y^2+z^2}$ のとき，
$$\frac{\partial u}{\partial x} = \frac{x}{\sqrt{x^2+y^2+z^2}}, \quad \frac{\partial u}{\partial y} = \frac{y}{\sqrt{x^2+y^2+z^2}}, \quad \frac{\partial u}{\partial z} = \frac{z}{\sqrt{z^2+y^2+z^2}}$$
である．

問 8 つぎの関数の偏導関数を求めよ．
(1) $u = x^3y^6-xy^2z^4$ (2) $u = x^2-\dfrac{xy^2}{z^3}$
(3) $u = \log(x^2+y^2+z^2)$

§4 全微分と接平面

関数 $z = f(x,y)$ が点 (a,b) を含む領域で偏微分可能とする．x, y の増分 $\Delta x, \Delta y$ に対して，平均値の定理により
$$\Delta f(a,b) = f(a+\Delta x, b+\Delta y)-f(a,b)$$
$$= f(a+\Delta x, b+\Delta y)-f(a, b+\Delta y)+f(a, b+\Delta y)-f(a,b)$$
$$= f_x(a+\theta_1\Delta x, b+\Delta y)\Delta x+f_y(a, b+\theta_2\Delta y)\Delta y \quad (0 < \theta_1, \theta_2 < 1)$$
と表せる．さらに $f_x(x,y), f_y(x,y)$ が点 (a,b) で連続とすれば，$(\Delta x, \Delta y)$

$\to (0,0)$ のとき，すなわち $\rho = \sqrt{(\Delta x)^2+(\Delta y)^2} \to 0$ のとき，
$$f_x(a+\theta_1 \Delta x, b+\Delta y) \to f_x(a,b)$$
$$f_y(a, b+\theta_2 \Delta y) \to f_y(a,b)$$
である．そこで
$$\varepsilon_1 = f_x(a+\theta_1 \Delta x, b+\Delta y) - f_x(a,b), \quad \varepsilon_2 = f_y(a, b+\theta_2 \Delta y) - f_y(a,b)$$
とおけば，
$$\Delta f(a,b) = f_x(a,b)\,\Delta x + f_y(a,b)\,\Delta y + \varepsilon_1 \Delta x + \varepsilon_2 \Delta y \tag{7.1}$$
と書けて，$\rho = \sqrt{(\Delta x)^2+(\Delta y)^2} \to 0$ のとき $\varepsilon_1, \varepsilon_2 \to 0$ となる．

このように，関数 $f(x,y)$ に対して，
$$\Delta f(a,b) = f(a+\Delta x, b+\Delta y) - f(a,b)$$
$$= A\,\Delta x + B\,\Delta y + \rho\varepsilon(\Delta x, \Delta y) \tag{7.2}$$
$$\lim_{\rho\to 0} \varepsilon(\Delta x, \Delta y) = 0$$
となるような定数 A, B が存在するとき，$f(x,y)$ は点 (a,b) で**全微分可能**であるという．

> **定理3** $f(x,y)$ が点 (a,b) で全微分可能であれば，$f(x,y)$ は (a,b) で連続であり，かつ偏微分可能であり，さらに
> $$A = f_x(a,b), \quad B = f_y(a,b)$$
> が成り立つ．

証明 定義式 (7.2) より，$\displaystyle\lim_{\rho\to 0} f(a+\Delta x, b+\Delta y) = f(a,b)$ であるから，$f(x,y)$ は (a,b) で連続である．定義式 (7.2) で $\Delta y = 0$ とすれば
$$\lim_{\Delta x\to 0}\frac{f(a+\Delta x, b) - f(a,b)}{\Delta x} = \lim_{\Delta x\to 0}\{A + \varepsilon(\Delta x, 0)\} = A$$
したがって，$f_x(a,b) = A$ である．$f_y(a,b) = B$ についても同様である．∎

本節の導入部分の解説から，つぎの定理が成り立つ．

> **定理 4**　$f(x, y)$ が点 (a, b) を含む領域で偏微分可能であり，かつ偏導関数 $f_x(x, y), f_y(x, y)$ が (a, b) で連続であるならば，$f(x, y)$ は (a, b) で全微分可能である．

証明　(7.1) 式において，

$$\varepsilon_1 \Delta x + \varepsilon_2 \Delta y = \rho \varepsilon(\Delta x, \Delta y) \quad \text{ただし} \quad \varepsilon(\Delta x, \Delta y) = \left\{ \frac{\Delta x}{\rho} \varepsilon_1 + \frac{\Delta y}{\rho} \varepsilon_2 \right\}$$

であり，さらに

$$\left| \frac{\Delta x}{\rho} \right| = \left| \frac{\Delta x}{\sqrt{(\Delta x)^2 + (\Delta y)^2}} \right| \leqq 1, \quad \left| \frac{\Delta y}{\rho} \right| = \left| \frac{\Delta y}{\sqrt{(\Delta x)^2 + (\Delta y)^2}} \right| \leqq 1$$

であるから，

$$\lim_{\rho \to 0} \varepsilon(\Delta x, \Delta y) = \lim_{\rho \to 0} \left\{ \frac{\Delta x}{\rho} \varepsilon_1 + \frac{\Delta y}{\rho} \varepsilon_2 \right\} = 0$$

となる．したがって $f(x, y)$ は (a, b) で全微分可能である．■

例題 9　$f(x, y) = x^3 + xy^3$ は全平面で全微分可能である．

解
$$f_x(x, y) = 3x^2 + y^3, \quad f_y(x, y) = 3xy^2$$
はともに全平面で連続であるので，定理 4 より上記の結果が得られる．■

$z = f(x, y)$ が領域 D 内の各点 (x, y) で全微分可能であるならば，x, y の増分 $\Delta x, \Delta y$ に対する z の増分 Δz は

$$\Delta z = f(x + \Delta x, y + \Delta y) - f(x, y)$$
$$\fallingdotseq f_x(x, y) \Delta x + f_y(x, y) \Delta y$$

と近似される．この近似項 $f_x(x, y) \Delta x + f_y(x, y) \Delta y$ のことを $z = f(x, y)$ の **全微分** といい，

$$dz, \quad df(x, y), \quad df$$

などと表す．

とくに，$f(x, y) = x$ に対しては，$dx = \Delta x$ である．同様に $dy = \Delta y$ である．したがって，関数 $z = f(x, y)$ の全微分は

$$dz = df(x,y) = f_x(x,y)\,dx + f_y(x,y)\,dy$$

と書くのが慣例である．

例題 10 (1)　$z = x^3 + xy^2$ の全微分は $dz = (3x^2 + y^2)\,dx + 2xy\,dy$．

(2)　$z = \sqrt{x^2 + y^2}$ の全微分は $dz = \dfrac{x}{\sqrt{x^2+y^2}}\,dx + \dfrac{y}{\sqrt{x^2+y^2}}\,dy$．

問 9　つぎの関数の全微分を求めよ．
(1)　$z = x^3 + y^4$　　(2)　$z = x^5 y^4$　　(3)　$z = \log(1 + x^2 + y^2)$

接 平 面

点 $P(a,b)$ における $\Delta f(a,b)$ と $df(a,b)$ の関係は，x, y の増分 $\Delta x, \Delta y$ が十分小さいところでは

$$\Delta f(a,b) \fallingdotseq df(a,b) = f_x(a,b)\,\Delta x + f_y(a,b)\,\Delta y \tag{7.3}$$

と近似できることである．

$P(a,b)$ の近傍内の任意の点 (x,y) に対して，$x - a = \Delta x$，$y - b = \Delta y$ とおけば，近似式 (7.3) はつぎのように書き直すことができる．

$$f(x,y) \fallingdotseq f(a,b) + f_x(a,b)(x-a) + f_y(a,b)(y-b) \tag{7.4}$$

ここで

$$z = f(a,b) + f_x(a,b)(x-a) + f_y(a,b)(y-b) \tag{7.5}$$

とおけば，これは x, y の 1 次式であり，点 $Q(a, b, f(a,b))$ を通る平面の方程式である．この平面のことを，曲面 $z = f(x,y)$ の点 $Q(a, b, f(a,b))$ での**接平面**という．

接平面が実際に点 $Q(a, b, f(a,b))$ において，曲面 $z = f(x,y)$ に接している平面であることは，つぎのようにして確かめることができる．

(7.5) 式において，$y = b$ と固定すれば，
$$z = f(a,b) + f_x(a,b)(x-a)$$
これは x 曲線 $z = f(x,b)$ の $x = a$ での接線の方程式である．同様に，$x = a$ と固定す

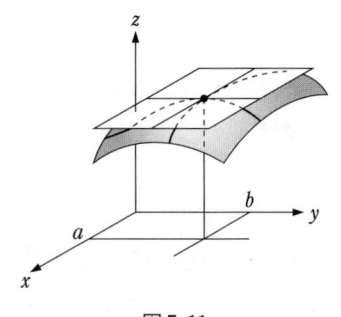

図 7.11

るとき，
$$z = f(a,b) + f_y(a,b)(y-b)$$
は y 曲線 $z = f(a,y)$ の $y = b$ での接線の方程式である（図 7.11）．

例題 11 曲面 $z = 16 - x^2 - y^2$ 上の点 $P(1, 3, 6)$ における接平面の方程式を求めよ．

解
$$\frac{\partial z}{\partial x} = -2x, \quad \left(\frac{\partial z}{\partial x}\right)_{(1,3)} = -2$$
$$\frac{\partial z}{\partial y} = -2y, \quad \left(\frac{\partial z}{\partial y}\right)_{(1,3)} = -6$$

よって接平面は
$$z = 6 - 2(x-1) - 6(y-3) \quad \therefore \quad z = -2x - 6y + 26$$

問 10 つぎの曲面の，指定された点 P での接平面の方程式を求めよ．
(1) $z = x^2 + y^2$ $P(1, 3, 10)$
(2) $z = xy$ $P(3, 3, 9)$
(3) $z = \sqrt{25 - x^2 - y^2}$ $P(4, -2, \sqrt{5})$
(4) $z = 3e^{2x-y}$ $P\left(1, 3, \dfrac{3}{e}\right)$

§5 合成関数の偏微分

1 変数関数の場合，$y = g(x)$，$x = \varphi(t)$ の合成関数 $y = g(\varphi(t))$ について微分公式
$$\frac{dy}{dt} = \frac{dy}{dx}\frac{dx}{dt} = g'(x)\varphi'(t)$$
が成り立つ（第 2 章の定理 3）．このような微分公式を 2 変数関数の場合について考察してみよう．

定理 5 $x = \varphi(t)$，$y = \psi(t)$ はともに区間 I で微分可能とし，$z = f(x, y)$ は曲線 $\{(\varphi(t), \psi(t)) \mid t \in I\}$ を含む領域 D で全微分可能とする．このとき，合成関数 $z = f(\varphi(t), \psi(t))$ は t の関数として微分可能であり，微分公式

$$\frac{dz}{dt} = \frac{\partial z}{\partial x}\frac{dx}{dt} + \frac{\partial z}{\partial y}\frac{dy}{dt}$$
$$= f_x(\varphi(t),\psi(t))\varphi'(t) + f_y(\varphi(t),\psi(t))\psi'(t)$$

が成り立つ．

証明 $\varphi(t+\Delta t)-\varphi(t) = \Delta x$, $\psi(t+\Delta t)-\psi(t) = \Delta y$ とおけば，仮定より $\Delta t \to 0$ のとき，$\Delta x, \Delta y \to 0$ である．全微分可能であるから，

$$\Delta z = f(\varphi(t+\Delta t), \psi(t+\Delta t)) - f(\varphi(t), \psi(t))$$
$$= f(x+\Delta x, y+\Delta y) - f(x,y)$$
$$= f_x(x,y)\Delta x + f_y(x,y)\Delta y + \rho\varepsilon(\Delta x, \Delta y)$$

である．ここで，$\rho = \sqrt{(\Delta x)^2 + (\Delta y)^2}$ であり，$\lim_{\rho \to 0}\varepsilon(\Delta x, \Delta y) = 0$ である．したがって

$$\frac{\Delta z}{\Delta t} = f_x(x,y)\frac{\Delta x}{\Delta t} + f_y(x,y)\frac{\Delta y}{\Delta t} + \frac{\rho}{\Delta t}\varepsilon(\Delta x, \Delta y)$$

となる．いま $\Delta t \to 0$ のとき

$$\left|\frac{\rho}{\Delta t}\right| = \sqrt{\left(\frac{\Delta x}{\Delta t}\right)^2 + \left(\frac{\Delta y}{\Delta t}\right)^2} \to \sqrt{\varphi'(t)^2 + \psi'(t)^2}$$
$$\varepsilon(\Delta x, \Delta y) \to 0$$

であるから，

$$\lim_{\Delta t \to 0}\frac{\Delta z}{\Delta t} = f_x(x,y)\frac{dx}{dt} + f_y(x,y)\frac{dy}{dt}$$

が成り立つ． ∎

例題 12 $z = x^2 y^2$ で，$x = t+e^t$, $y = t-e^t$ であるとき

$$\frac{dz}{dt} = 2xy^2\frac{dx}{dt} + 2x^2 y\frac{dy}{dt}$$
$$= 2(t+e^t)(t-e^t)^2(1+e^t) + 2(t+e^t)^2(t-e^t)(1-e^t)$$
$$= 2(t+e^t)(t-e^t)\{(t-e^t)(1+e^t) + (t+e^t)(1-e^t)\}$$
$$= 4(t^2 - e^{2t})(t - e^{2t})$$

問 11 例題 12 で $z = x^2 y^2 = (t+e^t)^2(t-e^t)^2$ を直接 t で微分して，例題 12 の答を確認せよ．

例題 13 $y = \varphi(x)$ が区間 I で微分可能であり，$z = f(x, y)$ が xy 平面の曲線 $y = \varphi(x)$ $(x \in I)$ を含む領域で全微分可能であるとき，合成関数 $z = f(x, \varphi(x))$ は x の関数として微分可能であり，

$$\frac{dz}{dx} = \frac{\partial z}{\partial x} + \frac{\partial z}{\partial y}\frac{dy}{dx} = f_x(x, \varphi(x)) + f_y(x, \varphi(x))\varphi'(x)$$

が成り立つことを示せ．

証明 定理 5 において，$t = x$ と見て，すなわち $x = x$, $y = \varphi(x)$ として定理 5 を適用すればただちに導かれる． ■

問 12 (1) $z = x^2+3y$, $x = \sin t$, $y = 5t$ のとき，$\dfrac{dz}{dt}$ を求めよ．

(2) $z = x^2+xy$, $y = \sin x + x$ のとき，$\dfrac{dz}{dx}$ を求めよ．

定理 5 はさらにつぎのように拡張できる．

定理 6 $x = \varphi(u, v)$, $y = \psi(u, v)$ はともに uv 平面の領域 E で偏微分可能とし，$z = f(x, y)$ は集合 $\{(\varphi(u, v), \psi(u, v)) \mid (u, v) \in E\}$ を含む xy 平面の領域 D で全微分可能とする．このとき，合成関数 $z = f(\varphi(u, v), \psi(u, v))$ は u, v の関数として偏微分可能であり，つぎの微分公式が成り立つ．

$$\frac{\partial z}{\partial u} = \frac{\partial z}{\partial x}\frac{\partial x}{\partial u} + \frac{\partial z}{\partial y}\frac{\partial y}{\partial u}$$
$$= f_x(\varphi(u, v), \psi(u, v))\varphi_u(u, v) + f_y(\varphi(u, v), \psi(u, v))\psi_u(u, v)$$
$$\frac{\partial z}{\partial v} = \frac{\partial z}{\partial x}\frac{\partial x}{\partial v} + \frac{\partial z}{\partial y}\frac{\partial y}{\partial v}$$
$$= f_x(\varphi(u, v), \psi(u, v))\varphi_v(u, v) + f_y(\varphi(u, v), \psi(u, v))\psi_v(u, v)$$

例題 14　$z = x\cos y,\ x = u^2+3v,\ y = uv$ とするとき $\dfrac{\partial z}{\partial u}, \dfrac{\partial z}{\partial v}$ を求めよ.

解　$\dfrac{\partial z}{\partial u} = \cos y\dfrac{\partial x}{\partial u} - x\sin y\dfrac{\partial y}{\partial u}$

$\phantom{\dfrac{\partial z}{\partial u}} = \cos uv \cdot 2u - (u^2+3v)\sin uv \cdot v = 2u\cos uv - (u^2v+3v^2)\sin uv$

$\dfrac{\partial z}{\partial v} = \cos y\dfrac{\partial x}{\partial v} - x\sin y\dfrac{\partial y}{\partial v}$

$\phantom{\dfrac{\partial z}{\partial v}} = \cos uv \cdot 3 - (u^2+3v)\sin uv \cdot u = 3\cos uv - (u^3+3uv)\sin uv$ ∎

問 13　つぎの関数の $\dfrac{\partial z}{\partial u}, \dfrac{\partial z}{\partial v}$ を求めよ.
 (1)　$z = x^2-y^2,\ x = u^2-v^2,\ y = u^2+v^2$
 (2)　$z = x^2+y^2,\ x = u^2v^3,\ y = u^3v^2$

例題 15　$z = f\!\left(\dfrac{x}{y}\right)$ に対し, 等式 $x\dfrac{\partial z}{\partial x} + y\dfrac{\partial z}{\partial y} = 0$ を導け (ただし, $f(x)$ は微分可能とする).

証明　$\dfrac{x}{y} = u$ とおけば, $\dfrac{\partial u}{\partial x} = \dfrac{1}{y},\ \dfrac{\partial u}{\partial y} = -\dfrac{x}{y^2}$ であるから,

$$\dfrac{\partial z}{\partial x} = f'(u)\dfrac{\partial u}{\partial x} = \dfrac{1}{y}f'(u),\quad \dfrac{\partial z}{\partial y} = f'(u)\dfrac{\partial u}{\partial y} = -\dfrac{x}{y^2}f'(u)$$

したがって,
$$x\dfrac{\partial z}{\partial x} + y\dfrac{\partial z}{\partial y} = \dfrac{x}{y}f'(u) - \dfrac{x}{y}f'(u) = 0$$ ∎

問 14　$f(x)$ が微分可能な関数とするとき, つぎの問に答えよ.
 (1)　$z = f(ax+by)$ に対し, 等式 $b\dfrac{\partial z}{\partial x} - a\dfrac{\partial z}{\partial y} = 0$ を導け.
 (2)　$z = f(x^2+y^2)$ に対し, 等式 $y\dfrac{\partial z}{\partial x} - x\dfrac{\partial z}{\partial y} = 0$ を導け.

例題 16　$z = f(x, y)$ が全微分可能で, $x = r\cos\theta,\ y = r\sin\theta$ であるとき, 等式
$$\left(\dfrac{\partial z}{\partial r}\right)^2 + \left(\dfrac{1}{r}\dfrac{\partial z}{\partial \theta}\right)^2 = \left(\dfrac{\partial z}{\partial x}\right)^2 + \left(\dfrac{\partial z}{\partial y}\right)^2$$

を導け．

証明 　$\dfrac{\partial z}{\partial r} = f_x \cos\theta + f_y \sin\theta, \qquad \dfrac{\partial z}{\partial \theta} = f_x \cdot (-r\sin\theta) + f_y \cdot (r\cos\theta)$

であるから，
$$\left(\dfrac{\partial z}{\partial r}\right)^2 + \left(\dfrac{1}{r}\dfrac{\partial z}{\partial \theta}\right)^2 = f_x{}^2\cos^2\theta + 2f_x f_y \cos\theta \sin\theta + f_y{}^2 \sin^2\theta + f_x{}^2 \sin^2\theta$$
$$-2f_x f_y \cos\theta \sin\theta + f_y{}^2 \cos^2\theta$$
$$= f_x{}^2 + f_y{}^2 = \left(\dfrac{\partial z}{\partial x}\right)^2 + \left(\dfrac{\partial z}{\partial y}\right)^2 \qquad ■$$

§6 高次偏導関数

関数 $z = f(x, y)$ の偏導関数 $f_x(x, y), f_y(x, y)$ がさらに偏微分可能であるとき，それらの偏導関数

$$\dfrac{\partial}{\partial x} f_x(x, y), \qquad \dfrac{\partial}{\partial y} f_x(x, y), \qquad \dfrac{\partial}{\partial x} f_y(x, y), \qquad \dfrac{\partial}{\partial y} f_y(x, y)$$

を **2 次偏導関数** という．必要に応じて，これらをそれぞれ

$$\dfrac{\partial^2}{\partial x^2} f(x, y), \qquad \dfrac{\partial^2}{\partial y\, \partial x} f(x, y), \qquad \dfrac{\partial^2}{\partial x\, \partial y} f(x, y), \qquad \dfrac{\partial^2}{\partial y^2} f_y(x, y)$$

あるいは
$$f_{xx}(x, y), \qquad f_{xy}(x, y), \qquad f_{yx}(x, y), \qquad f_{yy}(x, y)$$

などと書く．

これら 4 個の 2 次偏導関数がさらに偏微分可能であれば，8 個の 3 次偏導関数が存在することになる．以下同様にして高次の偏導関数を定義する．

関数 $f(x, y)$ の n 次までの偏導関数がすべて連続であるとき，$f(x, y)$ は **n 回連続偏微分可能である**（C^n **級**）という．

例題 17 　$f(x, y) = x^4 y^2 + x^3 + 3xy^3$ の 2 次偏導関数を求めよ．

解 　$f_x(x, y) = 4x^3 y^2 + 3x^2 + 3y^3 \qquad f_y(x, y) = 2x^4 y + 9xy^2$
　　$f_{xx}(x, y) = 12x^2 y^2 + 6x \qquad f_{yx}(x, y) = 8x^3 y + 9y^2$
　　$f_{xy}(x, y) = 8x^3 y + 9y^2 \qquad f_{yy}(x, y) = 2x^4 + 18xy$ 　■

例題 17 では，$f_x(x, y)$ を y で偏微分した $f_{xy}(x, y)$ と $f_y(x, y)$ を x で偏微分した $f_{yx}(x, y)$ が同一になっている．これは偶然な結果ではなく，一般につ

ぎの定理が成立する．

> **定理7** $f(x,y)$ が C^2 級であれば，$f_{xy}(x,y) = f_{yx}(x,y)$ である．

証明 $F(x,y) = f(x+\Delta x, y+\Delta y) - f(x+\Delta x, y) - f(x, y+\Delta y) + f(x,y)$
とおき，$F(x,y)$ を2通りの方法で変形する．

$$\varphi(x,y) = f(x, y+\Delta y) - f(x,y)$$

とおけば，平均値の定理より

$$F(x,y) = \varphi(x+\Delta x, y) - \varphi(x,y) = \varphi_x(x+\theta_1 \Delta x, y) \Delta x \quad (0 < \theta_1 < 1)$$
$$= \{f_x(x+\theta_1 \Delta x, y+\Delta y) - f_x(x+\theta_1 \Delta x, y)\} \Delta x$$
$$= f_{xy}(x+\theta_1 \Delta x, y+\theta_2 \Delta y) \Delta x \Delta y \quad (0 < \theta_2 < 1)$$

同様に

$$\psi(x,y) = f(x+\Delta x, y) - f(x,y)$$

とおけば

$$F(x,y) = \psi(x, y+\Delta y) - \psi(x,y) = \psi_y(x, y+\theta_1' \Delta y) \Delta y \quad (0 < \theta_1' < 1)$$
$$= \{f_y(x+\Delta x, y+\theta_1' \Delta y) - f_y(x, y+\theta_1' \Delta y)\} \Delta y$$
$$= f_{yx}(x+\theta_2' \Delta x, y+\theta_1' \Delta y) \Delta x \Delta y \quad (0 < \theta_2' < 1)$$

この2通りの変形から

$$f_{xy}(x+\theta_1 \Delta x, y+\theta_2 \Delta y) \Delta x \Delta y = f_{yx}(x+\theta_2' \Delta x, y+\theta_1' \Delta y) \Delta x \Delta y$$
$$\therefore \quad f_{xy}(x+\theta_1 \Delta x, y+\theta_2 \Delta y) = f_{yx}(x+\theta_2' \Delta x, y+\theta_1' \Delta y)$$

仮定より，$f_{xy}(x,y), f_{yx}(x,y)$ は連続であるから，$\Delta x, \Delta y \to 0$ とするとき $f_{xy}(x,y) = f_{yx}(x,y)$ が成り立つ． ∎

$f(x,y)$ が C^3 級であれば，$f_x(x,y), f_y(x,y)$ に定理7を適用して，それぞれ

$$f_{xxy}(x,y) = f_{xyx}(x,y) = f_{yxx}(x,y)$$
$$f_{yyx}(x,y) = f_{yxy}(x,y) = f_{xyy}(x,y)$$

などが成り立つ．
一般に C^n 級関数 $f(x,y)$ に対して，n 次偏導関数は

$$\frac{\partial^n f}{\partial x^r\, \partial y^{n-r}} \quad \text{あるいは} \quad \frac{\partial^n}{\partial x^r\, \partial y^{n-r}} f(x,y) \quad (r = 0, 1, \cdots, n)$$

などと書かれる．

問 15 つぎの関数の 2 次，3 次の偏導関数を求めよ．
  (1) $z = x^3 - x^2 y + y^4$　　(2) $z = \sin xy$　　(3) $z = e^{xy^2}$

高次の偏微分の計算では記号がたいへん煩雑になるので，形式的な記号を使用することが多い．たとえば，$z = f(x, y)$ に対して

$$h \frac{\partial}{\partial x} f(x, y) + k \frac{\partial}{\partial y} f(x, y)$$

と書くかわりに

$$\left(h \frac{\partial}{\partial x} + k \frac{\partial}{\partial y} \right) f(x, y)$$

などと書くこともある．また

$$\frac{\partial^2 z}{\partial x^2} + \frac{\partial^2 z}{\partial y^2} \quad \text{あるいは} \quad \frac{\partial^2}{\partial x^2} f(x, y) + \frac{\partial^2}{\partial y^2} f(x, y)$$

と書くかわりに，

$$\left(\frac{\partial^2}{\partial x^2} + \frac{\partial^2}{\partial y^2} \right) z \quad \text{あるいは} \quad \left(\frac{\partial^2}{\partial x^2} + \frac{\partial^2}{\partial y^2} \right) f(x, y)$$

と書いたり，さらには $\Delta = \left(\dfrac{\partial^2}{\partial x^2} + \dfrac{\partial^2}{\partial y^2} \right)$ と記号（演算子）を定義し，

$$\Delta z \quad \text{あるいは} \quad \Delta f(x, y)$$

と書くこともある．記号 Δ は**ラプラシアン**（Laplacian）とよばれている．とくに，偏微分方程式

$$\Delta f(x, y) = 0$$

を満足する C^2 級関数 $f(x, y)$ のことを**調和関数**という．

例題 18 $z = e^x \cos y$ は調和関数である．

なぜなら $\dfrac{\partial z}{\partial x} = \dfrac{\partial^2 z}{\partial x^2} = e^x \cos y, \quad \dfrac{\partial z}{\partial y} = -e^x \sin y, \quad \dfrac{\partial^2 z}{\partial y^2} = -e^x \cos y$

であるから，$\Delta z = \dfrac{\partial^2 z}{\partial x^2} + \dfrac{\partial^2 z}{\partial y^2} = 0$ である．

問 16 つぎの関数は調和関数であることを示せ．

(1) $z = xy$

(2) $z = x^3 - 3xy^2$

(3) $z = x^4 - 6x^2y^2 + y^4$

(4) $z = \tan^{-1}\dfrac{y}{x}$

(5) $z = e^{x^2-y^2}\cos 2xy$

(6) $z = \dfrac{y}{x^2+y^2}$

2項展開

$$(A+B)^n = \sum_{k=0}^{n} {}_nC_k\, A^{n-k}B^k$$
$$= {}_nC_0\,A^n + {}_nC_1\,A^{n-1}B + {}_nC_2\,A^{n-2}B^2 + \cdots + {}_nC_{n-1}\,AB^{n-1} + {}_nC_n\,B^n$$

にちなんで，微分演算子 $\left(h\dfrac{\partial}{\partial x} + k\dfrac{\partial}{\partial y}\right)^n$ をつぎのように定義する．

C^n 級関数 $f(x, y)$ に対し

$$\left(h\frac{\partial}{\partial x} + k\frac{\partial}{\partial y}\right)^n f(x, y) = \sum_{r=0}^{n} {}_nC_k\, h^{n-r}k^r \frac{\partial^n}{\partial x^{n-r}\partial y^r} f(x, y)$$
$$= h^n \frac{\partial^n}{\partial x^n} f(x, y) + {}_nC_1\, h^{n-1}k \frac{\partial^n}{\partial x^{n-1}\partial y} f(x, y) + \cdots$$
$$+ {}_nC_r\, h^{n-r}k^r \frac{\partial^n}{\partial x^{n-r}\partial y^r} f(x, y) + \cdots + k^n \frac{\partial^n}{\partial y^n} f(x, y)$$

2項係数 ${}_nC_r$ $(r = 0, 1, \cdots, n)$ については第2章§4を参照する．たとえば

$$\left(h\frac{\partial}{\partial x} + k\frac{\partial}{\partial y}\right)^2 f(x, y)$$
$$= h^2 \frac{\partial^2}{\partial x^2} f(x, y) + 2hk \frac{\partial^2}{\partial x\, \partial y} f(x, y) + k^2 \frac{\partial^2}{\partial y^2} f(x, y)$$

例題 19 $f(x, y) = x^3 + 2xy^2$ に対し，つぎの計算をせよ．

(1) $\Delta f(x, y)$

(2) $\left(\dfrac{\partial}{\partial x} + 2\dfrac{\partial}{\partial y}\right)^2 f(x, y)$

解 (1) $\Delta f(x, y) = \dfrac{\partial^2}{\partial x^2}(x^3 + 2xy^2) + \dfrac{\partial^2}{\partial y^2}(x^3 + 2xy^2) = 6x + 4x = 10x$

(2) $\left(\dfrac{\partial}{\partial x} + 2\dfrac{\partial}{\partial y}\right)^2 f(x, y)$

$$= \frac{\partial^2}{\partial x^2}(x^3+2xy^2)+4\frac{\partial^2}{\partial x\,\partial y}(x^3+2xy^2)+4\frac{\partial^2}{\partial y^2}(x^3+2xy^2)$$
$$= 6x+16y+16x = 22x+16y$$

§7　2変数関数のテイラー展開

関数 $f(x,y)$ は領域 D で C^n 級とする．D 内の点 (a,b) と定数 h,k に対し，

$$F(t) = f(a+ht, b+kt)$$

とおけば，定理5より

$$F'(t) = f_x(a+ht, b+kt)h + f_y(a+ht, b+kt)k$$
$$= \left(h\frac{\partial}{\partial x}+k\frac{\partial}{\partial y}\right)f(a+ht, b+kt)$$

さらに定理5を使用して

$$F''(t) = \{f_{xx}(a+ht, b+kt)h + f_{xy}(a+ht, b+kt)k\}h$$
$$+ \{f_{yx}(a+ht, b+kt)h + f_{yy}(a+ht, b+kt)k\}k$$
$$= h^2 f_{xx}(a+ht, b+kt) + 2hk f_{xy}(a+ht, b+kt)$$
$$+ k^2 f_{yy}(a+ht, b+kt)$$
$$= \left(h\frac{\partial}{\partial x}+k\frac{\partial}{\partial y}\right)^2 f(a+ht, b+kt)$$

以下，順次同様の計算により

$$F^{(n)}(t) = \left(h\frac{\partial}{\partial x}+k\frac{\partial}{\partial y}\right)^n f(a+ht, b+kt)$$

となる．

他方，1変数のマクローリンの定理から

$$F(t) = F(0) + F'(0)t + \frac{1}{2}F''(0)t^2 + \cdots + \frac{1}{(n-1)!}F^{(n-1)}(0)t^{n-1} + R_n(t)$$

$$R_n(t) = \frac{1}{n!}F^{(n)}(\theta t)t^n \quad (0 < \theta < 1)$$

$t=1$ を代入して，つぎの定理が得られる．

定理8（テイラーの定理） $f(x,y)$ が領域 D で C^n 級とするとき，D 内の点 (a,b) と定数 h,k に対し，つぎの式が成り立つ．

$$f(a+h, b+k) = f(a,b) + \left(h\frac{\partial}{\partial x} + k\frac{\partial}{\partial y}\right)f(a,b)$$
$$+ \frac{1}{2!}\left(h\frac{\partial}{\partial x} + k\frac{\partial}{\partial y}\right)^2 f(a,b) + \cdots$$
$$+ \frac{1}{(n-1)!}\left(h\frac{\partial}{\partial x} + k\frac{\partial}{\partial y}\right)^{n-1} f(a,b) + R_n$$

ただし
$$R_n = \frac{1}{n!}\left(h\frac{\partial}{\partial x} + k\frac{\partial}{\partial y}\right)^n f(a+\theta h, b+\theta k) \quad (0 < \theta < 1)$$

定理 8 において, $a=0$, $b=0$ とし, h, k をそれぞれ変数 x, y で置き換えればつぎの系が成り立つ.

系 $f(x,y)$ が原点 $(0,0)$ を含む領域 D で C^n 級とするとき, D 内の (x,y) に対し, つぎの式が成り立つ.
$$f(x,y) = f(0,0) + \left(x\frac{\partial}{\partial x} + y\frac{\partial}{\partial y}\right)f(0,0)$$
$$+ \frac{1}{2!}\left(x\frac{\partial}{\partial x} + y\frac{\partial}{\partial y}\right)^2 f(0,0) + \cdots$$
$$+ \frac{1}{(n-1)!}\left(x\frac{\partial}{\partial x} + y\frac{\partial}{\partial y}\right)^{n-1} f(0,0) + R_n(x,y)$$

ただし
$$R_n(x,y) = \frac{1}{n!}\left(x\frac{\partial}{\partial x} + y\frac{\partial}{\partial y}\right)^n f(\theta x, \theta y) \quad (0 < \theta < 1)$$

系において, もし
$$\lim_{n \to \infty} R_n(x,y) = 0$$

となるならば, $f(x,y)$ はつぎのように無限級数に展開される.
$$f(x,y) = f(0,0) + \left(x\frac{\partial}{\partial x} + y\frac{\partial}{\partial y}\right)f(0,0) + \frac{1}{2!}\left(x\frac{\partial}{\partial x} + y\frac{\partial}{\partial y}\right)^2 f(0,0) + \cdots$$
$$+ \frac{1}{n!}\left(x\frac{\partial}{\partial x} + y\frac{\partial}{\partial y}\right)^n f(0,0) + \cdots$$

これを 2 変数関数のマクローリン級数という.

例題20 $f(x,y) = \sin(2x+y)$ のマクローリン級数を 3 次の項まで求めよ．

解　$f_x(x,y) = 2\cos(2x+y),$　　$f_y(x,y) = \cos(2x+y)$
　　　$f_{xx}(x,y) = -4\sin(2x+y),$　　$f_{xy}(x,y) = -2\sin(2x+y),$
　　　$f_{yy}(x,y) = -\sin(2x+y)$
　　　$f_{xxx}(x,y) = -8\cos(2x+y),$　　$f_{xxy}(x,y) = -4\cos(2x+y)$
　　　$f_{xyy}(x,y) = -2\cos(2x+y),$　　$f_{yyy}(x,y) = -\cos(2x+y)$

であるから，
$$f(0,0) = 0, \quad f_x(0,0) = 2, \quad f_y(0,0) = 1$$
$$f_{xx}(0,0) = f_{xy}(0,0) = f_{yy}(0,0) = 0$$
$$f_{xxx}(0,0) = -8, \quad f_{xxy}(0,0) = -4$$
$$f_{xyy}(0,0) = -2, \quad f_{yyy}(0,0) = -1$$

したがって
$$f(x,y) = 0 + (2x+y) + \frac{1}{3!}(-8x^3 - 12x^2y - 6xy^2 - y^3) + \cdots$$
$$= 2x + y - \frac{1}{6}(2x+y)^3 + \cdots$$

問 17 つぎの関数 $f(x,y)$ のマクローリン級数を 2 次の項まで求めよ．
(1) $e = e^x y + x^3 \log(1+y)$　　(2) $z = e^x \cos y$
(3) $z = \sin x + \cos y$

§8　陰関数の微分法

関係式 $f(x,y) = 0$ は，曲面 $z = f(x,y)$ と xy 平面の交わりを示す関係式であり，xy 平面上の曲線を与える．$f(x,y) = 0$ で与えられる曲線（全体あるいは一部分）は 1 つの関数 $y = \varphi(x)$ を定めると考えられる．このような関数のことを関係式 $f(x,y) = 0$ の **陰関数** という．

定理9 関数 $f(x,y)$ は点 (a,b) を含むある領域で C^1 級であり，$f(a,b) = 0$ であるとする．このとき，$f_y(a,b) \ne 0$ ならば，$x = a$ を含むある区間で微分可能な関数 $y = \varphi(x)$ で
(1) $f(x, \varphi(x)) = 0$
(2) $b = \varphi(a)$

を満たすものがただ 1 つだけ定まる．さらに

$$(3) \quad \frac{dy}{dx} = \varphi'(x) = -\frac{f_x(x,y)}{f_y(x,y)}$$

が成り立つ.

証明 陰関数の存在についての証明は他書に譲ることにし，ここでは $y = \varphi(x)$ が存在するものとして，等式 (3) について示す. $f(x, \varphi(x)) = 0$ であるから，合成関数の微分法 (§4, 例題 13) により

$$f_x(x,y) + f_y(x,y)\frac{dy}{dx} = 0$$

$f_y(a,b) \neq 0$ と $f_y(x,y)$ の連続性により，(a,b) の近くでは $f_y(x,y) \neq 0$ であるから，

$$\frac{dy}{dx} = -\frac{f_x(x,y)}{f_y(x,y)}$$

となる. ∎

例題 21 $x + x^2 y^4 - 3y^2 + 1 = 0$ で与えられる陰関数について $\dfrac{dy}{dx}$ を求めよ.

解 $f(x,y) = x + x^2 y^4 - 3y^2 + 1$ とおく.
$$f_x(x,y) = 1 + 2xy^4, \quad f_y(x,y) = 4x^2 y^3 - 6y$$
$$\therefore \quad \frac{dy}{dx} = -\frac{1 + 2xy^4}{4x^2 y^3 - 6y} \quad (4x^2 y^3 - 6y \neq 0) \quad \blacksquare$$

問 18 つぎの関係式で与えられる陰関数について，$\dfrac{dy}{dx}$ を求めよ.

(1) $x^4 - y^2 = 0$ 　　　　　 (2) $x^6 - y^2 = 0$
(3) $x^{12} - y^3 = 0$ 　　　　 (4) $y^3 + 3y^2 - x^2 + x^4 = 0$
(5) $2y^3 + y - x^4 + x^3 + 2 = 0$ 　(6) $y^2 + 2y - x^3 + x^6 = 0$

関数 $f(x,y)$ が C^2 級で，$f_y(x,y) \neq 0$ のとき，$f(x,y) = 0$ で与えられる陰関数について，定理 8 からさらに

$$\frac{d^2 y}{dx^2} = \frac{d}{dx}\left(-\frac{f_x}{f_y}\right) = -\frac{1}{f_y^2}\left\{\left(\frac{d}{dx} f_x\right) f_y - f_x \left(\frac{d}{dx} f_y\right)\right\}$$

$$= -\frac{1}{f_y{}^2}\left\{\left(f_{xx}+f_{xy}\frac{dy}{dx}\right)f_y - f_x\left(f_{yx}+f_{yy}\frac{dy}{dx}\right)\right\}$$

$$= -\frac{1}{f_y{}^2}\left\{\left(f_{xx}-f_{xy}\frac{f_x}{f_y}\right)f_y - f_x\left(f_{yx}-f_{yy}\frac{f_x}{f_y}\right)\right\}$$

$$= -\frac{f_{xx}f_y{}^2 - 2f_{xy}f_x f_y + f_{yy}f_x{}^2}{f_y{}^3}$$

がいえる．

とくに，$\dfrac{dy}{dx}=-\dfrac{f_x}{f_y}=0$ となる点においては $\dfrac{d^2y}{dx^2}=-\dfrac{f_{xx}}{f_y}$ となる．

以上のことと，第3章の定理4より，$f(x,y)=0$ で与えられる陰関数について，つぎの結論が導かれる．

(a,b) で $f(a,b)=0,\ f_x(a,b)=0,\ f_y(a,b)\neq 0$ であるとき，

(1) $f_{xx}(a,b)\cdot f_y(a,b)<0$ であれば，$\left(\dfrac{d^2y}{dx^2}\right)_{(a,b)}>0$ となり，(a,b) は極小点である．

(2) $f_{xx}(a,b)\cdot f_y(a,b)>0$ であれば，$\left(\dfrac{d^2y}{dx^2}\right)_{(a,b)}<0$ となり，(a,b) は極大点である．

例題 22 $2x^2-2xy+y^2-4=0$ で与えられる陰関数 $y=y(x)$ の 2 次導関数と極値を求めよ．

解 $f(x,y)=2x^2-2xy+y^2-4$ とおく．$f_x=4x-2y,\ f_y=-2x+2y$ であるから，
$\dfrac{dy}{dx}=0$ となる点は $(\sqrt{2},\sqrt{8})$ または $(-\sqrt{2},-\sqrt{8})$ であり，

$f_{xx}(\sqrt{2},\sqrt{8})\cdot f_y(\sqrt{2},\sqrt{8})=8\sqrt{2}>0$ より $y=\sqrt{8}$ が極大値

$f_{xx}(-\sqrt{2},-\sqrt{8})\cdot f_y(-\sqrt{2},-\sqrt{8})=-8\sqrt{2}<0$ より $y=-\sqrt{8}$ が極小値

となる． ∎

問 19 つぎの関係式で与えられる陰関数の 2 次導関数と極値を求めよ．
(1) $x^2+2xy-y^2=1$ (2) $x^2+y^2=x+y$
(3) $x^3+y^3-3axy=0\ (a>0)$ (4) $xy(x-y)=4$

§9　2変数関数の極大・極小

2変数関数 $z = f(x, y)$ の表す曲面を考えよう（図7.13）．曲面には山があったり，谷があったり，くぼみがあったりする．雑な言い方をすれば，山の頂点の z 座標がその周辺での $f(x, y)$ の最大値であり，くぼみの最低点の z 座標がその周辺での $f(x, y)$ の最小値である．もちろん曲面全体から見れば，これらの値が必ずしも $f(x, y)$ の最大値（最小値）とならないことはいうまでもない．1つの面には山やくぼみがいくつもある場合もあるし，逆に山やくぼみが全くない場合もある．

関数 $f(x, y)$ がある開領域 D で定義されていて，この領域内の定点 $P(a, b)$ と P の近くの任意の点 (x, y) $(\neq (a, b))$ に対して

$$f(x, y) < f(a, b)$$

であるとき，$f(x, y)$ は点 $P(a, b)$ で**極大**になるといい，$f(a, b)$ をその**極大値**という．同様に，$P(a, b)$ と P の近くの任意の点 $(x, y) (\neq (a, b))$ に対して

$$f(x, y) > f(a, b)$$

であるとき，$f(x, y)$ は点 $P(a, b)$ で**極小**になるといい，$f(a, b)$ をその**極小値**という．極大値，極小値を総称して**極値**という．

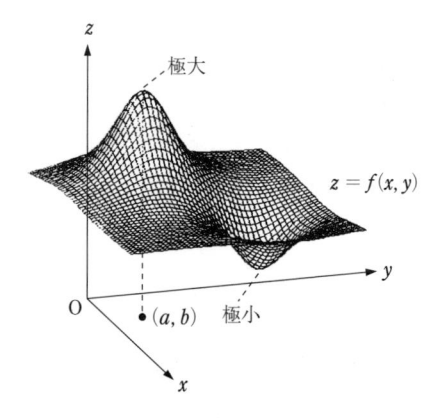

図7.13

> **定理10**　偏微分可能な関数 $f(x, y)$ が点 $P(a, b)$ で極大あるいは極小になるなら，
> $$f_x(a, b) = f_y(a, b) = 0$$
> である．

証明 $y = b$ と固定するとき，1 変数関数 $f(x, b)$ は $x = a$ で極大あるいは極小となる．したがって $f_x(a, b) = 0$ である．同様に，$x = a$ と固定するとき，1 変数関数 $f(a, y)$ は $y = b$ で極大あるいは極小となるので，$f_y(a, b) = 0$ である．

定理 10 は，$f(x, y)$ が点 (a, b) で極値となるための，必要条件を与えているが，この条件は (a, b) で極値となるための十分条件ではない．このことは図 7.14 からも直観的にも理解できる．

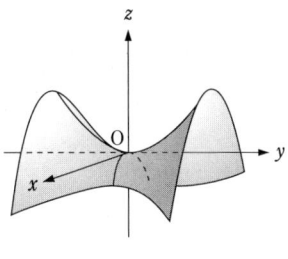

図 7.14

補題 2 次形式 $F(x, y) = Ax^2 + 2Bxy + Cy^2$ に対して，$D = B^2 - AC$ とする．
(1) $D < 0$ であるとき，
 (i) $A > 0$ ならば，$F(x, y)$ は正定値であり，
 (ii) $A < 0$ ならば，$F(x, y)$ は負定値である．
(2) $D > 0$ であるとき，$F(x, y)$ は原点 $(0, 0)$ の任意の近傍で正の値も負の値もとりうる．

証明 $A \neq 0$ のとき，
$$F(x, y) = A\left\{\left(x + \frac{B}{A}y\right)^2 - \frac{B^2 - AC}{A^2}y^2\right\} = A\left\{\left(x + \frac{B}{A}y\right)^2 - \frac{D}{A^2}y^2\right\}$$
である．
(1) $D < 0$ のとき，中括弧 $\{\ \}$ 内は正定値であるから，(i), (ii) がいえる（図 7.15，図 7.16）．
(2) $D > 0$ のとき，中括弧 $\{\ \}$ は（したがって $F(x, y)$ も）1 次式の積として因数分解され，$F(x, y)$ のとる符号分布は，原点 $(0, 0)$ を通る 2 直線により色別される．よって (2) がいえる（図 7.17）．
$A = 0$ のとき（このときは $D > 0$），$F(x, y) = y(2Bx + Cy)$ であるから，同様に (2) がいえる．

§9 2 変数関数の極大・極小

$D<0,\ A>0$

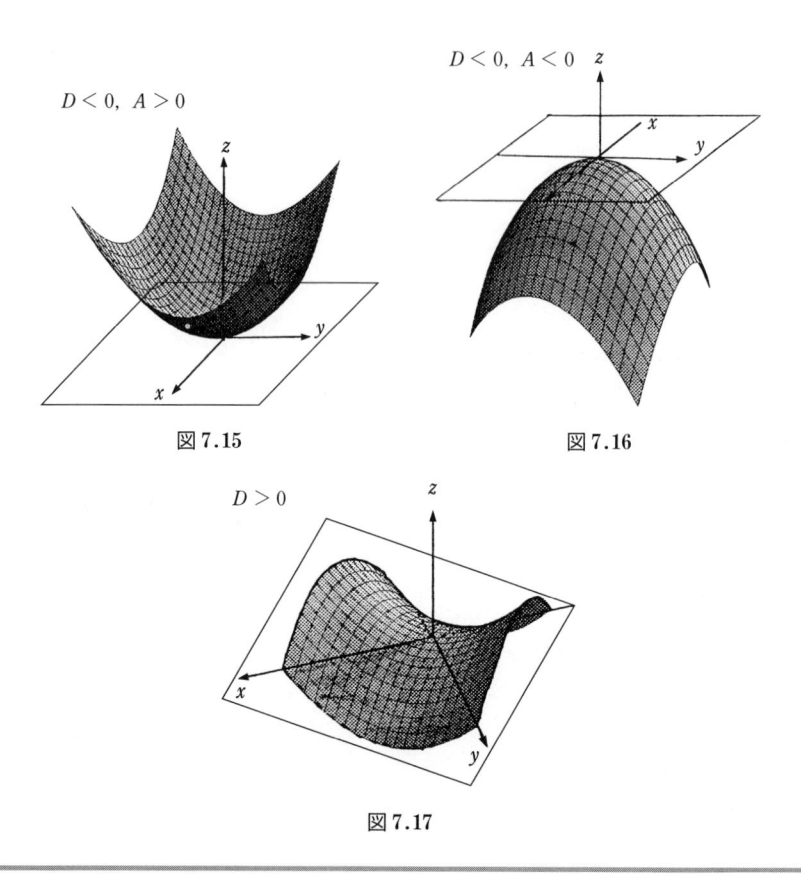

図 7.15

$D<0,\ A<0$

図 7.16

$D>0$

図 7.17

定理 11 関数 $f(x,y)$ が C^2 級であって，$f_x(a,b)=f_y(a,b)=0$ とする．
$$H(x,y)=f_{xy}(x,y)^2-f_{xx}(x,y)\cdot f_{yy}(x,y)$$
とすると，
(1) $H(a,b)<0$ であるとき，
  (i) $f_{xx}(a,b)>0$ であれば，$f(x,y)$ は点 (a,b) で極小となり，
  (ii) $f_{xx}(a,b)<0$ であれば，$f(x,y)$ は点 (a,b) で極大となる．
(2) $H(a,b)>0$ であるときには，$f(x,y)$ は点 (a,b) で極大にも極小にもならない．

証明 ここでは証明の概略を述べる．$f_x(a,b)=0$，$f_y(a,b)=0$ であることに注意して，テイラーの定理（定理8，$n=2$）を適用すれば，

$$f(a+h,b+k)-f(a,b)$$
$$=\frac{1}{2}\{h^2 f_{xx}(a+\theta h,b+\theta k)+2hk f_{xy}(a+\theta h,b+\theta k)$$
$$+k^2 f_{yy}(a+\theta h,b+\theta k)\} \quad (0<\theta<1)$$

いま

$$f_{xx}(a+\theta h,b+\theta k)-f_{xx}(a,b)=\varepsilon_1$$
$$f_{xy}(a+\theta h,b+\theta k)-f_{xy}(a,b)=\varepsilon_2$$
$$f_{yy}(a+\theta h,b+\theta k)-f_{yy}(a,b)=\varepsilon_3$$

とおけば，f_{xx},f_{xy},f_{yy} が連続であるから，$\rho=\sqrt{h^2+k^2}\to 0$ のとき，θ に関係なく $\varepsilon_i \to 0$ $(i=1,2,3)$ となる．したがって

$$f(a+h,b+k)-f(a,b)=\frac{1}{2}\{f_{xx}(a,b)h^2+2f_{xy}(a,b)hk+f_{yy}(a,b)k^2\}+\varepsilon$$

$$\varepsilon=\frac{1}{2}\{\varepsilon_1 h^2+2\varepsilon_2 hk+\varepsilon_3 k^2\}$$

と表される．さらに $\dfrac{h}{\rho}=\lambda$，$\dfrac{k}{\rho}=\mu$ とおけば $\lambda^2+\mu^2=1$ であり

$$\varepsilon=\frac{\rho^2}{2}\{\varepsilon_1\lambda^2+2\varepsilon_2\lambda\mu+\varepsilon_3\mu^2\}<\frac{\rho^2}{2}(\varepsilon_1+2\varepsilon_2+\varepsilon_3)$$

と表せるから，ρ が十分小さければ，$f(a+h,b+k)-f(a,b)$ は2次式

$$\frac{1}{2}\{f_{xx}(a,b)h^2+2f_{xy}(a,b)hk+f_{yy}(a,b)k^2\}$$

で近似される．ここで前の補題を使用する．(1) の (i) の場合，ρ が十分小さければ，$f(a+h,b+k)-f(a,b)$ は正定値となり，したがって $f(a,b)$ は極小値となる．同様に (1) の (ii) の場合，$f(a,b)$ は極大値となる．(2) の場合には，ρ をどんなに小さくとっても，$f(a+h,b+k)-f(a,b)$ は正の値も負の値もとりうるから，$f(a,b)$ は極値とならない． ∎

例題 23 $f(x,y) = x^3 - 6xy + y^3$ の極値を求めよ．

解
$$\begin{cases} f_x(x,y) = 3x^2 - 6y = 0 \\ f_y(x,y) = -6x + 3y^2 = 0 \end{cases}$$

を満たす点は $(0,0)$ と $(2,2)$ である．$f_{xx} = 6x$，$f_{xy} = -6$，$f_{yy} = 6y$ より，
$$H(x,y) = (-6)^2 - 6x \cdot 6y = 36(1-xy)$$
$H(0,0) = 36 > 0$ だから，$(0,0)$ で $f(x,y)$ は極値とならない．$H(2,2) = -108 < 0$，$f_{xx}(2,2) = 12 > 0$ であるから，$(2,2)$ で $f(x,y)$ は極小値 $f(2,2) = -8$ をとる． ∎

問 20 つぎの関数の極値を調べよ．
(1) $f(x,y) = x^2 + xy + y^2 - 4x - 2y$
(2) $f(x,y) = x^4 + y^4 - 2x^2 - 2y^2 + 4xy$
(3) $f(x,y) = x^2 + 2xy + 2y^2$ (4) $f(x,y) = xy + 3y - x^2 - y^2$

条件付き極値問題

変数 x, y の間に制約条件
$$\varphi(x,y) = 0 \tag{7.6}$$
があるとき，この条件のもとでの $f(x,y)$ の極大・極小について調べる．

$\varphi(a,b) = 0$ とし，(a,b) の近くで，$\varphi(x,y) = 0$ を満たす任意の (x,y) に対して，
$$f(x,y) < f(a,b) \quad (あるいは f(x,y) > f(a,b))$$
であるとき，$f(a,b)$ は**条件**(7.6)**付きの極大**（あるいは**極小**）であるという．

例題 24 $x+y-1 = 0$ のもとで，$z = x^2 + y^2$ の極値を調べる（図 7.18 参照）．

解 $y = 1-x$ であるから
$$z = x^2 + (1+x)^2 = 2x^2 - 2x + 1$$
$$= 2\left(x - \frac{1}{2}\right)^2 + \frac{1}{2}$$

したがって，$(x,y) = \left(\frac{1}{2}, \frac{1}{2}\right)$ で極小値 $\frac{1}{2}$ をとる． ∎

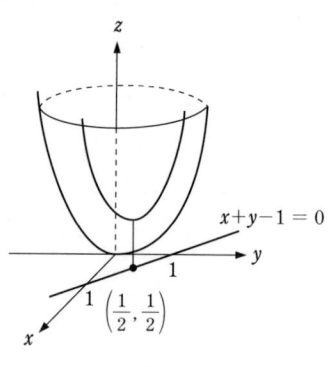

図 7.18

条件付きの極値問題を調べるのにつぎの定理が役に立つ.

> **定理12（ラグランジュ（Lagrange）の未定係数法）** $\varphi(x,y), f(x,y)$ はともに C^1 級とする．このとき，$\varphi(x,y)=0$ の条件のもとで $f(x,y)$ が点 (a,b) で極値をもつなら，(a,b) は，λ を未定係数として，
> $$\begin{cases} f_x(a,b)+\lambda\varphi_x(a,b)=0 \\ f_y(a,b)+\lambda\varphi_y(a,b)=0 \\ \varphi(a,b)=0 \end{cases}$$
> を満足する．ただし，$\varphi_x(a,b), \varphi_y(a,b)$ の少なくとも一方は 0 でないとする．

証明 $\varphi_y(a,b)\neq 0$ と仮定する．$\varphi(x,y)=0$ より，$x=a$ の近傍で陰関数 $y=y(x)$（$b=y(a)$）が定まる．$f(x,y(x))$ が $x=a$ で極値をもつから，
$$\frac{d}{dx}f(x,y(x))|_{x=a}=0$$
$$\therefore\quad f_x(a,b)+f_y(a,b)y'(a)=0$$
となる．他方，定理9より $y'(a)=-\dfrac{\varphi_x(a,b)}{\varphi_y(a,b)}$ である．これを上式に代入して
$$f_x(a,b)-\frac{f_y(a,b)}{\varphi_y(a,b)}\varphi_x(a,b)=0$$
ここで，$\lambda=-\dfrac{f_y(a,b)}{\varphi_y(a,b)}$ とおけば，
$$f_x(a,b)+\lambda\varphi_x(a,b)=0$$
$$f_y(a,b)+\lambda\varphi_y(a,b)=0$$
となる．

$\varphi_x(a,b)\neq 0$ の場合には，$\lambda=-\dfrac{f_x(a,b)}{\varphi_x(a,b)}$ とおけば同様の関係式が得られる． ∎

例題24において，$f(x,y)=x^2+y^2$，$\varphi(x,y)=x+y-1$ とおけば，

$$\begin{cases} 2a+\lambda=0 \\ 2b+\lambda=0 \\ a+b-1=0 \end{cases} \quad \text{ゆえに} \quad a=b=\frac{1}{2},\ \lambda=-1$$

となる．

定理 12 で定まる点 (a,b) は，あくまで，条件付きの極値をとる可能性のある点であり，実際この点で極値をとるのかどうか，さらにはこの点で極大となるのか極小となるのかについては別途に考察しなければならない．

例題 25 条件 $\varphi(x,y)=x^2+y^2-1=0$ のもとで，$f(x,y)=x+2y$ の極値を求めよ．

解
$$\begin{cases} 1+2\lambda a=0 \\ 2+2\lambda b=0 \\ a^2+b^2-1=0 \end{cases} \quad \text{ゆえに} \quad \frac{1}{4\lambda^2}+\frac{1}{\lambda^2}=1$$

$$\therefore\ \lambda=\pm\frac{\sqrt{5}}{2}$$

$\lambda=\frac{\sqrt{5}}{2}$ のとき，$(a,b)=\left(\frac{-1}{\sqrt{5}},\frac{-2}{\sqrt{5}}\right)$ で，$f\left(\frac{-1}{\sqrt{5}},\frac{-2}{\sqrt{5}}\right)=-\sqrt{5}$

$\lambda=\frac{-\sqrt{5}}{2}$ のとき，$(a,b)=\left(\frac{1}{\sqrt{5}},\frac{2}{\sqrt{5}}\right)$ で，$f\left(\frac{1}{\sqrt{5}},\frac{2}{\sqrt{5}}\right)=\sqrt{5}$

曲面 $z=f(x,y)=x+2y$ は平面であり，$x^2+y^2=1$ の条件のもとで点 (x,y) を動かせば，$f(x,y)$ はある値から出発して，またその値に戻ってくるから，途中で最大値と最小値が存在する．したがって，

$$\left(\frac{1}{\sqrt{5}},\frac{2}{\sqrt{5}}\right)\text{で，最大値}\ \sqrt{5},\quad \left(\frac{-1}{\sqrt{5}},\frac{-2}{\sqrt{5}}\right)\text{で，最小値}\ -\sqrt{5}$$

をとる．

問 21 条件 $\varphi(x,y)=0$ のもとで，$f(x,y)$ の極値を求めよ．
 (1) $\varphi(x,y)=x^2+xy+y^2-1,\quad f(x,y)=x+2y$
 (2) $\varphi(x,y)=x^2+xy+y^2-4,\quad f(x,y)=\frac{1}{2}(x^2+y^2)$
 (3) $\varphi(x,y)=x^2+y^2-1,\quad f(x,y)=3x^2+4xy+3y^2$

演習問題 7

1. つぎの関数を偏微分せよ．

(1) $z = x^3 + y^5$ (2) $z = x^4 \sin y$ (3) $z = \dfrac{x^2}{x - y^3}$

(4) $x = \sqrt{x^2 + y^2}$ (5) $z = (x^3 - 3y^2 - 4)^6$

(6) $z = \sin(x^3 y^2 - x^2 y^5)$ (7) $z = \log(x^4 - 5x^2 y^3 + 2y^4 + 2)$

2. つぎの関数の全微分を求めよ．

(1) $z = x^2 y^3 + x^4 \sin y$ (2) $z = e^x \log y$ (3) $z = \dfrac{x^3}{y} - \dfrac{y}{x^2}$

3. $\dfrac{dz}{dt}$ を求めよ．

(1) $z = x^3 + y^2,\ x = t^4,\ y = t^2$ (2) $z = x^3 y^4,\ x = t^3,\ y = t^2$

(3) $z = x^2 - y^2,\ x = \cos t,\ y = \sin t$

4. $\dfrac{\partial z}{\partial u},\ \dfrac{\partial z}{\partial v}$ を求めよ．

(1) $z = x^2 y^2,\ x = u^2 v^4,\ y = u^3 v^2$

(2) $z = x^2 y - xy^3,\ x = u^2 v,\ y = u^2 v^2$

5. つぎの関数 $f(x, y)$ のマクローリン級数を2次の項まで求めよ．

(1) $f(x, y) = \sqrt{1 + x^2 + y^2}$ (2) $f(x, y) = e^{3x} \cos 2y$

(3) $f(x, y) = \dfrac{1}{1 + x - y}$

6. つぎの関係式で与えられる陰関数について，$\dfrac{dx}{dy}$ を求めよ．

(1) $x^2 + 2xy - y^2 = 1$ (2) $x^2 + y^2 = x + y$

(3) $\sin(x + 2y) + xy = 1$ (4) $x^3 + y^3 - 3axy = 0$ （$a > 0$）

7. つぎの関係式で与えられる陰関数の極値を求めよ．

(1) $x^3 + y^3 + y - 3x = 0$ (2) $x^4 + 2x^2 + y^3 - y = 0$

8. つぎの関数の極値を求めよ．

(1) $f(x, y) = 2x^3 + 3x^2 - y^2$

(2) $f(x, y) = x^2 y^2 - x^2 - y^2 + 1$

(3) $f(x, y) = x^3 - 3xy + y^3$

9. 条件 $\varphi(x, y) = 0$ のもとで $f(x, y)$ の極値を求めよ．

(1) $\varphi(x, y) = x^3 - 3xy + y^3,\quad f(x, y) = x^2 + y^2$

(2) $\varphi(x, y) = x^2 + y^2 - 1,\quad f(x, y) = x^3 + y^3$

8

2 重 積 分

これまで取り扱ってきた1変数の定積分 $\int_a^b f(x)\,dx$ は閉区間 $[a, b]$ の分割に対する Riemann 和の極限として定式化された．そして，その根底には面積の概念があった．

積分に対するこの考え方は2変数関数についても拡張される．閉区間で連続な関数に対応するものとして，連続曲線で囲まれた有界閉領域 D と D で連続な2変数関数 $f(x, y)$ を考え，領域 D の分割に対する Riemann 和の極限として2重積分 $\iint_D f(x, y)\,dxdy$ が定式化される．その根底には体積の概念がある．

本章では，2重積分の定義と性質，2重積分の計算，そして2重積分の種々の応用について述べる．

§1 2重積分の定義

D を xy 平面上の有界閉領域とする．D をいくつかの連続曲線で細かく分割してできる小閉領域を D_i $(i = 1, 2, \cdots, n)$ とする（図8.1）．この分割を Δ としよう．どの D_i をとっても，D_i 内の任意の2点の距離がつねに正数 δ 以下であるとき，分割 Δ は "δ より細かい" という．

一例として，a, b, c, d $(a < b,\ c < d)$ を適当に選べば D は4直線 $x = a,\ x = b,\ y = c,$

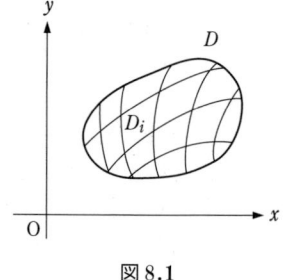

図8.1

$y = d$ で囲まれる．区間 $[a, b], [c, d]$ をそれぞれ m 等分し，それらの分点を通り，それぞれ y 軸，x 軸に平行な直線を引き，これらの直線によってできる D の分割を Δ_m とすれば，Δ_m は $\delta = \dfrac{1}{m}\sqrt{(b-a)^2+(d-c)^2}$ より細かくなる．したがって，m を大きくしていけば，D の分割を限りなく細かくとることができる．

D を有界閉領域とし，$f(x, y)$ は D で連続とする．D の分割 Δ による小領域 D_i $(i = 1, 2, \cdots, n)$ の面積をそれぞれ S_i とする．各 D_i に属する任意の点 (ξ_i, η_i) をとって，**Riemann 和**

$$\sum_{i=1}^{n} f(\xi_i, \eta_i) S_i$$

をつくる．D の分割 Δ を限りなく細かくしていくとき，分割のとり方および点 (ξ_i, η_i) の選び方に関係なく，この Riemann 和は一定の値に近づく．このときの極限値を

$$\iint_D f(x, y)\, dxdy \quad \text{または} \quad \iint_D f\, dS$$

と表し，領域 D における $f(x, y)$ の **2 重積分**という．$f(x, y)$ をこの 2 重積分の **被積分関数**という．

図 8.2

注意 1 領域 D 上で $f(x, y)$ が恒等的に 1 であれば，Riemann 和は領域 D の面積 S に等しく，したがって $\iint_D f(x, y)\, dxdy = S$ である．

注意 2 領域 D 上で $f(x, y) > 0$ であれば，Riemann 和の構成法からわかるように，$\iint_D f(x, y)\, dxdy$ は図 8.3 のような，D を底面とし，曲面：$z = f(x, y)$ を上面とする柱状立体の体積を表している．

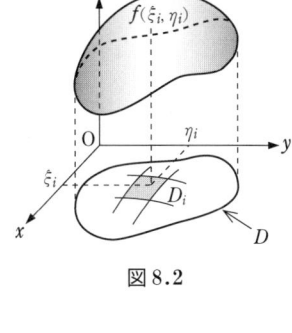

図 8.3

このように定義される 2 重積分はつぎのような性質を有する．

定理1 $f(x,y), g(x,y)$ は有界閉領域 D で連続とする．

(1) $\iint_D (f \pm g)\, dS = \iint_D f\, dS \pm \iint_D g\, dS$

(2) $\iint_D kf\, dS = k \iint_D f\, dS$ （k は定数）

(3) D が 2 つの閉領域 D_1, D_2 に分かれているとき，
$$\iint_D f\, dS = \iint_{D_1} f\, dS + \iint_{D_2} f\, dS$$

(4) D で $f(x,y) \geqq g(x,y)$ であるとき，
$$\iint_D f\, dS \geqq \iint_D g\, dS$$

(5) とくに
$$\left|\iint_D f\, dS\right| \leqq \iint_D |f|\, dS$$

証明 証明は省略する．いずれの命題も 2 重積分の定義から導かれる．

定理2（平均値の定理） $f(x,y)$ は有界閉領域 D で連続とするとき
$$\iint_D f(x,y)\, dxdy = f(\xi, \eta) S$$
となるような D 内の点 (ξ, η) が存在する．ただし，S は領域 D の面積である．

証明の概略 $f(x,y)$ は D で最大値，最小値をもつ．
$$m = f(x_1, y_1), \quad M = f(x_2, y_2)$$
をそれぞれ $f(x,y)$ の最大値，最小値とすると，定理1(4)より
$$mS = \iint m\, dxdy \leqq \iint_D f(x,y)\, dxdy \leqq \iint_D M\, dx\, dy = MS$$
したがって
$$m \leqq \frac{1}{S} \iint_D f(x,y)\, dxdy \leqq M$$
D は連結だから $(x_1, y_1), (x_2, y_2)$ を結ぶ連続曲線 C が存在する．C 上で

$f(x, y)$ は連続で，m から M までの値をとるので，
$$\frac{1}{S} \iint_D f(x, y)\, dxdy = f(\xi, \eta)$$
となる点 (ξ, η) が C 上に存在する．

§2　2重積分の計算

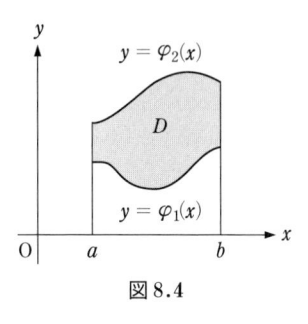

D が図 8.4 に示すように 2 直線 $x = a$, $x = b$ ($a < b$) と 2 つの連続曲線 $y = \varphi_1(x)$, $y = \varphi_2(x)$ ($\varphi_1(x) \leqq \varphi_2(x)$) で囲まれた閉領域とするとき，$D$ での 2 重積分は単積分 (1 変数の積分) を 2 回続けて行うことによって求めることができる．

図 8.4

定理 3（累次積分）　D を図 8.4 に示したような有界閉領域とし，$f(x, y)$ は D で連続とする．このとき，
$$\iint_D f(x, y)\, dxdy = \int_a^b \left\{ \int_{\varphi_1(x)}^{\varphi_2(x)} f(x, y)\, dy \right\} dx$$

証明　$f(x, y) = M$（定数）の場合には，
$$\int_a^b \left\{ \int_{\varphi_1(x)}^{\varphi_2(x)} M\, dy \right\} dx = M \int_a^b \{\varphi_2(x) - \varphi_1(x)\}\, dx = MS$$
ただし，S は領域 D の面積である．よって，前節の注意 1 より，$f(x, y) = M$ のときには定理は正しい．

一般の場合，必要なら適当な正の数を加えることにより，D で $f(x, y) > 0$ と仮定してよい．さらに $f(x, y) > 0$ の場合には，前節の注意 2 により，2 重積分は図 8.5 のような柱状立体の体積に等しい．この柱状立体を，x 軸上の点 x を通り x 軸に垂直な平面で切り取るときの切り口の面積 $S(x)$ は
$$S(x) = \int_{\varphi_1(x)}^{\varphi_2(x)} f(x, y)\, dy$$

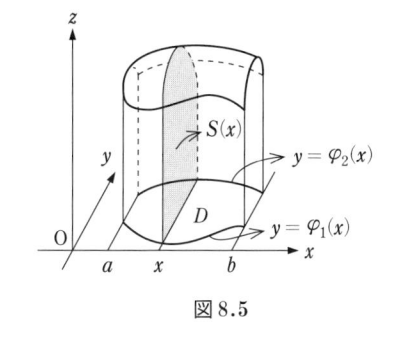

図 8.5

で与えられるから，第 6 章 §5.2 より，柱状立体の体積は
$$\int_a^b \left\{ \int_{\varphi_1(x)}^{\varphi_2(x)} f(x,y)\, dy \right\} dx$$
よって定理の等式が成立する． ■

同様の考えで，D を図 8.6 のように，2 直線 $y = c,\ y = d\ (c > d)$ と連続曲線 $x = \psi_1(y),\ x = \psi_2(y)\ (\psi_1(x) \leq \psi_2(y))$ で囲まれる有界閉領域とするとき，つぎの定理が成り立つ．

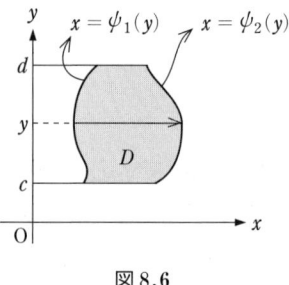

図 8.6

> **定理 3′（累次積分）** D を図 8.6 に示したような有界閉領域とし，$f(x, y)$ は D において連続とする．このとき，
> $$\iint_D f(x,y)\, dxdy = \int_c^d \left\{ \int_{\psi_1(y)}^{\psi_2(y)} f(x,y)\, dx \right\} dy$$

証明 x と y の役割を入れ換えれば，定理 3 の証明とまったく同様である． ■

定理 3, 3′ における
$$\int_a^b \left\{ \int_{\varphi_1(x)}^{\varphi_2(x)} f(x,y)\, dy \right\} dx, \quad \int_c^d \left\{ \int_{\psi_1(y)}^{\psi_2(y)} f(x,y)\, dx \right\} dy$$
をそれぞれ
$$\int_a^b dx \int_{\varphi_1(x)}^{\varphi_2(x)} f(x,y)\, dy, \quad \int_c^d dy \int_{\psi_1(y)}^{\psi_2(y)} f(x,y)\, dx$$
と表すこともある．

例題 1 $D = \{(x, y) \mid 0 \leq x \leq 2,\ x^2 \leq y \leq x+2\}$ に対し，$\iint_D (xy + 3)\, dxdy$ を計算せよ（図 8.7 参照）．

解 定理 3 を使用する．

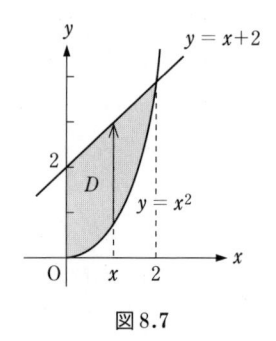

図 8.7

$$\iint_D (xy+3)\,dxdy = \int_0^2 \left\{\int_{x^2}^{x+2}(xy+3)\,dy\right\}dx = \int_0^2 \left[\frac{1}{2}xy^2+3y\right]_{x^2}^{x+2}dx$$

$$= \int_0^2 \left\{\frac{1}{2}x(x+2)^2+3(x+2)-\frac{1}{2}x^5-3x^2\right\}dx = \int_0^2 \left(-\frac{1}{2}x^5+\frac{1}{2}x^3-x^2+5x+6\right)dx$$

$$= \left[-\frac{1}{12}x^6+\frac{1}{8}x^4-\frac{1}{3}x^3+\frac{5}{2}x^2+6x\right]_0^2 = 16 \qquad \blacksquare$$

例題2 $D = \{(x,y) \mid x \geq 0,\ x^2+y^2 \leq 4\}$ に対し，$\iint_D (y+1)x\,dxdy$ を計算せよ（図8.8参照）．

解 定理3′を使用．

$$\iint_D (y+1)x\,dxdy = \int_{-2}^2 \left\{\int_0^{\sqrt{4-y^2}}(y+1)x\,dx\right\}dy$$

$$= \int_{-2}^2 \left[\frac{1}{2}x^2(y+1)\right]_0^{\sqrt{4-y^2}}dy$$

$$= \int_{-2}^2 \frac{1}{2}(y+1)(4-y^2)\,dy = \frac{16}{3} \qquad \blacksquare$$

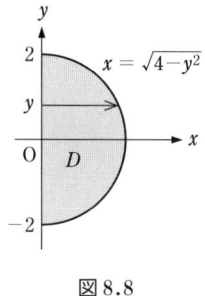

図8.8

問1 例題2の2重積分を定理3を用いて計算せよ．

問2 つぎの2重積分を計算せよ．

(1) $\iint_D (x^2y+xy^2)\,dxdy \qquad D = \{(x,y) \mid 0 \leq x \leq 2,\ 1 \leq y \leq 3\}$

(2) $\iint_D (2x^3y+4xy)\,dxdy \qquad D = \{(x,y) \mid 0 \leq x \leq 3,\ 0 \leq y \leq 2\}$

(3) $\iint_D (x+y)\,dxdy \qquad D = \{(x,y) \mid 0 \leq x \leq 1,\ x \leq y \leq 2x\}$

(4) $\iint_D (1-x-y)\,dxdy \qquad D = \{(x,y) \mid x+y \leq 1,\ x \geq 0,\ y \geq 0\}$

問3 つぎの累次積分の積分順序を変更せよ．

(1) $\int_0^9 dx \int_0^{\sqrt{x}} f(x,y)\,dy$ \qquad (1) $\int_0^2 dy \int_y^2 f(x,y)\,dx$

§3 変数変換法

1変数の定積分において，置換積分を考えることにより，複雑な積分を簡単な積分に変換することができた．ここでは同様の考えを2重積分に適用する．そのためには少し事前の準備が必要である．

u,v に関する C^1 級関数の組

$$\begin{cases} x = \varphi(u,v) \\ y = \psi(u,v) \end{cases} \qquad (8.1)$$

による変数変換を考える.

例題 3 1 次変換 $\begin{cases} x = au+bv \\ y = cu+dv \end{cases}$ $(ad-bc \neq 0)$ により,

(1) uv 平面上の直線は xy 平面上の直線に移る.

(2) uv 平面上の平行四辺形の領域は xy 平面上の平行四辺形の領域に移る.

解 (1) uv 平面上の 2 点 $(u_1, v_1), (u_2, v_2)$ は,この変換により,それぞれ $(x_1, y_1), (x_2, y_2)$ に移る. ただし,

$$\begin{pmatrix} x_i \\ y_i \end{pmatrix} = \begin{pmatrix} a & b \\ c & d \end{pmatrix} \begin{pmatrix} u_i \\ v_i \end{pmatrix} \quad (i=1,2)$$

2 点 $(u_1, v_1), (u_2, v_2)$ を通る直線 L' は

$$\begin{cases} u = u_1 + s(u_2 - u_1) \\ v = v_1 + s(v_2 - v_1) \end{cases} \quad (s \text{ は実数})$$

と表される.

$$\begin{pmatrix} x \\ y \end{pmatrix} = \begin{pmatrix} a & b \\ c & d \end{pmatrix} \begin{pmatrix} u \\ v \end{pmatrix} = \begin{pmatrix} a & b \\ c & d \end{pmatrix} \begin{pmatrix} u_1 + s(u_2 - u_1) \\ v_1 + s(v_2 - v_1) \end{pmatrix}$$

$$= \begin{pmatrix} x_1 \\ y_1 \end{pmatrix} + s \begin{pmatrix} x_2 - x_1 \\ y_2 - y_1 \end{pmatrix}$$

であるから,L' は $(x_1, y_1), (x_2, y_2)$ を通る直線 L に移る.

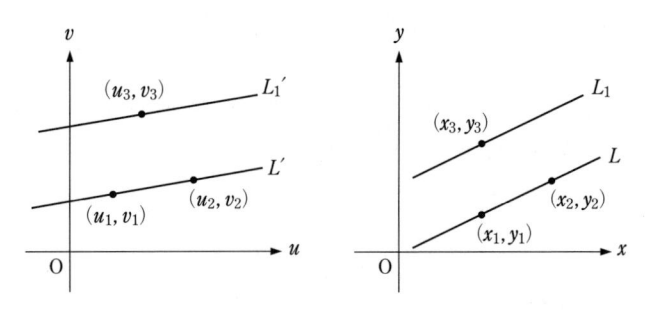

図 8.9

(2) uv 平面上の点 (u_3, v_3) を通り L' に平行な直線 L_1' は

$$\begin{cases} u = u_3 + s(u_2 - u_1) \\ v = v_3 + s(v_2 - v_1) \end{cases} \quad (s \text{ は実数})$$

と表される．$\begin{pmatrix} x_3 \\ y_3 \end{pmatrix} = \begin{pmatrix} a & b \\ c & d \end{pmatrix} \begin{pmatrix} u_3 \\ v_3 \end{pmatrix}$ とすれば

$$\begin{pmatrix} x \\ y \end{pmatrix} = \begin{pmatrix} a & b \\ c & d \end{pmatrix} \begin{pmatrix} u \\ v \end{pmatrix} = \begin{pmatrix} a & b \\ c & d \end{pmatrix} \begin{pmatrix} u_3 + s(u_2 - u_1) \\ v_3 + s(v_2 - v_1) \end{pmatrix}$$

$$= \begin{pmatrix} x_3 \\ y_3 \end{pmatrix} + s \begin{pmatrix} x_2 - x_1 \\ y_2 - y_1 \end{pmatrix}$$

であるから，L_1' は点 (x_3, y_3) を通り L に平行な直線 L_1 に移る．以上のことから，uv 平面上の平行四辺形は，この 1 次変換により，xy 平面上の平行四辺形に移ることがわかる．　■

問 4 1次変換 $\begin{cases} x = 2u + 3v \\ y = 2u + 5v \end{cases}$ により，uv 平面の 4 点 $(1,1), (3,1), (3,4),$ $(1,4)$ を頂点とする長方形は xy 平面上のどのような図形に移るか．

例題 4 極座標変換 $\begin{cases} x = r\cos\theta \\ y = r\sin\theta \end{cases}$ により，$r\theta$ 平面の矩形領域

$$R = \left\{ (r, \theta) \,\middle|\, 1 \leq r \leq 2,\ 0 \leq \theta \leq \frac{\pi}{4} \right\}$$

は xy 平面上のどのような領域に移るか．

解　この変換により，図 8.10，図 8.11 において，

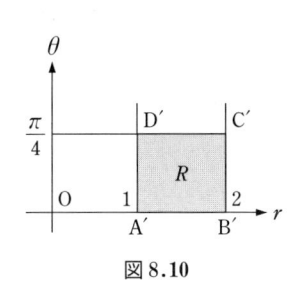

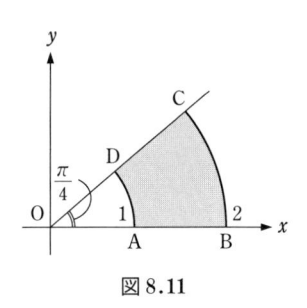

図 8.10　　　図 8.11

辺 A′B′ は線分 AB $= \{(x, 0) \mid 1 \leq x \leq 2\}$ に，

辺 B′C′ は円弧 BC $= \{(x, y) \mid x^2 + y^2 = 2,\ \sqrt{2} \leq x \leq 2,\ 0 \leq y \leq \sqrt{2}\}$ に，

辺 C′D′ は線分 CD $= \left\{ (x, y) \,\middle|\, y = x,\ \dfrac{1}{\sqrt{2}} \leq x \leq \sqrt{2} \right\}$ に，

§3 変数変換法

辺 D'A' は円弧 DA $= \left\{(x, y) \middle| x^2+y^2=1, \dfrac{1}{\sqrt{2}} \leq x \leq 1, 0 \leq y \leq \dfrac{1}{\sqrt{2}}\right\}$
に移る．よって，矩形領域 R は扇形 ABCD で囲まれる領域に移る． ■

一般に，変数変換 $\begin{cases} x = \varphi(u, v) \\ y = \psi(u, v) \end{cases}$ により，uv 平面上の微小矩形領域
$$R = \{(u, v) \mid u_0 \leq u \leq u_0+\Delta u, \ v_0 \leq v \leq v_0+\Delta v\}$$
が xy 平面上の領域 D と1対1に対応しているとき，R の面積 $S(R)$ と D の面積 $S(D)$ の比較をしてみよう（図 8.12，図 8.13 参照）．

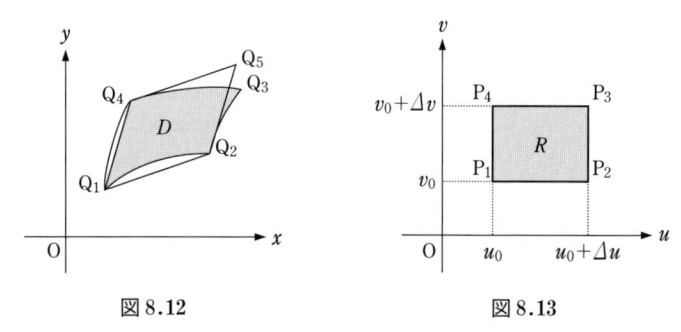

図 8.12　　　　図 8.13

uv 平面上の 4 点 $P_1(u_0, v_0)$, $P_2(u_0+\Delta u, v_0)$, $P_3(u_0+\Delta u, v_0+\Delta v)$, $P_4(u_0, v_0+\Delta v)$ が (8.1) の変換により，それぞれ xy 平面上の点 $Q_1(x_1, y_1)$, $Q_2(x_2, y_2)$, $Q_3(x_3, y_3)$, $Q_4(x_4, y_4)$ に対応しているとする．すなわち

$x_1 = \varphi(u_0, v_0),$　　　　　　$y_1 = \psi(u_0, v_0)$
$x_2 = \varphi(u_0+\Delta u, v_0),$　　　$y_2 = \psi(u_0+\Delta u, v_0)$
$x_3 = \varphi(u_0+\Delta u, v_0+\Delta v),$　$y_3 = \psi(u_0+\Delta u, v_0+\Delta v)$
$x_4 = \varphi(u_0, v_0+\Delta v),$　　　$y_4 = \psi(u_0, v_0+\Delta v)$

$\Delta u, \Delta v$ が十分小さいときには，D の面積 $S(D)$ は Q_1Q_2, Q_1Q_4 を 2 辺とする平行四辺形の面積で近似でき，その誤差は $(\Delta u)^2, \Delta u \Delta v, (\Delta v)^2$ などよりも高位の無限小である．したがって，$S(D)$ は
$$\begin{vmatrix} x_2-x_1 & x_4-x_1 \\ y_2-y_1 & y_4-y_1 \end{vmatrix}$$ の絶対値

で精密に近似される．他方，平均値の定理より

$$x_2-x_1 = \varphi(u_0+\Delta u, v_0)-\varphi(u_0, v_0)$$
$$= \varphi_u(u_0+\theta\Delta u, v_0)\,\Delta u \quad (0 < \theta < 1)$$
$$= \varphi_u(u_0, v_0)\,\Delta u + \rho_1\,\Delta u$$

と表される．ここで，$\rho_1 = \varphi_u(u_0+\theta\Delta u, v_0)-\varphi_u(u_0, v_0)$ であり，$\varphi_u(u, v)$ の連続性から，$\lim_{\Delta u \to 0} \rho_1 = 0$ となる．

同様に
$$x_4-x_1 = \varphi_v(u_0, v_0)\,\Delta v + \rho_2\,\Delta v, \quad \lim_{\Delta v \to 0} \rho_2 = 0$$
$$y_2-y_1 = \psi_u(u_0, v_0)\,\Delta u + \rho_3\,\Delta u, \quad \lim_{\Delta u \to 0} \rho_3 = 0$$
$$y_4-y_1 = \psi_v(u_0, v_0)\,\Delta v + \rho_4\,\Delta v, \quad \lim_{\Delta v \to 0} \rho_4 = 0$$

と表すことができる．したがって
$$\begin{vmatrix} x_2-x_1 & x_4-x_1 \\ y_2-y_1 & y_4-y_1 \end{vmatrix} = \begin{vmatrix} \varphi_u(u_0, v_0) & \varphi_v(u_0, v_0) \\ \psi_u(u_0, v_0) & \psi_v(u_0, v_0) \end{vmatrix} \Delta u\,\Delta v + \tilde{\rho}\,\Delta u\,\Delta v$$
$$\lim_{\Delta u, \Delta v \to 0} \tilde{\rho} = 0$$

となる．以上のことから近似式：
$$S(D) \fallingdotseq |J(u_0, v_0)|\,\Delta u\,\Delta v \tag{8.2}$$

ただし
$$J(u_0, v_0) = \begin{vmatrix} \varphi_u(u_0, v_0) & \varphi_v(u_0, v_0) \\ \psi_u(u_0, v_0) & \psi_v(u_0, v_0) \end{vmatrix}$$

が成り立つ．

例題 5　1次変数 $\begin{cases} x = au+bv \\ y = cu+dv \end{cases}$ $(ad-bc \neq 0)$ により，uv 平面の矩形領域 $R = \{(u, v) \mid u_0 \leq u \leq u_0+\Delta u,\ v_0 \leq v \leq v_0+\Delta v\}$ は xy 平面上の平行四辺形の領域 P と1対1に対応し，P の面積は
$$S(P) = |ad-bc|\,\Delta u\,\Delta v$$

である．

証明　例題3により，uv 平面の矩形は平行四辺形に移る．したがって，(8.2) の関係式は，近似式ではなく，等式となる．しかも
$$J(u_0, v_0) = \begin{vmatrix} a & b \\ c & d \end{vmatrix}$$

であるから，例題5の等式が得られる．

u, v に関する C^1 級の関数の組 $\begin{cases} x = \varphi(u, v) \\ y = \psi(u, v) \end{cases}$ に対して，関数行列式

$$J(u, v) = \begin{vmatrix} \varphi_u(u, v) & \varphi_v(u, v) \\ \psi_u(u, v) & \psi_v(u, v) \end{vmatrix}$$

のことを，この関数の組の**ヤコビアン**（Jacobian）という．

例題 6 極座標変換 $\begin{cases} x = r \cos \theta \\ y = r \sin \theta \end{cases}$ のヤコビアン $J(r, \theta)$ を求めよ．

解 $J(r, \theta) = \begin{vmatrix} \cos \theta & -r \sin \theta \\ \sin \theta & r \cos \theta \end{vmatrix} = r(\cos^2 \theta + \sin^2 \theta) = r$ ∎

定理 4 C^1 級の関数の組 $\begin{cases} x = \varphi(u, v) \\ y = \psi(u, v) \end{cases}$ による変数変換により，uv 平面の有界閉領域 R と xy 平面の有界閉領域 D が 1 対 1 に対応し，R で $J(u, v) \neq 0$ とするとき，D で連続な関数 $f(x, y)$ に対して

$$\iint_D f(x, y)\, dxdy = \iint_R f(\varphi(u, v), \psi(u, v)) |J(u, v)|\, dudv$$

が成り立つ．

証明 ここでは，R が uv 平面の矩形 $\{(u, v) \mid a \leq u \leq b, \ c \leq v \leq d\}$ の場合について考え，証明の概略を示すことにする．

$$\Delta_u: \quad a = u_0 < u_1 < \cdots < u_n = b$$
$$\Delta_v: \quad c = v_0 < v_1 < \cdots < v_m = d$$

をそれぞれ，区間 $[a, b], [c, d]$ の分割とし（図 8.14），xy 平面上の曲線の族

$$C_i: \begin{cases} x = \varphi(u_i, t) \\ y = \psi(u_i, t) \end{cases} \quad (i = 1, 2, \cdots, n)$$

$$\Gamma_j: \begin{cases} x = \varphi(t, v_j) \\ y = \psi(t, v_j) \end{cases} \quad (j = 1, 2, \cdots, m)$$

によって領域 D を分割する．4 曲線 $C_{i-1}, C_i, \Gamma_{j-1}, \Gamma_j$ で囲まれる小領域を D_{ij} とし（図 8.15），D_{ij} の面積を S_{ij} とする．D_{ij} に属する点 (ξ_{ij}, η_{ij}) として

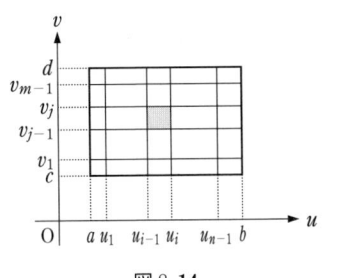

図 8.14

図 8.15

$$\xi_{ij} = \varphi(u_{i-1}, v_{j-1}), \qquad \eta_{ij} = \psi(u_{i-1}, v_{j-1})$$

をとり，リーマン和

$$\sum_{\substack{1 \leq i \leq n \\ 1 \leq j \leq m}} f(\xi_{ij}, \eta_{ij}) S_{ij}$$

をつくる．分割を限りなく細かくするとき，2重積分の定義より

$$\lim \sum_{\substack{1 \leq i \leq n \\ 1 \leq j \leq m}} f(\xi_{ij}, \eta_{ij}) S_{ij} = \iint_D f(x, y)\, dxdy$$

となる．他方，近似式 (8.2) より，

$$S_{ij} \fallingdotseq |J(u_{i-1}, v_{j-1})|\, \Delta u_i\, \Delta v_j \quad (\Delta u_i = u_i - u_{i-1},\ \Delta v_j = v_j - v_{j-1})$$

であるから，

$$\sum_{\substack{1 \leq i \leq n \\ 1 \leq j \leq m}} f(\xi_{ij}, \eta_{ij}) S_{ij}$$

$$\fallingdotseq \sum_{\substack{1 \leq i \leq n \\ 1 \leq j \leq m}} f(\varphi(u_{i-1}, v_{j-1}), \psi(u_{i-1}, v_{j-1})) |J(u_{i-1}, v_{j-1})|\, \Delta u_i\, \Delta v_j$$

である．分割を限りなく細かくするとき，上式の両辺は同じ極限値に近づき，かつ右辺の極限値は

$$\iint_R f(\varphi(u, v), \psi(u, v)) |J(u, v)|\, dudv$$

である．したがって，定理の等式が導かれる（このあたりの証明は厳密に展開されるべきであるが，ここではその概略だけにとどめた）．

　R が一般の閉領域の場合は，上の結果をもとにして証明されるが，ここでは省略する．

§3 変数変換法

系 極座標系で，半直線 $\theta = \alpha$, $\theta = \beta$ ($\alpha < \beta$) と連続曲線 $r = \varphi(\theta)$, $r = \psi(\theta)$ ($0 < \varphi(\theta) \leqq \psi(\theta)$) で囲まれた領域を D とし，D で連続な関数を $f(x, y)$ とすれば，
$$\iint_D f(x, y)\, dxdy = \int_\alpha^\beta d\theta \int_{\varphi(\theta)}^{\psi(\theta)} f(r\cos\theta, r\sin\theta) r\, dr$$

証明 極座標変換 $\begin{cases} x = r\cos\theta \\ y = r\sin\theta \end{cases}$ で，$r\theta$ 平面の領域
$$R = \{(r, \theta)\,|\, \alpha \leqq \theta \leqq \beta,\ \varphi(\theta) \leqq r \leqq \psi(\theta)\}$$
と xy 平面の領域 D が 1 対 1 に対応している (図 8.16, 図 8.17). 例題 6 より，$J(r, \theta) = r$ であるから, 定理 4 より
$$\iint_D f(x, y)\, dxdy = \iint_R f(r\cos\theta, r\sin\theta) r\, drd\theta$$
$$= \int_\alpha^\beta d\theta \int_{\varphi(\theta)}^{\psi(\theta)} f(r\cos\theta, r\sin\theta) r\, dr \qquad \blacksquare$$

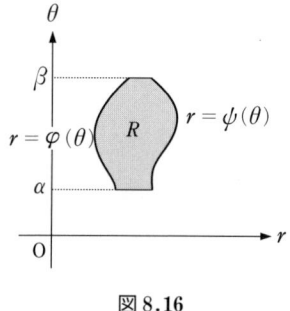

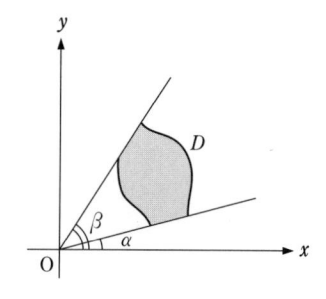

図 8.16

図 8.17

例題 7 つぎの 2 重積分を計算せよ．
$$\iint_D (x+y)^2 e^{x-y}\, dxdy \quad \text{ただし}\quad D = \{(x, y)\,|\,|x+y| \leqq 1,\ |x-y| \leqq 1\}$$

解 $\begin{cases} u = x+y \\ v = x-y \end{cases}$ すなわち $\begin{cases} x = \dfrac{u+v}{2} \\ y = \dfrac{u-v}{2} \end{cases}$ と変数変換する．この 1 次変換により，領域 D は uv 平面上の矩形領域 $R = \{(u, v)\,|\,|u| \leqq 1,\ |v| \leqq 1\}$ と 1 対 1 に対応

している（図 8.18，図 8.19）.

また，この変換のヤコビアンは

$$J(u,v) = \begin{vmatrix} \dfrac{1}{2} & \dfrac{1}{2} \\ \dfrac{1}{2} & -\dfrac{1}{2} \end{vmatrix} = -\dfrac{1}{2} \qquad |J(u,v)| = \dfrac{1}{2}$$

である．したがって

$$\iint_D (x+y)^2 e^{x-y}\,dxdy = \iint_R u^2 e^v \dfrac{1}{2}\,dudv = \dfrac{1}{2}\int_{-1}^{1} du \int_{-1}^{1} u^2 e^v\,dv$$
$$= \dfrac{1}{2}\int_{-1}^{1} u^2\left(e - \dfrac{1}{e}\right)du = \dfrac{1}{3}\left(e - \dfrac{1}{e}\right) \blacksquare$$

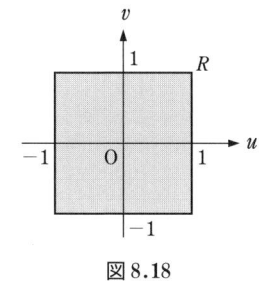

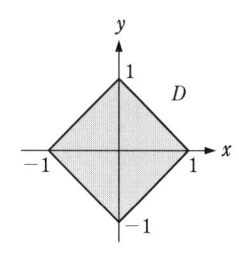

図 8.18

図 8.19

例題 8 極座標変換を用いてつぎの 2 重積分を求めよ.

$$\iint_D (x+y+1)\,dxdy \quad \text{ただし} \quad D = \{(x,y)\,|\,x^2+y^2 \leqq 1,\ y \geqq 0\}$$

解 極座標変換 $\begin{cases} x = r\cos\theta \\ y = r\sin\theta \end{cases}$ により領域 D は，$r\theta$ 平面の矩形領域

$$R = \{(r,\theta)\,|\,0 \leqq \theta \leqq \pi,\ 0 \leqq r \leqq 1\}$$

と 1 対 1 に対応している（図 8.20，図 8.21）.

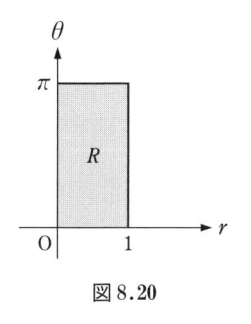

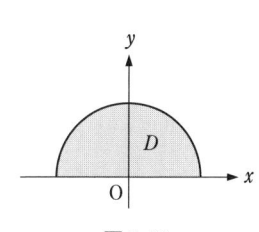

図 8.20

図 8.21

§3 変数変換法

したがって，定理 4 の系により

$$\iint_D (x+y+1)\,dxdy = \iint_R (r\cos\theta + r\sin\theta + 1)r\,drd\theta$$
$$= \int_0^\pi d\theta \int_0^1 \{r^2(\cos\theta+\sin\theta)+r\}\,dr$$
$$= \int_0^\pi \left\{\frac{1}{3}(\cos\theta+\sin\theta)+\frac{1}{2}\right\}d\theta = \frac{2}{3}+\frac{\pi}{2}$$
∎

問 5 1 次変換 $\begin{cases} u = x+y \\ v = x-y \end{cases}$ を用いてつぎの 2 重積分を求めよ．

(1) $\iint_D \{(x+y)^2 + 2(x-y)^2\}\,dxdy$
$\quad D = \{(x,y) \mid 1 \leq x+y \leq 2,\ 0 \leq x-y \leq 1\}$

(2) $\iint_D x\,dxdy \qquad D = \{(x,y) \mid 0 \leq x+y \leq 2,\ 0 \leq x-y \leq 1\}$

問 6 極座標変換を用いてつぎの 2 重積分を求めよ．

(1) $\iint_D \sqrt{x^2+y^2}\,dxdy \qquad D = \{(x,y) \mid x^2+y^2 \leq 9\}$

(2) $\iint_D (x^2+y^2)\,dxdy \qquad D = \{(x,y) \mid x^2+y^2 \leq 4,\ y \geq 0\}$

§4 広義の 2 重積分

これまでの 2 重積分 $\iint_D f(x,y)\,dxdy$ では，積分領域 D が有界で，被積分関数 $f(x,y)$ が D で連続な場合だけを取り扱ってきた．この節では具体的な例題を示しながら，つぎの 2 つの場合に 2 重積分の定義がどのように拡張されるのかを考える．

(1) 積分領域 D が有界でない場合．

(2) D は有界であるが，$f(x,y)$ が D で連続でない場合．

例題 9 $I = \iint_D \dfrac{1}{(x+y+1)^3}\,dxdy$ を求めよ．ただし $D = \{(x,y) \mid x \geq 0,\ y \geq 0\}$ とする．

解 領域 $D_n = \{(x,y) \mid 0 \leq x \leq n,\ 0 \leq y \leq n\}$（図 8.22）とすれば $D_n \to D$（$n \to \infty$）であるから，D_n での 2 重積分を求め，$n \to \infty$ のときの極限値が I であると考えることができる．

$$\iint_{D_n} \frac{1}{(x+y+1)^3} \, dxdy = \int_0^n dx \int_0^n \frac{1}{(x+y+1)^3} \, dy$$
$$= \int_0^n \frac{1}{2} \left\{ \frac{1}{(x+1)^2} - \frac{1}{(x+n+1)^2} \right\} dx$$
$$= \frac{1}{2} \left(\frac{1}{2n+1} - \frac{2}{n+1} + 1 \right)$$

であるから

$$I = \iint_D \frac{1}{(x+y+1)^3} \, dxdy$$
$$= \lim_{n \to \infty} \frac{1}{2} \left(\frac{1}{2n+1} - \frac{2}{n+1} + 1 \right)$$
$$= \frac{1}{2}$$

図 8.22

例題 10　$D = \{(x, y) \mid x \geqq 0, \ y \geqq 0\}$ に対し，広義 2 重積分
$$\iint_D \frac{1}{(x^2+y^2+1)^2} \, dxdy \ を計算せよ．$$

解　$D_n = \{(x, y) \mid x^2+y^2 \leqq n^2, \ x \geqq 0, \ y \geqq 0\}$（図 8.23）とすると，$D_n \to D$（$n \to \infty$）である．極座標変換により，領域 D_n と $r\theta$ 平面の領域 $H_n = \left\{ (r, \theta) \mid 0 \leqq r \leqq n, \ 0 \leqq \theta \leqq \frac{\pi}{2} \right\}$ は 1 対 1 に対応するから，

$$\iint_{D_n} \frac{1}{(x^2+y^2+1)^2} \, dxdy = \iint_{H_n} \frac{r}{(r^2+1)^2} \, drd\theta$$
$$= \int_0^{\frac{\pi}{2}} d\theta \int_0^n \frac{r}{(r^2+1)^2} \, dr = \frac{\pi}{4} \left(1 - \frac{1}{n^2+1} \right)$$

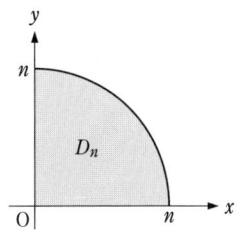

図 8.23

したがって

$$\iint_D \frac{1}{(x^2+y^2+1)^2} \, dxdy = \lim_{n \to \infty} \frac{\pi}{4} \left(1 - \frac{1}{n^2+1} \right) = \frac{\pi}{4}$$

つぎの例題は，積分領域 D で $f(x, y)$ で連続でない場合の例である．

例題 11　つぎの広義 2 重積分を求めよ．
$$I = \iint_D \frac{1}{(x+y)^{\frac{3}{2}}} \, dxdy \qquad D = \{(x, y) \mid 0 \leqq x \leqq 1, \ 0 \leqq y \leqq 1\}$$

§ 4　広義の 2 重積分

解 $f(x,y) = \dfrac{1}{(x+y)^{\frac{3}{2}}}$ は点 $(0,0)$ で定義されてない．D から $\left\{(x,y) \,\middle|\, 0 \leq x < \dfrac{1}{n},\ 0 \leq y < \dfrac{1}{n}\right\}$ を除いた閉領域を D_n とすれば（図 8.24），$f(x,y)$ は D_n で連続である．$D_n \to D\ (n \to \infty)$ であるから，D_n での 2 重積分を求め，$n \to \infty$ のときの極限値が I であると考えることができる．

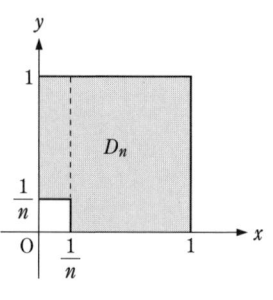

$$\iint_{D_n} \frac{1}{(x+y)^{\frac{3}{2}}}\,dxdy$$

図 8.24

$$= \int_0^{\frac{1}{n}} dx \int_{\frac{1}{n}}^1 \frac{1}{(x+y)^{\frac{3}{2}}}\,dy + \int_{\frac{1}{n}}^1 dx \int_0^1 \frac{1}{(x+y)^{\frac{3}{2}}}\,dy$$

$$= 4\left(2 - \sqrt{2} + \sqrt{\frac{2}{n}} - 2\sqrt{\frac{1}{n}}\right)$$

であるから，

$$\iint_D \frac{1}{(x+y)^{\frac{3}{2}}}\,dxdy = \lim_{n\to\infty} 4\left(2 - \sqrt{2} + \sqrt{\frac{2}{n}} - 2\sqrt{\frac{1}{n}}\right) = 4(2-\sqrt{2})$$ ∎

問 7 つぎの広義 2 重積分を求めよ．

(1) $\displaystyle\iint_D \frac{x}{x^2+y^2}\,dxdy \qquad D = \{(x,y)\,|\,0 \leq y \leq x \leq 1\}$

(2) $\displaystyle\iint_D e^{-(x^2+y^2)}\,dxdy \qquad D = \{(x,y)\,|\,x \geq 0,\ y \geq 0\}$

(3) $\displaystyle\iint_D \frac{1}{\sqrt{x^2+y^2}}\,dxdy \qquad D = \{(x,y)\,|\,x^2+y^2 \leq 1\}$

(4) $\displaystyle\iint_D \frac{1}{\sqrt{1-x^2-y^2}}\,dxdy \quad D = \{(x,y)\,|\,x^2+y^2 \leq 1\}$

§5 2重積分の応用
5.1 面積および体積

D を xy 平面上の有界閉領域とする．D において $f(x,y)$ は連続で $f(x,y) \geqq 0$ とするとき，2重積分の定義より，$\iint_D f(x,y)\,dxdy$ は D を底面とし曲面 $z=f(x,y)$ を上面とする柱状立体の体積を与える（§1，注意1）．

2つの連続な曲面 $z=f(x,y)$，$z=g(x,y)$ があり，D 上でつねに $f(x,y) \geqq g(x,y)$ であるとするとき，

$\iint_D \{f(x,y)-g(x,y)\}\,dxdy$ は，D の周に沿って xy 平面に垂直に立つ面を側面とし，2つの曲面 $z=f(x,y)$，$z=g(x,y)$ をそれぞれ上面，下面とする立体の体積を与える（図 8.25）．

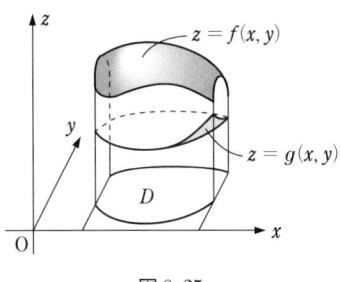

図 8.25

例題 12 球 $x^2+y^2+z^2 \leqq a^2$ $(a>0)$ の体積 V を求めよ．

解 球は上半球面 $z_1=\sqrt{a^2-x^2-y^2}$ と下半球面 $z_2=-\sqrt{a^2-x^2-y^2}$ で囲まれる立体であるから，$D=\{(x,y)\,|\,x^2+y^2 \leqq a^2\}$ とするとき
$$V = \iint_D (z_1-z_2)\,dxdy = 2\iint_D \sqrt{a^2-x^2-y^2}\,dxdy$$
$$= 2\int_0^{2\pi} d\theta \int_0^a \sqrt{a^2-r^2}\,r\,dr = \frac{4\pi}{3}a^3$$

問 8 つぎの立体の体積を求めよ．
 (1) 平面 $3x+2y+z=6$ と3つの平面 $x=0$，$y=0$，$z=0$ で囲まれる立体．
 (2) 放物面 $z=9-x^2-y^2$ と xy 平面とで囲まれる立体．

5.2 曲面の面積の計算

xy 平面上の有界閉領域 D で定義される C^1 級関数 $z=f(x,y)$ の表す曲面の面積をつぎのように定義する．

領域 D をいくつかの連続曲線で細かく分割し，できる小領域を $D_1, D_2, \cdots$,

D_n とする. 各小領域 D_i の面積を ΔS_i とする. 各 D_i から任意の点 (ξ_i, η_i) をとり, 曲面上の点 $(\xi_i, \eta_i, f(\xi_i, \eta_i))$ における接平面 π_i の D_i の上にある部分の面積を A_i とする (図 8.26). このとき,
$$\sum_{k=1}^{n} A_k = A_1 + A_2 + \cdots + A_n$$
は, D の分割を限りなく細分するとき, 一定の値に収束する. このときの極限値をもって D 上の曲面 $z = f(x, y)$ の面積と定義することは自然である.

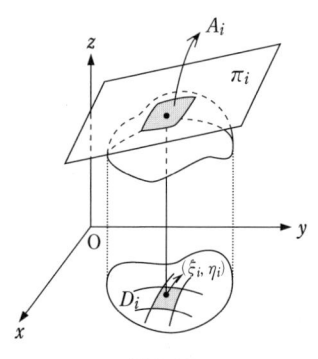

図 8.26

いま接平面 π_i の方程式は
$$f_x(\xi_i, \eta_i)(x - \xi_i) + f_y(\xi_i, \eta_i)(y - \eta_i) + (-1)\{z - f(\xi_i, \eta_i)\} = 0$$
であるから, 接平面 π_i と xy 平面とのなす角を θ_i とするとき,
$$|\cos \theta_i| = \frac{1}{\sqrt{1 + f_x(\xi_i, \eta_i)^2 + f_y(\xi_i, \eta_i)^2}}$$
である. ゆえに
$$A_i = \frac{\Delta S_i}{|\cos \theta_i|} = \sqrt{1 + f_x(\xi_i, \eta_i)^2 + f_y(\xi_i, \eta_i)^2}\, \Delta S_i$$
$$\sum_{i=1}^{n} A_i = \sum_{i=1}^{n} \sqrt{1 + f_x(\xi_i, \eta_i)^2 + f_y(\xi_i, \eta_i)^2}\, \Delta S_i$$
となり, D の分割を限りなく細かくするとき, 右辺の和は
$$\iint_D \sqrt{1 + f_x(x, y)^2 + f_y(x, y)^2}\, dxdy$$
に収束する. したがって, つぎの定理が得られる.

定理 5 有界閉領域 D 上で C^1 級の関数 $z = f(x, y)$ の表す曲面の面積は
$$A = \iint_D \sqrt{1 + f_x(x, y)^2 + f_y(x, y)^2}\, dxdy$$
で与えられる.

例題 13 曲面 $z=9-x^2-y^2$ の $z\geqq 0$ の部分の面積を求めよ．

解 求める面積は
$$A = \iint_D \sqrt{1+z_x^2+z_y^2}\, dxdy = \iint_D \sqrt{1+(2x)^2+(2y)^2}\, dxdy$$
ただし $D=\{(x,y)\,|\,x^2+y^2\leqq 9\}$ である．極座標変換を使えば
$$A = \int_0^{2\pi} d\theta \int_0^3 \sqrt{1+4r^2}\, r\, dr$$
$$= 2\pi \left[\frac{1}{12}(1+4r^2)^{\frac{3}{2}}\right]_0^3 = \frac{\pi}{6}(37\sqrt{37}-1)$$ ∎

問 9 (1) 球面 $x^2+y^2+z^2=a^2\ (a>0)$ から円柱 $x^2+y^2=ax$ によって切り取られる部分の面積を求めよ．

(2) 曲面 $x^2+z^2=a^2\ (a>0)$ で $x^2+y^2\leqq a^2$ を満足している部分の面積を求めよ．

(3) 平面 $z=2x+3y$ から円柱 $x^2+y^2=1$ で切り取られる部分の面積を求めよ．

例題 14 $f(x)$ は区間 $[a,b]$ で C^1 級で，$f(x)\geqq 0$ とする．曲線 $y=f(x)$ を x 軸のまわりに回転して得られる**回転面の面積**は
$$A = 2\pi \int_a^b f(x)\sqrt{1+f'(x)^2}\, dx$$
で与えられることを示せ．

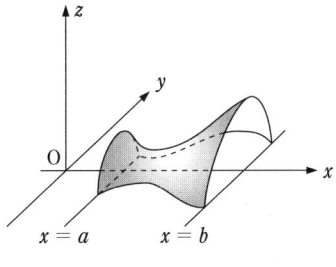

図 8.27

解 回転面の方程式は
$$y^2+z^2=f(x)^2$$
である．この回転面の xy 平面より上にある部分の面積を 2 倍すればよいから
$$z = \sqrt{f(x)^2-y^2}$$
について
$$A = 2\iint_D \sqrt{1+z_x^2+z_y^2}\, dxdy$$
$$D = \{(x,y)\,|\,a\leqq x\leqq b,\ -f(x)\leqq y\leqq f(x)\}$$
を求めればよい．

§5 2 重積分の応用

であるから，

$$A = 2\iint_D f(x)\sqrt{1+f'(x)^2}\,\frac{1}{\sqrt{f(x)^2-y^2}}\,dxdy$$

$$= 2\int_a^b dx \int_{-f(x)}^{f(x)} f(x)\sqrt{1+f'(x)^2}\,\frac{1}{\sqrt{f(x)^2-y^2}}\,dy$$

$$= 2\int_a^b f(x)\sqrt{1+f'(x)^2}\left[\sin^{-1}\frac{y}{f(x)}\right]_{-f(x)}^{f(x)} dx$$

$$= 2\pi \int_a^b f(x)\sqrt{1+f'(x)^2}\,dx$$

となる．

例題 15 半径 a の球の表面積は $4\pi a^2$ である．これを証明せよ．

解 半径 a の球面は，曲線 $y=\sqrt{a^2-x^2}$ ($-a \leqq x \leqq a$) を x 軸のまわりに回転して得られる回転面であるから，

$$A = 2\pi \int_{-a}^a \sqrt{a^2-x^2}\sqrt{1+\left(\frac{-x}{\sqrt{a^2-x^2}}\right)^2}\,dx = 2\pi \int_{-a}^a a\,dx = 4\pi a^2$$

問 10 つぎの曲線を x 軸のまわりに回転して得られる回転面の面積を求めよ．
 (1) $y = \sqrt{x}$ ($0 \leqq x \leqq 2$)   (2) $y = e^x$ ($0 \leqq x \leqq 1$)
 (3) $y = x^3$ ($0 \leqq x \leqq 1$)   (4) $y = \sin x$ ($0 \leqq x \leqq \pi$)

§6　3 重 積 分

　これまで，2 変数関数の 2 重積分の計算法や種々の応用について詳しく述べてきた．2 重積分のときと全く同様に多変数関数の多重積分を考えることができる．しかし，当然のことながら，必要な記号の定義や議論の展開がかなり煩雑になる．この節では，3 重積分の定義と計算法についての概略を述べることにする．

　D を空間の有界閉領域とし，$f(x,y,z)$ を D で連続な関数とする．D をいくつかの連続な曲面で細かく分割し，できる小領域を D_i，D_i の体積を V_i とする．各 D_i から任意に点 $P_i = (\xi_i, \eta_i, \zeta_i)$ をとり，リーマン和

$$\sum_i f(\mathrm{P}_i) V_i = \sum_i f(\xi_i, \eta_i, \zeta_i) V_i$$

をつくる．D の分割を限りなく細かくすれば，リーマン和は一定の有限値に収束する．この極限値を，領域 D における $f(x,y,z)$ の3重積分とよび，

$$\iiint_D f(\mathrm{P})\, dV \quad \text{あるいは} \quad \iiint_D f(x,y,z)\, dxdydz$$

などと表す．

とくに $f(x,y,z)=1$ のとき，$\iiint_D 1\, dxdydz$ は領域 D の体積を表す．

本章の定理1に述べられているような2重積分の基本的性質と類似の性質が，3重積分についてもそのまま成り立つ．また，3重積分の具体的な計算法（累次積分法，置換積分法）についてはつぎの定理が成り立つ．

定理6（累次積分） xy 平面の閉領域 D_0 上で $\varphi_1(x,y), \varphi_2(x,y)$ は連続で $\varphi_1(x,y) \leqq \varphi_2(x,y)$ とする．空間の閉領域
$$D = \{(x,y,z) \mid (x,y) \in D_0,\ \varphi_1(x,y) \leqq z \leqq \varphi_2(x,y)\}$$
において $f(x,y,z)$ は連続とするとき
$$\iiint_D f(x,y,z)\, dxdydz = \iint_{D_0} \left\{ \int_{\varphi_1(x,y)}^{\varphi_2(x,y)} f(x,y,z)\, dz \right\} dxdy$$

例題 16 $\iiint_D 2xz\, dxdydz$ を計算せよ．ただし
$$D = \{(x,y,z) \mid 0 \leqq x \leqq 1,\ 0 \leqq y \leqq x,\ 0 \leqq z \leqq \sqrt{2-x^2-y^2}\}$$

解
$$\iiint_D 2xz\, dxdydz = \int_0^1 dx \int_0^x \left\{ \int_0^{\sqrt{2-x^2-y^2}} 2xz\, dz \right\} dy$$
$$= \int_0^1 dx \int_0^x x(2-x^2-y^2)\, dy$$
$$= \int_0^1 \left[2xy - x^3 y - \frac{1}{3} xy^3 \right]_0^x dx = \int_0^1 \left(2x^2 - \frac{4}{3} x^4 \right) dx$$
$$= \left[\frac{2}{3} x^3 - \frac{4}{15} x^5 \right]_0^1 = \frac{2}{5}$$

定理7（極座標変換） 空間の極座標変換
$$\begin{cases} x = r\sin\theta\cos\varphi \\ y = r\sin\theta\sin\varphi \\ z = r\cos\theta \end{cases}$$
により，xyz 空間の有界閉領域 D と $r\theta\varphi$ 空間の有界閉領域 V が1対1に対応しているとき，D で連続な関数 $f(x,y,z)$ に対して

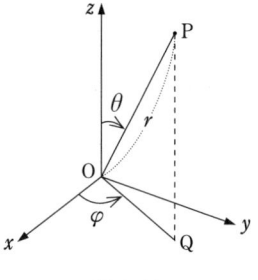

$$\iiint_D f(x,y,z)\,dxdydz$$
$$= \iiint_V f(r\sin\theta\cos\varphi, r\sin\theta\sin\varphi, r\cos\theta) r^2 \sin\theta\, drd\theta d\varphi$$

が成り立つ．

図 8.28

例題 17 $\iiint_D (x+y)^2 \,dxdydz$ を計算せよ．ただし
$$D = \{(x,y,z)\,|\,x^2+y^2+z^2 \leq 1,\ z \geq 0\} \quad \text{（半径1の上半球）}$$

解 空間の極座標変換
$$\begin{cases} x = r\sin\theta\cos\varphi \\ y = r\sin\theta\sin\varphi \\ z = r\cos\theta \end{cases}$$
により，領域 D と $r\theta\varphi$ 空間の有界閉領域
$$V = \left\{(r,\theta,\varphi)\,\middle|\,0 \leq r \leq 1,\ 0 \leq \theta \leq \frac{\pi}{2},\ 0 \leq \varphi \leq 2\pi\right\}$$
とが1対1に対応する．したがって

$$\iiint_D (x+y)^2 \,dxdydz = \iiint_V (r\sin\theta\cos\varphi + r\sin\theta\sin\varphi)^2 r^2 \sin\theta\,drd\theta d\varphi$$
$$= \int_0^{2\pi} d\varphi \int_0^{\frac{\pi}{2}} \left\{\int_0^1 r^4(\sin\theta\cos\varphi + \sin\theta\sin\varphi)^2 \sin\theta\,dr\right\}d\theta$$
$$= \int_0^{2\pi} d\varphi \int_0^{\frac{\pi}{2}} \left[\frac{1}{5}r^5 \sin^3\theta\,(1+2\sin\varphi\cos\varphi)\right]_0^1 d\theta$$
$$= \frac{1}{5}\int_0^{2\pi}(1+2\sin\varphi\cos\varphi)\,d\varphi \int_0^{\frac{\pi}{2}} \sin^3\theta\,d\theta = \frac{1}{5}\Big[\varphi+\sin^2\varphi\Big]_0^{2\pi} \cdot \frac{2}{3} = \frac{4\pi}{15} \quad \blacksquare$$

問 11 つぎの 3 重積分を計算せよ．

(1) $\iiint_D xy\,dxdydz$
$\quad D = \{(x,y,z)\,|\,x \geqq 0,\ y \geqq 0,\ z \geqq 0,\ x+y+z \leqq 1\}$

(2) $\iiint_D x\,dxdydz$
$\quad D = \{(x,y,z)\,|\,x \geqq 0,\ y \geqq 0,\ z \geqq 0,\ x^2+y^2+z^2 \leqq a^2\}$

(3) $\iiint_D \dfrac{1}{(x+y+z+1)^3}\,dxdydz$
$\quad D = \{(x,y,z)\,|\,x \geqq 0,\ y \geqq 0,\ z \geqq 0,\ x+y+z \leqq 1\}$

(4) $\iiint_D (x^2+y^2+z^2)\,dxdydz \quad D = \{(x,y,z)\,|\,x^2+y^2+z^2 \leqq a^2\}$

演習問題 8

1. つぎの 2 重積分を計算せよ．

(1) $\iint_D (x^2y^3+3y^2)\,dxdy \quad D = \{(x,y)\,|\,0 \leqq x \leqq 2,\ 0 \leqq y \leqq 1\}$

(2) $\iint_D (x^2+2xy^2)\,dxdy \quad D = \{(x,y)\,|\,0 \leqq x \leqq 1,\ 0 \leqq y \leqq 2\}$

(3) $\iint_D 2xy\,dx\,dy \quad D = \{(x,y)\,|\,0 \leqq x \leqq 2,\ x^2 \leqq y \leqq 6\}$

(4) $\iint_D 6x^2y\,dx\,dy \quad D = \{(x,y)\,|\,y \leqq x \leqq 2y,\ 1 \leqq y \leqq 2\}$

2. つぎの累次積分の積分順序を変更せよ．

(1) $\displaystyle\int_0^4 dx \int_{\frac{x}{2}}^{\sqrt{x}} f(x,y)\,dy$ 　　(2) $\displaystyle\int_0^3 dx \int_x^5 f(x,y)\,dy$

(3) $\displaystyle\int_{-2}^2 dx \int_{x^3}^{10} f(x,y)\,dy$ 　　(4) $\displaystyle\int_0^3 dy \int_y^{2y} f(x,y)\,dx$

3. つぎの累次積分を計算せよ．

(1) $\displaystyle\int_0^1 dx \int_{x^2}^{x} xy\,dy$ 　　(2) $\displaystyle\int_0^{\pi} dx \int_0^x (\sin x + \sin y)\,dy$

(3) $\displaystyle\int_0^1 dy \int_{y+2}^{4-y^2} (y+1)\,dx$

4. つぎの 2 重積分を計算せよ．

(1) $\iint_D (x^2+y^2)\,dxdy \quad D = \{(x,y)\,|\,0 \leqq x-y \leqq 1,\ 0 \leqq x+y \leqq 2\}$

(2) $\iint_D y^2 \, dxdy$ $D = \{(x,y) \mid 0 \leq x-y \leq 1, \ 0 \leq x+y \leq 1\}$

(3) $\iint_D (x^2+y^2) \, dxdy$ $D = \{(x,y) \mid x^2+y^2 \leq 9, \ x \geq 0\}$

(4) $\iint_D \sqrt{x^2+y^2} \, dxdy$ $D = \{(x,y) \mid x^2+y^2 \leq 4, \ x \geq 0, \ y \geq 0\}$

(5) $\iint_D (x^2+y^2) \, dxdy$ $D = \{(x,y) \mid 4 \leq x^2+y^2 \leq 9, \ y \geq 0\}$

5. つぎの立体の体積を求めよ．
(1) 円柱面 $x^2+y^2 = a^2 \ (a > 0)$ と2平面 $x+z = a$, $z = 0$ で囲まれる立体．
(2) 放物面 $z = x^2+y^2$，円柱面 $x^2+y^2 = 4$ および平面 $z = 0$ で囲まれる立体．
(3) 球面 $x^2+y^2+z^2 = 4$ と円柱面 $x^2+y^2 = 2x$ で囲まれる立体．
(4) 2つの円柱面 $x^2+y^2 = 4$, $x^2+z^2 = 4$ で囲まれる立体．

6. つぎの曲面の面積を求めよ．
(1) 領域 $D = \{(x,y) \mid 0 \leq y \leq x, \ 0 \leq x \leq 1\}$ 上の曲面 $3z = 4y+2x^2$．
(2) 領域 $D = \{(x,y) \mid 0 \leq y \leq x, \ 0 \leq x \leq 1\}$ 上の曲面 $2z = x^{\frac{3}{2}}+y^{\frac{3}{2}}$．
(3) 領域 $D = \{(x,y) \mid x^2+y^2 \leq 1\}$ 上の双曲放物面 $z = xy$．
(4) xy 平面上のサイクロイド $x = t-\sin t$, $y = 1-\cos t \ (0 \leq t \leq 2\pi)$ を x 軸のまわりに回転して得られる回転面．

問と演習問題の解答

第1章 極限と連続

§1 実数の性質

問1 (1) 7　(2) 4　(3) $4\sqrt[3]{5}$　(4) 18

問2 (1) もし $\sqrt[n]{a} \geqq \sqrt[n]{b}$ となると仮定すると，例題1より $a \geqq b$ となり，矛盾する．
(2) $(1+a)^2 = 1+2a+a^2 > 1+2a$ がいえる．同様の操作を繰り返すことにより，一般に $n > 2$ に対し，
$(1+a)^n = (1+a)(1+a)^{n-1} > (1+a)\{1+(n-1)a\} = 1+na+(n-1)a^2 > 1+na$
がいえる．

問3 (1) 7　(2) 5

§2 数列の極限

問4 (1) 1, 8, 27, 64, 125　(2) $-1, \dfrac{1}{4}, -\dfrac{1}{9}, \dfrac{1}{16}, -\dfrac{1}{25}$

(3) $1, \dfrac{5}{2}, \dfrac{5}{3}, \dfrac{9}{4}, \dfrac{9}{5}$　(4) 2, 5, 10, 17, 26

問5 (1) 1　(2) 8　(3) 0　(4) $-\infty$　(5) ∞　(6) 0
(7) $\dfrac{3}{5}$　(8) 0　(9) $\dfrac{1}{2}$

問6 (1) $\dfrac{3}{2}, \dfrac{5}{4}, \dfrac{7}{8}$　(2) ヒントより，$a_{n+1} - a_n = \dfrac{1}{2^{n-1}}(a_2 - a_1) = -\dfrac{1}{2^{n+1}} < 0$　(3) 1

問7 (1) $\sqrt{e}$　(2) $\dfrac{1}{\sqrt[3]{e}}$　(3) e^2

問8 $\dfrac{1}{2}$

問9 (1) 3　(2) $\dfrac{5}{2}$　(3) $-\dfrac{1}{2+x}$

問10 (1) $\dfrac{101}{99}$　(2) $\dfrac{1}{7}$

§3 関数の極限値と連続関数

問11 (1) $x \geqq 2, y \geqq 0$　(2) $x \neq 2, y \neq 1$
(3) $-\infty < x < \infty, y \geqq 1$

問12 (1) 単調増加，上下に有界ではない．(2) 単調増加，上下に有界ではない．(3) $x \leqq 0$ のとき単調増加，$x > 0$ のとき単調減少，上下に有界．

問 13　(1)　$y = 2x-2$　$(1 \leq x \leq 3)$　(2)　$y = \dfrac{1}{2} + \dfrac{1}{2}\sqrt{x-1}$　$(x \geq 1)$

問 14　(1)　$\dfrac{1}{1+x^2}$, $-\infty < x < \infty$, $y \leq 1$

　　　　(2)　$-2\sqrt{1-x^2}+3$, $-1 \leq x \leq 1$, $1 \leq y \leq 3$

問 15　(1)　偶関数　(2)　奇関数　(3)　偶関数
問 16　(1)　省略　(2)　省略
問 17　(1)　3　(2)　5　(3)　∞　(4)　∞
問 18　(1)　$-\dfrac{9}{4}$　(2)　$\dfrac{18}{17}$　(3)　$\dfrac{3}{5}$　(4)　1　(5)　$\dfrac{2}{5}$　(6)　1
問 19　省略

§4　種々の連続関数

問 20　(1)　$\sin x = \dfrac{\sqrt{6}-\sqrt{2}}{4}$, $\cos x = \dfrac{\sqrt{6}+\sqrt{2}}{4}$, $\tan x = \dfrac{\sqrt{6}-\sqrt{2}}{\sqrt{6}+\sqrt{2}}$

　　　　(2)　$\sin x = \dfrac{\sqrt{15}}{4}$, $\tan x = \sqrt{15}$　(3)　$\cos 2x = \dfrac{7}{9}$, $\tan 2x = \dfrac{4\sqrt{2}}{7}$

問 21　(1)　$\dfrac{2}{3}$　(2)　$\dfrac{1}{2}$　(3)　$\dfrac{4}{3}$

問 22　(1)　$\dfrac{\sqrt{5}}{3}$　(2)　$-\dfrac{2}{\sqrt{5}}$

問 23　(1)　$\theta = \tan^{-1} x$ とすると，$\tan^{-1} \dfrac{1}{x} = \dfrac{\pi}{2} - \theta$

　　　　(2)　$\theta_1 = \tan^{-1} 2$, $\theta_2 = \tan^{-1} 3$ とおくと，$\tan \theta_1 = 2$, $\tan \theta_2 = 3$ より，$\tan(\theta_1+\theta_2) = -1$ $(0 < \theta_1+\theta_2 < \pi)$.

問 24　(1)　a^{-1}　(2)　$a^6 b^{-3}$　(3)　$a^{-\frac{5}{6}}$　(4)　$a^{\frac{1}{2}}$　(5)　$a-b$
問 25　(1)　順に, 0.25, 0.35, 0.5, 0.71, 1, 1.41, 2, 2.82, 4
　　　　(2)　順に, 4, 2.82, 2, 1.41, 1, 0.71, 0.5, 0.35, 0.25　(3)　略
問 26　省略
問 27　(1)　6　(2)　-2　(3)　$\dfrac{5}{4}$　(4)　$-\dfrac{1}{2}$

演習問題 1

1.　(1)　$\dfrac{1}{2}$　(2)　∞　(3)　0　(4)　$\sqrt[4]{e^3}$　(5)　$\dfrac{1}{e}$　(6)　$\dfrac{1}{e^2}$

　　　(7)　$\sqrt{e}$

2.　(1)　$\dfrac{8}{3}$　(2)　なし　(3)　1000　(4)　∞　(5)　1　(6)　$\dfrac{5}{12}$

(7) $\dfrac{1}{3}$ (8) $\dfrac{11}{18}$

3. (1) -2 (2) $-\dfrac{1}{4}$ (3) 4 (4) 0 (5) 0 (6) 2

(7) -1 (8) 1 (9) 4 (10) $\dfrac{1}{2\sqrt{x}}$ (11) $3x^2$ (12) $-\dfrac{2}{x^3}$

4. (1) $\dfrac{4}{5}$ (2) $-\dfrac{4}{3}$ (3) $\dfrac{1}{\sqrt{5}}$ (4) $-\dfrac{3}{\sqrt{10}}$ (5) $\dfrac{3}{4}$ (6) $\dfrac{2}{\sqrt{5}}$

5. (1) $\dfrac{\pi}{3}$ (2) $-\dfrac{\pi}{4}$ (3) $\dfrac{\pi}{3}$

6. (1) $\sqrt[6]{128}$, $\sqrt[3]{16}$, 4, $\dfrac{1}{\sqrt[4]{2^{-9}}}$, $\sqrt{32}$

(2) $\dfrac{1}{9}$, $\dfrac{1}{\sqrt[4]{3^3}}$, $\sqrt[5]{3^{-2}}$, $\sqrt{3}$, $\left(\dfrac{1}{3}\right)^{-\frac{9}{4}}$

(3) $\log_2 25 - \log_2 6$, $\log_2 6$, $\log_2 13 - 1$, $\log_2 7$, $\log_2 8$

(4) -2, $\log_{\frac{1}{3}} 8$, $\log_{\frac{1}{3}} 7$, $\log_{\frac{1}{3}} 6$, $\log_{\frac{1}{3}} 5$

7. (1) $\dfrac{2}{3}$ (2) 2 (3) 2 (4) $\dfrac{1}{3}$

第2章 微 分 法

§1 微分係数と導関数

問 1 (1) $6a+1$ (2) $-\dfrac{3}{a^2}$ (3) $\dfrac{1}{\sqrt{2a+3}}$

問 2 (1) $\displaystyle\lim_{h\to +0}\dfrac{f(0+h)-f(0)}{h}=0$, $\displaystyle\lim_{h\to -0}\dfrac{f(0+h)-f(0)}{h}=1$ より $x=0$ で微分可能ではない.

(2) $\displaystyle\lim_{h\to +0}\dfrac{f(0+h)-f(0)}{h}=1$, $\displaystyle\lim_{h\to -0}\dfrac{f(0+h)-f(0)}{h}=1$ より $x=0$ で微分可能である.

問 3 (1) 接線 $y=-\dfrac{x}{4}+\dfrac{3}{4}$, 法線 $y=4x-\dfrac{7}{2}$

(2) 接線 $y=3x$, 法線 $y=-\dfrac{x}{3}+\dfrac{10}{3}$

§2 導関数の計算

問 4 (1) $3x^2+2x$ (2) $3x^2-2x$ (3) $-12x^3+10x$

(4) $\cos x - \sin x + \dfrac{1}{x}$ (5) $(4\log x+1)x^3$ (6) $e^x(\sin x+\cos x)$

(7) $\dfrac{-x^4+4x}{(x^3+x^2+2)^2}$　　(8) $\dfrac{(e^x+1)\cos x+(e^x+x)\sin x}{\cos^2 x}$

(9) $-\dfrac{2x}{(x^2+1)^2}$

問5　(1) $6(x^3-x^2+2)^5(3x^2-2x)$　　(2) $-\dfrac{6(2x-1)}{(x^2-x+2)^7}$　　(3) $4\sin^3 x\cos x$

(4) $\dfrac{2\sin x}{\cos^3 x}$　　(5) $\dfrac{4x^3-15x^2}{x^4-5x^3+2}$　　(6) $(3x^2-4x)\cos(x^3-2x^2-2)$

(7) $-(6x^5-3x^2)\sin(x^6-x^3-1)$　　(8) $(2x-1)e^{x^2-x+2}$

(9) $\dfrac{-\sin x-2x-3}{\cos x-x^2-3x}$

問6　(1) $\dfrac{1}{2\sqrt{x}}$　　(2) $\dfrac{4}{3}\sqrt[3]{x}$　　(3) $-\dfrac{2}{3\sqrt[3]{x^5}}$　　(3) $-\dfrac{2}{7\sqrt[7]{x^9}}$

問7　(1) $(\log|x+\sqrt{x^2+a}\,|)'=\dfrac{(x+\sqrt{x^2+a})'}{x+\sqrt{x^2+a}}=\dfrac{1+\dfrac{x}{\sqrt{x^2+a}}}{x+\sqrt{x^2+a}}=\dfrac{1}{\sqrt{x^2+a}}$

(2) 省略　((1) と同様)

問8　(1) $\dfrac{1}{\sqrt{a-x^2}}$　　(2) $\dfrac{1}{2\sqrt{x-x^2}}$　　(3) $-\dfrac{1}{(x+3)^2+1}$

§3　媒介変数で与えられる関数の微分法

問9　$y=(1-\sqrt{2})x+1+\dfrac{\sqrt{2}}{2},\ y=(1+\sqrt{2})x-1-\dfrac{\sqrt{2}}{2}$

§4　高次導関数

問10　(1) $\dfrac{(-1)^n(n+1)!}{x^{n+2}}$　　(2) $(-1)^n n!\left\{\dfrac{1}{x^{n+1}}-\dfrac{1}{(x+1)^{n+1}}\right\}$

(3) $\dfrac{(-1)^n n!}{2}\left\{\dfrac{1}{(x-1)^{n+1}}-\dfrac{1}{(x+1)^{n+1}}\right\}$

(4) $\dfrac{(-1)^n n!}{4}\left\{\dfrac{1}{(x-2)^{n+1}}-\dfrac{1}{(x+2)^{n+1}}\right\}$　　(5) $k^n e^{kx}$

問11　(1) $-x\cos x-3\sin x$　　(2) $(x+3)e^x$

(3) $(x^2-6)\sin x-6x\cos x$

問12

(1) $x^2\sin\left(x+\dfrac{n\pi}{2}\right)+2nx\sin\left(x+\dfrac{(n-1)\pi}{2}\right)+n(n-1)\sin\left(x+\dfrac{(n-2)\pi}{2}\right)$

(2) $e^x\{x^3+3nx^2+3n(n-1)x+n(n-1)(n-2)\}$

(3) $x^3\cos\left(x+\dfrac{n\pi}{2}\right)+3nx^2\cos\left(x+\dfrac{(n-1)\pi}{2}\right)$
$+3n(n-1)x\cos\left(x+\dfrac{(n-2)\pi}{2}\right)+n(n-1)(n-2)\cos\left(x+\dfrac{(n-3)\pi}{2}\right)$

(4) $e^x\{x^2+2nx+n(n-1)\}$

演習問題 2

1. (1) $-\dfrac{2}{x^3}+5x^4-e^x$ (2) $4x^3\sin x+x^4\cos x$

(3) $\dfrac{(x^2+2)\cos x-2x\sin x}{(x^2+2)^2}$

(4) $-\dfrac{\cos x}{\sin^2 x}$ (5) $\dfrac{4}{3}(3x^2+4x)\sqrt[3]{x^3+2x^2+5}$ (6) $\dfrac{-2(2x+3)}{3\sqrt[3]{(x^2+3x-1)^5}}$

(7) $\dfrac{1}{2\sqrt{x-x^2}}$ (8) $\dfrac{2}{x\sqrt{x^4-1}}$ (9) $\dfrac{-\sin x}{1+\cos^2 x}$

(10) $\left\{\dfrac{3(\cos x-2\sin x)}{5(\sin x+2\cos x)}+\dfrac{8x}{5(x^2+3)}\right\}\sqrt[5]{(\sin x+2\cos x)^3(x^2+3)^4}$

(11) $-\left\{\dfrac{9x^2}{2(x^3-2)}+\dfrac{5(\cos x-\sin x)}{2(\sin x+\cos x)}\right\}\dfrac{1}{\sqrt{(x^3-2)^3(\sin x+\cos x)^5}}$

(12) $\left(\dfrac{2x+1}{x^2+x}+\dfrac{15x^2}{2(x^3-1)}-\dfrac{3x}{x^2+4}-\dfrac{2x}{x^2+3}\right)\sqrt{\dfrac{(x^2+x)^2(x^3-1)^5}{(x^2+4)^3(x^2+3)^2}}$

(13) $\left(\dfrac{12x^2}{x^3+5}+\dfrac{6x}{x^2-1}-\dfrac{15x^4}{x^5-3}-\dfrac{12x}{x^2+1}\right)\dfrac{(x^3+5)^4(x^2-1)^3}{(x^5-3)^3(x^2+1)^6}$

(14) $(\log x+1)x^x$ (15) $\{(2x+1)\log x+(x+1)\}x^{x^2+x}$

2. (1) $(f_1(f_2f_3))' = f_1'(f_2f_3)+f_1(f_2f_3)' = f_1'f_2f_3+f_1(f_2'f_3+f_2f_3')$

(2) (1) と同様,省略

3. (1) $\left(\dfrac{e^x-e^{-x}}{2}\right)' = \dfrac{e^x-(-e^{-x})}{2} = \dfrac{e^x+e^{-x}}{2}$ (2) (1) と同様,省略

(3) $\left(\dfrac{e^x-e^{-x}}{e^x+e^{-x}}\right)' = \dfrac{(e^x-e^{-x})'(e^x+e^{-x})-(e^x-e^{-x})(e^x+e^{-x})'}{(e^x+e^{-x})^2}$

$= \dfrac{(e^x+e^{-x})^2-(e^x-e^{-x})^2}{(e^x+e^{-x})^2} = \dfrac{4}{(e^x+e^{-x})^2} = \left(\dfrac{e^x+e^{-x}}{2}\right)^{-2}$

4. (1) $-\dfrac{b}{a}\cot t$ (2) $\dfrac{1}{t}$ (3) $\dfrac{2t-t^4}{1-2t^3}$ (4) $-\tan t$

5. (1) $\dfrac{81}{8}(3x+1)^{-\frac{5}{2}}$ (2) $\dfrac{250}{(5x+2)^3}$ (3) $-8\cos(2x-1)$

6. (1) 省略　(2) 省略

第3章　微分法の応用

§1　平均値の定理
§2　関数の増減
問1　(1)　$x=-2$ で極大値 16, $x=2$ で極小値 -16
　　　(2)　$x=0$ で極大値 0, $x=4$ で極小値 -32
　　　(3)　$x=0$ で極大値 0, $x=\pm 2$ で極小値 -16
　　　(4)　$x=\dfrac{5}{3}\pi$ で極大値 $\dfrac{5}{3}\pi+\sqrt{3}$, $x=\dfrac{\pi}{3}$ で極小値 $\dfrac{\pi}{3}-\sqrt{3}$

問2　(1)　省略　(2)　省略

§3　曲線の凹凸，変曲点，グラフの概形
問3　(1)　$x=-3$ で極大値 6　　　(2)　$x=\dfrac{3}{4}\pi$ で極大値 $\dfrac{3}{4}\pi+1$
　　　　　$x=3$ で極小値 -6　　　　　　　$x=\dfrac{5}{4}\pi$ で極小値 $\dfrac{5}{4}\pi-1$
　　　　　変曲点は $(0, 0)$　　　　　　　　変曲点は (π, π)

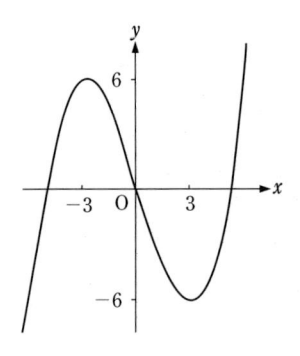

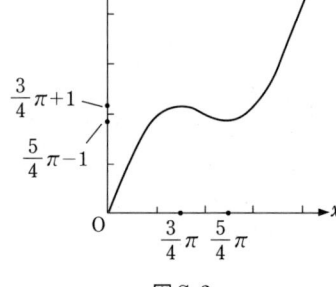

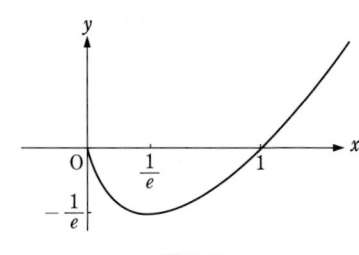

図 S.1　　　　　　　　　　　　　図 S.2

　　　(3)　$x=\dfrac{1}{e}$ で極小値 $-\dfrac{1}{e}$

図 S.3

§4 不定形の極限

問 4 (1) -1 (2) -1 (3) $\dfrac{1}{6}$

§5 テイラーの定理

問 5 (1) $1+x+x^2+\dfrac{x^3}{(1-\theta x)^4}$ (2) $1-\dfrac{1}{2}x+\dfrac{3}{8}x^2-\dfrac{5x^3}{16\sqrt{(\theta x+1)^7}}$

(3) $1+10x+45x^2+120(\theta x+1)^7 x^3$

問 6 0.00000749

演習問題 3

1. (1) $c=\dfrac{9}{4},\quad \theta=\dfrac{5}{12}$ (2) $c=e-1,\quad \theta=\dfrac{e-2}{e-1}$

(3) $c=\dfrac{2}{\sqrt{3}},\quad \theta=\dfrac{1}{\sqrt{3}}$

2. (1) $x<1$ で上に凸, $x>1$ で下に凸, 変曲点は $(1,-2)$

(2) $x<\dfrac{2}{3}$ で下に凸, $\dfrac{2}{3}<x<2$ で上に凸, $2<x$ で下に凸,

変曲点は $\left(\dfrac{2}{3},\dfrac{230}{27}\right),\ (2,18)$

(3) $0\leqq x<\dfrac{\pi}{2}$ で下に凸, $\dfrac{\pi}{2}<x<\dfrac{3\pi}{2}$ で上に凸, $\dfrac{3\pi}{2}<x\leqq 2\pi$ で下に凸,

変曲点は $\left(\dfrac{\pi}{2},\dfrac{\pi}{2}\right),\ \left(\dfrac{3\pi}{2},\dfrac{3\pi}{2}\right)$

(4) $x<-\sqrt{3}$ で上に凸, $-\sqrt{3}<x<0$ で下に凸, $0<x<\sqrt{3}$ で上に凸,

$x>\sqrt{3}$ で下に凸, 変曲点は $\left(-\sqrt{3},-\dfrac{\sqrt{3}}{4}\right),\ (0,0),\ \left(\sqrt{3},\dfrac{\sqrt{3}}{4}\right)$.

3. (1) 1 (2) $\dfrac{1}{2}$ (3) $\dfrac{1}{2}$ (4) $\dfrac{1}{3}$ (5) ∞ (6) 1

4. (1) $1-x^2+x^4$ (2) $e+3ex+\dfrac{9}{2}ex^2+\dfrac{9}{2}ex^3+\dfrac{27}{8}ex^4$

(3) $\dfrac{1}{2}-\dfrac{\sqrt{3}}{2}x-\dfrac{1}{4}x^2+\dfrac{\sqrt{3}}{12}x^3+\dfrac{1}{48}x^4$

5. (1) $\dfrac{1}{6}$ (2) $-\dfrac{1}{2}$ (3) $\dfrac{1}{3}$

第4章 不定積分

§1 不定積分の定義と基本公式

問 1 (1) $\dfrac{1}{4}x^4+\dfrac{1}{3}x^3+C$　(2) $\dfrac{1}{5}x^5-\dfrac{3}{2}x^4+x^2-3x+C$

(3) $2\sin x-3\cos x-x+C$

§2 不定積分の基本公式

問 2 (1) $\dfrac{x^6}{6}-\dfrac{1}{3x^3}+C$　(2) $\dfrac{2}{5}x^2\sqrt{x}+\dfrac{5}{6}x\sqrt[5]{x}+C$

(3) $\dfrac{x^5}{5}+\dfrac{4}{3}x^3+4x+C$

問 3 (1) $\dfrac{4}{3}\log|x+3|+C$　(2) $\dfrac{1}{2}x^2+x+3\log|x+2|+C$

(3) $\log|x^2-1|+C$

問 4 (1) $-\dfrac{1}{4}e^{-4x}+C$　(2) $2x+\dfrac{e^{2x}-e^{-2x}}{2}+C$　(3) $\dfrac{3^x}{\log 3}+\dfrac{4^x}{\log 4}+C$

問 5 (1) $-3\cos\dfrac{2}{3}x+\dfrac{5}{4}\sin 4x+C$　(2) $\cos(-x)-\dfrac{1}{2}\sin(-2x)+C$

(3) $-\dfrac{2}{3}\cos 3x+\dfrac{5}{4}\tan 4x+C$

問 6 (1) $5\sin^{-1}\dfrac{x}{\sqrt{3}}+C$　(2) $5\log|x+\sqrt{7+x^2}|+C$

(3) $\dfrac{4}{\sqrt{3}}\tan^{-1}\dfrac{x}{\sqrt{3}}+C$

§3 置換積分，部分積分

問 7 (1) $\dfrac{1}{5}(x^2+x)^5+C$　(2) $\dfrac{1}{7}(x^5-2x^3+2)^7+C$

(3) $\dfrac{1}{12}(x^2+2x)^6+C$　(1) $\dfrac{1}{24}(x^3-3x^2)^8+C$

問 8 (1) $\dfrac{1}{4}\sin^4 x+C$　(2) $\dfrac{1}{5}(\log x)^5+C$

(3) $e^{x^2+x+3}+C$　(4) $-\dfrac{1}{2(\log x)^2}+C$

問 9 (1) $-x\cos x+\sin x+C$　(2) $x^2\sin x+2x\cos x-2\sin x+C$

(3) $\dfrac{1}{2}x^2\log x-\dfrac{1}{4}x^2+C$　(4) $(x^2-2x+2)e^x+C$

問 10 (1) $\left(x+\dfrac{1}{2}\right)\log(2x+1)-x+C$ (2) $x\sin^{-1}x+\sqrt{1-x^2}+C$

(3) $x\tan^{-1}x-\dfrac{1}{2}\log(x^2+1)+C$ (4) $x\log(x^2+1)-2x+2\tan^{-1}x+C$

問 11 (1) $\dfrac{1}{2a^2}\left(\dfrac{x}{x^2+a^2}+\dfrac{1}{a}\tan^{-1}\dfrac{x}{a}\right)$

(2) $\dfrac{1}{4a^2}\left(\dfrac{x}{(x^2+a^2)^2}+\dfrac{3}{2a^2}\dfrac{x}{x^2+a^2}+\dfrac{3}{2a^3}\tan^{-1}\dfrac{x}{a}\right)$

§4 有理関数の積分

問 12 (1) $2\log|x-2|-\log|x-1|+C$ (2) $\log|x^2+2x-3|+C$

(3) $x+\dfrac{4}{3}\log|x-2|-\dfrac{1}{3}\log|x+1|+C$

問 13 (1) $\log|x+1|+\dfrac{1}{x+1}-\dfrac{1}{2(x+1)^2}+C$

(2) $\log|x-2|-\dfrac{5}{x-2}-\dfrac{3}{(x-2)^2}+C$ (3) $\log\left|\dfrac{x}{x+1}\right|-\dfrac{1}{x}+C$

問 14 (1) $\log\dfrac{x^2}{x^2+1}+\tan^{-1}x+C$ (2) $2\log|x-2|+\tan^{-1}x+C$

(3) $-\log|x+2|+\log(x^2+2x+2)+\tan^{-1}(x+1)+C$

§5 無理関数の積分とその他の積分

問 15 (1) $\dfrac{3}{2}\log\dfrac{\sqrt{1-x}-1}{\sqrt{1-x}+1}+C$ (2) $\dfrac{\sqrt{2x+3}}{3}(x-3)+C$

(3) $\dfrac{3}{10}(2x-3)\sqrt[3]{(x+1)^2}+C$

問 16 (1) $-2\sqrt{2}\tan^{-1}\sqrt{\dfrac{x+2}{2x-2}}-\log\left|\dfrac{\sqrt{\dfrac{x+2}{x-1}}-1}{\sqrt{\dfrac{x+2}{x-1}}+1}\right|+C$

(2) $\sqrt{2}\log\left|\dfrac{\sqrt{\dfrac{x-1}{x-2}}-\sqrt{2}}{\sqrt{\dfrac{x-1}{x-2}}+\sqrt{2}}\right|+\log\left|\dfrac{\sqrt{\dfrac{x-1}{x-2}}+1}{\sqrt{\dfrac{x-1}{x-2}}-1}\right|+C$

(3) $\sqrt{2}\log\left|\dfrac{\sqrt{\dfrac{2-x}{1-x}}-\sqrt{2}}{\sqrt{\dfrac{2-x}{1-x}}+\sqrt{2}}\right|+\log\left|\dfrac{\sqrt{\dfrac{2-x}{1-x}}+1}{\sqrt{\dfrac{2-x}{1-x}}-1}\right|+C$

問 17　(1)　$\sin x - \dfrac{2}{3}\sin^3 x + \dfrac{1}{5}\sin^5 x + C$　　(2)　$-\dfrac{1}{3}\left(\cos 3x - \dfrac{1}{3}\cos^3 3x\right) + C$

　　　(3)　$-\cos x + \dfrac{1}{2}\cos^2 x + C$

問 18　(1)　$\tan\dfrac{x}{2} + C$　　(2)　$\log\left|\tan\dfrac{x}{2}\right| + C$　　(3)　$\dfrac{2}{1+\tan\dfrac{x}{2}} + x + C$

演習問題 4

1.　(1)　$x^3 + \dfrac{1}{x^2} + C$　　(2)　$\dfrac{3}{5}x^5 + \dfrac{3}{4x^4} + C$　　(3)　$2\sin x - \dfrac{3}{7}x^7 - \dfrac{2}{x} + C$

　　(4)　$\dfrac{2}{5}\sqrt{x^5} + C$　　(5)　$\dfrac{5}{3}\sqrt[5]{x^3} + C$　　(6)　$-\dfrac{3}{4\sqrt[3]{x^4}} + C$

　　(7)　$\dfrac{1}{5}\sin(x^5 + 3) + C$　　(8)　$\dfrac{1}{8}(e^{2x} + 1)^4 + C$　　(9)　$\left(\dfrac{x}{3} - \dfrac{1}{9}\right)e^{3x} + C$

　　(10)　$-\dfrac{1}{3}(2x+1)\cos 3x + \dfrac{2}{9}\sin 3x + C$

　　(11)　$\dfrac{x^2}{2}\sin 2x + \dfrac{x}{2}\cos 2x - \dfrac{1}{4}\sin 2x + C$

2.　(1)　省略　　(2)　省略

3.　(1)　省略　　(2)　省略　　(3)　省略

4.　(1)　$I_2 = -\dfrac{1}{2}\sin x \cos x + \dfrac{x}{2} + C$,　$I_3 = -\dfrac{1}{3}\sin^2 x \cos x - \dfrac{2}{3}\cos x + C$,

　　　　$I_4 = -\dfrac{1}{4}\sin^3 x \cos x - \dfrac{3}{8}\sin x \cos x + \dfrac{3}{8}x + C$

　　(2)　$I_1 = -\log|\cos x| + C$,　$I_2 = \tan x - x + C$

　　　　$I_3 = \dfrac{1}{2}\tan^2 x + \log|\cos x| + C$

　　(3)　$I_1 = x\log x - x + C$,　$I_2 = x(\log x)^2 - 2x\log x + 2x + C$,

　　　　$I_3 = x(\log x)^3 - 3x(\log x)^2 + 6x\log x - 6x + C$

5.　(1)　$\log\dfrac{|(x-1)(x-3)|}{(x-2)^2} + C$　　(2)　$\log\left(\dfrac{x+2}{x+1}\right)^2 - \dfrac{4}{x+2} + C$

　　(3)　$\log(x^2 + x + 1) + \dfrac{4}{\sqrt{3}}\tan^{-1}\dfrac{2}{\sqrt{3}}\left(x + \dfrac{1}{2}\right) + C$　　(4)　$\tan^{-1}(x+1) + C$

　　(5)　$2\tan^{-1}\dfrac{x-1}{2} + C$　　(6)　$\log\dfrac{|x-1|}{\sqrt{x^2+x+1}} - \dfrac{1}{\sqrt{3}}\tan^{-1}\dfrac{2}{\sqrt{3}}\left(x+\dfrac{1}{2}\right) + C$

6. (1) $\dfrac{3}{2}(x-8)^{\frac{2}{3}}+\dfrac{1}{2}\log|\sqrt[3]{x-8}+2|$
$\qquad +\dfrac{1}{4}\log\{(x-8)^{\frac{2}{3}}-2\sqrt[3]{x-8}+4\}+\dfrac{\sqrt{3}}{2}\tan^{-1}\dfrac{\sqrt[3]{x-8}-1}{\sqrt{3}}+C$

(2) $2\log\left|\dfrac{\sqrt{\dfrac{x+4}{1-x}}-2}{\sqrt{\dfrac{x+4}{1-x}}+2}\right|+2\tan^{-1}\sqrt{\dfrac{x+4}{1-x}}+C$

(3) $\log\left|\dfrac{\sqrt{x^2+x+1}+x-1}{\sqrt{x^2+x+1}+x+1}\right|+C$ 　(4) $\dfrac{1}{\sqrt{2}}\log\left|\dfrac{\sqrt{\dfrac{2-x}{x-1}}-\sqrt{2}}{\sqrt{\dfrac{2-x}{x-1}}+\sqrt{2}}\right|+C$

(5) $\dfrac{1}{5}\sin^5 x-\dfrac{1}{7}\sin^7 x+C$ 　(6) $\log\left|\dfrac{1+\tan\dfrac{x}{2}}{1-\tan\dfrac{x}{2}}\right|+C$

(7) $\dfrac{1}{2}\log\left|\dfrac{\tan^2\dfrac{x}{2}-2\tan\dfrac{x}{2}-1}{\tan^2\dfrac{x}{2}+1}\right|+\dfrac{x}{2}=\dfrac{1}{2}\log|\cos x+\sin x|+\dfrac{x}{2}$

(8) $3\tan^{-1}\left(\dfrac{1}{2}\tan x\right)$

第 5 章　簡単な微分方程式

§1　1階微分方程式

問1　(1)　$y=Ce^{\frac{1}{3}x^3}$

(2)　$x^2+y^2=C$　$(C\geqq 0)$

(3)　$y-2x^2=Cx^2 y$

(4)　$y=\dfrac{1}{1-Cx}$　(5)　$y=\tan(e^x+C)$

(6)　$\tan^{-1}y=\dfrac{1}{2}\tan^{-1}2x+C$　$\left(y=\tan\left(\dfrac{1}{2}\tan^{-1}2x+C\right)\right)$

問2　(1)　$y=x+Ce^{\frac{x}{y-x}}$　(2)　$x\sqrt[3]{\log Cx^3}$　(3)　$y=-x\pm\sqrt{C-2x^2}$

(4)　$y=Cx(x+y)$

問3　(1)　$y=x^2\left(\dfrac{1}{2}x^2+C\right)$　(2)　$y=e^{-x}(x+C)$　(3)　$y=x-1+Ce^{-x}$

(4)　$y=\dfrac{1}{x}(\log x+C)$

問 4　(1)　$y = \pm\dfrac{1}{\sqrt{z}} = \pm\dfrac{1}{\sqrt{1+Ce^{-x^2}}}$

(2)　$y = \pm\dfrac{1}{\sqrt{z}} = \pm\dfrac{1}{\sqrt{x^2+\dfrac{1}{2}+Ce^{2x^2}}}$　　(3)　$y = \dfrac{1}{z} = \dfrac{x}{-\log|x|+C}$

§3　定数係数の2階線形微分方程式の解法

問 5　(1)　$y = C_1 e^{5x} + C_2 e^{-2x}$　　(2)　$y = e^x(C_1\cos 3x + C_2\sin 3x)$

(3)　$y = (C_1 + C_2 x)e^{-2x}$　　(4)　$y = C_1 e^{3x} + C_2 e^{-\frac{x}{2}}$

(5)　$y = C_1\cos 3x + C_2\sin 3x$　　(6)　$y = (C_1 + C_2 x)e^{\frac{2}{3}x}$

問 6　(1)　$y = C_1 e^x + C_2 e^{2x} + 2x^2 + 4x + 3$　　(2)　$y = (C_1 + C_2 x)e^x + 2x^2 + 3x + 3$

(3)　$y = e^{2x}(C_1\cos x + C_2\sin x) + 2x + 1$　　(4)　$y = e^{3x}(C_1\cos x + C_2\sin x) + \dfrac{1}{2}$

問 7　(1)　$y = C_1 e^{2x} + C_2 e^{-3x} + \dfrac{1}{2}e^{4x}$　　(2)　$y = C_1 e^{2x} + C_2 e^{-3x} - xe^{-3x}$

(3)　$y = (C_1 + C_2 x)e^{-2x} + \dfrac{1}{5}e^{3x}$　　(4)　$y = (C_1 + C_2 x)e^{-2x} + \dfrac{3}{2}x^2 e^{-2x}$

問 8　(1)　$y = C_1 e^{2x} + C_2 e^{-3x} - \dfrac{7}{10}\sin x - \dfrac{1}{10}\cos x$

(2)　$y = e^x(C_1\cos x + C_2\sin x) - 4\sin x + 2\cos x$

問 9　(1)　$y = C_1 e^{2x} + C_2 e^{-2x} + \dfrac{2}{5}e^{3x} - x^2 - 2x - \dfrac{3}{4}$

(2)　$y = C_1 e^{2x} + C_2 e^{-x} - 2e^x - \dfrac{9}{10}\sin x + \dfrac{3}{10}\cos x$

演習問題 5

1.　(1)　$y = -\dfrac{1}{5}\log\left(-\dfrac{5}{3}e^{3x} + C\right)$　　(2)　$\tan^{-1} y = \dfrac{1}{2}\log(x^2 + 1) + C$

(3)　$\left(\dfrac{y-1}{y+1}\right)^3 = C\left(\dfrac{x-2}{x+1}\right)^2$　　(4)　$\dfrac{1}{4}\sin^4 y = \sin^{-1}\dfrac{x}{2} + C$

2.　(1)　$(y-x)^3(y+3x) = C$　　(2)　$\dfrac{y^3(y-2x)}{y+x} = C$

(3)　$y = Ce^{\frac{y}{x}}$　　(4)　$\log(y^2 + x^2) = 2\tan^{-1}\dfrac{y}{x} + C$

3.　(1)　$y = \dfrac{1}{2} + Ce^{-x^2}$　　(2)　$y = -\dfrac{1}{2}x - \dfrac{1}{4} + Ce^{2x}$

(3)　$y = Cx^{-3} + \dfrac{2}{9}x^{\frac{3}{2}}$　　(4)　$y = \dfrac{1}{x}\left(\dfrac{1}{3}xe^{3x} - \dfrac{1}{9}e^{3x} + C\right)$

(5) $y = \dfrac{1}{x^5}\left(\dfrac{1}{6}x^6 \log x - \dfrac{1}{36}x^6 + C\right)$

4. (1) $y = \dfrac{1}{z} = \dfrac{x}{-\dfrac{2}{5}x^{\frac{5}{2}}+C}$　(2) $y = \dfrac{1}{\sqrt[3]{z}} = \dfrac{1}{\sqrt[3]{-\dfrac{1}{2}+Ce^{-x^2}}}$

5. $e^{-2y} = \log(3x+1)^{-\frac{2}{3}} + \dfrac{1}{e^2}$　(2) $y = \dfrac{1}{x^2}(1+\log x)$

6. (1) $y = C_1 + C_2 e^{-16x}$　(2) $y = C_1 \cos 4x + C_2 \sin 4x$

(3) $y = e^{2x}(C_1 \cos 3x + C_2 \sin 3x)$　(4) $y = C_1 e^{3x} + C_2 e^{\frac{1}{2}x}$

(5) $y = (C_1 + C_2 x)e^{\frac{4}{3}x}$

7. (1) $y = C_1 e^{-3x} + C_2 e^x + 2x^2 + x + 3$　(2) $y = (C_1 + C_2 x)e^{-\frac{3}{2}x} + 2x + 1$

(3) $y = C_1 e^{3x} + C_2 e^{-x} + 3e^{4x}$　(4) $y = C_1 e^{-4x} + C_2 e^{3x} + 2xe^{3x}$

(5) $y = C_1 e^{-2x} + C_2 e^x + 2\sin 2x + \cos 2x$

8. (1) $y = C_1 \cos x + C_2 \sin x + 2e^{2x} + x^2 + 3x + 2$

(2) $y = C_1 e^{2x} + C_2 e^{-x} + 3xe^{2x} + 3\sin x + \cos x$

9. (1) $y = e^{4x} + 2e^{-3x}$　(2) $y = 2e^{3x} + e^{-x} + 3e^{2x}$

第6章　定　積　分

§1　定積分の定義と基本定理

問1　$\displaystyle\lim_{n\to\infty}\sum_{i=1}^{n}\left(\dfrac{i}{n}\right)^2\dfrac{1}{n} = \lim_{n\to\infty}\dfrac{1}{n^3}(1^2+2^2+3^2+\cdots+n^2)$

$\displaystyle = \lim_{n\to\infty}\dfrac{1}{n^3}\cdot\dfrac{n(n+1)(2n+1)}{6} = \lim_{n\to\infty}\left(\dfrac{1}{3}+\dfrac{1}{2n}+\dfrac{1}{n^2}\right) = \dfrac{1}{3}$

問2　(1) $f(-x)$　(2) $\displaystyle\int_a^x f(t)\,dt + xf(x)$　(3) $\displaystyle\int_a^{x^2} f(t)\,dt + 2x^2 f(x^2)$

問3　(1) $\dfrac{625}{4}$　(2) $\dfrac{16}{3}$　(3) 2

問4　(1) $\dfrac{2}{3}$　(2) $\dfrac{\pi}{4}$

§2　定積分の計算

問5　(1) $\dfrac{242}{5}$　(2) $\dfrac{32}{3}$　(3) $\dfrac{1}{4}$　(4) $\dfrac{122}{5}$　(5) $\dfrac{32}{15}$

問6　(1) π　(2) 1　(3) $7-\dfrac{\pi}{2}$　(4) $\dfrac{\pi^2}{4}-2$　(5) π^2-4　(6) $e-2$

問7　(1) $\dfrac{16}{35}$　(2) $\dfrac{35}{512}\pi$　(3) $\dfrac{8}{45}$

§3 広義の積分

問 8 (1) 2 (2) $3\sqrt[3]{2}$ (3) $\dfrac{\pi}{2}$ (4) -1 (5) $\log(2+\sqrt{3})$

問 9 (1) $\dfrac{1}{2}$ (2) $\log 2$ (3) 1 (4) 1 (5) π (6) $\dfrac{2-\sqrt{2}}{2}\pi$

§4 定積分の応用

問 10 (1) $\dfrac{255}{4}$ (2) $\dfrac{4}{15}$ (3) $\dfrac{37}{12}$

問 11 (1) πab (2) $\dfrac{3\pi}{8}a^2$

問 12 (1) πa^2 (2) πa^2 (3) $\dfrac{\pi}{4}a^2$ (4) $\dfrac{3}{2}\pi a^2$

問 13 $\dfrac{\sqrt{3}\,a^2 h}{12}$

問 14 (1) $\dfrac{32}{5}\pi$ (2) 8π (3) $\dfrac{1}{2}\pi^2$ (4) $\dfrac{\pi}{2}(e^4-1)$

問 15 (1) $\dfrac{\pi}{6}$ (2) $4\pi^2$

問 16 (1) $\dfrac{2}{3}(3\sqrt{3}-1)$ (2) $\dfrac{1}{2}\{2\sqrt{5}+\log(2+\sqrt{5})\}$ (3) $\dfrac{1}{2}(e^2-e^{-2})$

問 17 (1) $2\pi a$ (2) $8a$ (3) e^2

問 18 (1) $4\pi a$ (2) $\dfrac{a}{2}\{\pi\sqrt{\pi^2+1}+\log(\pi+\sqrt{\pi^2+1})\}$

演習問題 6

1. (1) $\dfrac{33}{5}$ (2) 1 (3) 2 (4) $\log 2-\dfrac{1}{2}$ (5) $\dfrac{1}{3}(e^6-1)$

2. (1) $\dfrac{\pi}{4}$ (2) $\dfrac{\pi}{2}$

3. (1) 60 (2) $\dfrac{1}{4}$ (3) $\dfrac{64}{3}$ (4) $\dfrac{9}{4}\pi$ (5) $\dfrac{\sqrt{3}}{2}+\dfrac{\pi}{3}$

  (6) $1+\dfrac{\pi}{2}$ (7) $\dfrac{5}{36}e^6+\dfrac{1}{36}$ (8) $6-2e$

4. (1) $I(m,n) = \displaystyle\int_0^{\frac{\pi}{2}} \sin^m x \cos^n x\, dx = \int_0^{\frac{\pi}{2}} \sin^{m-1}(\sin x \cos^n x)\, dx$

  $= \left[\sin^{m-1} x \left(-\dfrac{1}{n+1}\cos^{n+1} x\right)\right]_0^{\frac{\pi}{2}}$

$$-\int_0^{\frac{\pi}{2}} (m-1)\sin^{m-2} x \cos x \left(-\frac{1}{n+1}\cos^{n+1} x\right) dx$$

$$= \frac{m-1}{n+1}\int_0^{\frac{\pi}{2}} \sin^{m-2} x \cos^{n+2} x \, dx = \frac{m-1}{n+1}\int_0^{\frac{\pi}{2}} \sin^{m-2} x \cos^n x (1-\sin^2 x) \, dx$$

$$= \frac{m-1}{n+1}\left\{\int_0^{\frac{\pi}{2}} \sin^{m-2} x \cos^n x \, dx - \int_0^{\frac{\pi}{2}} \sin^m x \cos^n x \, dx\right\}$$

$$\therefore \quad I(m,n) = \frac{m-1}{n+1}\{I(m-2,n) - I(m,n)\}$$

$$(m+n)I(m,n) = (m-1)I(m-2,n)$$

$$I(m,n) = \frac{m-1}{m+n}I(m-2,n)$$

(2) $I(3,3) = \dfrac{1}{12}$, $I(4,3) = \dfrac{2}{35}$

5. (1) $\left[x^m \dfrac{1}{n+1}(1-x)^{n+1}(-1)\right]_0^1 + \displaystyle\int_0^1 m x^{m-1} \dfrac{1}{n+1}(1-x)^{n+1} \, dx$

$\qquad = \dfrac{m}{n+1} B(m-1, n+1)$

(2) $\dfrac{m}{n+1} B(m-1, n+1) = \dfrac{m}{n+1}\dfrac{m-1}{n+2} B(m-2, n+2)$

$\qquad = \dfrac{m}{n+1}\dfrac{m-1}{n+2}\dfrac{m-2}{n+3}\cdots\dfrac{1}{m+n} B(0, m+n)$

$\qquad = \dfrac{m!\,n!}{(m+n)!}\displaystyle\int_0^1 (1-x)^{m+n} \, dx$

$\qquad = \dfrac{m!\,n!}{(m+n)!}\left[-\dfrac{1}{m+n+1}(1-x)^{m+n+1}\right]_0^1 = \dfrac{m!\,n!}{(m+n+1)!}$

6. (1) 1

(2) $\displaystyle\int_0^\infty e^{-x} x^n \, dx = \lim_{m\to\infty}\left\{[-e^{-x} x^n]_0^M + \int_0^M (e^{-x}) n x^{n-1} \, dx\right\} = n\Gamma(n)$

(3) $(n-1)\Gamma(n-1) = (n-1)(n-2)\cdots 1 \cdot \Gamma(1) = (n-1)!$

7. (1) $\dfrac{2\pi}{3} - \dfrac{\sqrt{3}}{6}$ (2) $\dfrac{32}{3}$

8. (1) $S_n = 1 + \dfrac{1}{2} + \dfrac{1}{3} + \cdots + \dfrac{1}{n}$

$\qquad > 1 + \displaystyle\int_1^2 \dfrac{1}{x} dx + \int_2^3 \dfrac{1}{x} dx + \cdots + \int_{n-1}^n \dfrac{1}{x} dx$

$\qquad = 1 + \displaystyle\int_1^n \dfrac{1}{x} dx = 1 + \log n$

(2) $\displaystyle\lim_{n\to\infty} S_n > \lim_{n\to\infty}(1+\log n) = \infty$

第7章 偏微分法

§1 2変数関数

問1 (1) 閉集合, 連結, 閉領域(図S.7)　(2) 開集合, 有界, 連結, 領域(図S.8)　(3) すべて該当しない(図S.9)　(4) 開集合(図S.10)

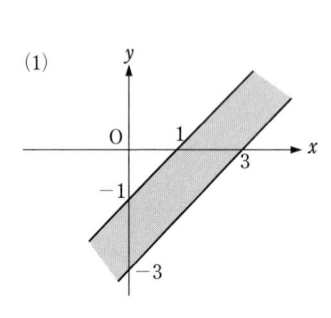

図S.7

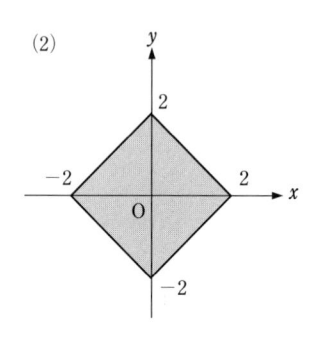

図S.8

問2 $z = \sqrt{s(s-x)(s-y)(x+y-s)}$,
定義域 $D = \{(x,y) \mid 0 < x < s,\ 0 < y < s,\ x+y > s\}$

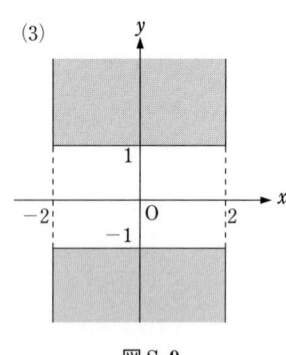

図S.9

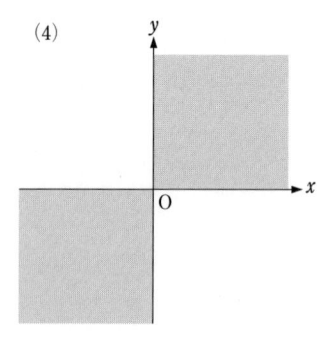

図S.10

§2 変数関数の極限と連続

問3 (1) 省略　(2) 省略　(3) 省略

問4 (1) $-\dfrac{1}{4}$　(2) -1

問5 (1) 直線 $y = mx$ に沿って $(x,y) \to (0,0)$ とすれば
$$\lim_{(x,y)\to(0,0)} \frac{x+y}{x^2+y^2} = \lim_{x\to 0} \frac{1+m}{x(1+m^2)} = \begin{cases} 0 & (m = -1) \\ \pm\infty & (m \neq -1) \end{cases}$$

となり，m の値により極限値は異なる．

(2) 直線 $y = mx$ に沿って $(x, y) \to (0, 0)$ とすれば
$$\lim_{(x,y)\to(0,0)} \frac{x-y}{x+y} = \frac{1-m}{1+m}$$
となり，m の値により極限値は異なる．

問 6 $(a, b) \neq (0, 0)$ のとき
$$\lim_{(x,y)\to(a,b)} f(x, y) = \lim_{(x,y)\to(a,b)} \frac{x^3}{x^2+y^2} = \frac{a^3}{a^2+b^2} = f(a, b)$$
$\begin{cases} x = r\cos\theta \\ y = r\sin\theta \end{cases}$ とおけば $(x, y) \to (0, 0)$ は $r \to 0$ と同値である．
$$\lim_{(x,y)\to(0,0)} f(x,y) = \lim_{r\to 0} \frac{r^3\cos^3\theta}{r^2(\cos^2\theta + \sin^2\theta)} = \lim_{r\to 0} r\cos^3\theta = 0 = f(0, 0)$$
となり，全平面で連続である．

§3 偏微分係数と偏導関数

問 7 (1) $z_x = 2x$, $z_y = 3y^2$ (2) $z_x = 2xy^2$, $z_y = 2x^2y$

(3) $z_x = (2x + x^2 + y^3)e^x$, $z_y = 3y^2 e^x$

(4) $z_x = \dfrac{-x^2 - y + 2xy^3}{(x^2-y)^2}$, $z_y = \dfrac{-3x^2y^2 + 2y^3 + x}{(x^2-y)^2}$

(5) $z_x = -\dfrac{2x}{(x^2+y^2)^2}$, $z_y = -\dfrac{2y}{(x^2+y^2)^2}$

§4 全微分と接平面

問 8 (1) $u_x = 3x^2y^6 - y^2z^4$, $u_y = 6x^3y^5 - 2xyz^4$, $u_z = -4xy^2z^3$

(2) $u_x = 2x - \dfrac{y^2}{z^3}$, $u_y = -\dfrac{2xy}{z^3}$, $u_z = \dfrac{3xy^2}{z^4}$

(3) $u_x = \dfrac{2x}{x^2+y^2+z^2}$, $u_y = \dfrac{2y}{x^2+y^2+z^2}$, $u_z = \dfrac{2z}{x^2+y^2+z^2}$

問 9 (1) $dz = 3x^2\,dx + 4y^3\,dy$ (2) $dz = 5x^4y^4\,dx + 4x^5y^3\,dy$

(3) $dz = \dfrac{2x}{1+x^2+y^2}\,dx + \dfrac{2y}{1+x^2+y^2}\,dy$

問 10 (1) $z = 2x + 6y - 10$ (2) $z = 3x + 3y - 9$

(3) $\sqrt{5}\,z = -4x + 2y + 25$ (4) $ez = 6x - 3y + 6$

§5 合成関数の偏微分法

問 11 省略

問 12 (1) $2\sin t \cos t + 15$ (2) $4x + \sin x + x\cos x$

問 13 (1) $z_u = -8uv^2$, $z_v = -8u^2v$
(2) $z_u = 4u^3v^6 + 6u^5v^4$, $z_v = 6u^4v^5 + 4u^6v^3$

問 14 省略

§6 高次変導関数

問 15 (1) $z_{xx} = 6x - 2y$, $z_{xy} = z_{yx} = -2x$, $z_{yy} = 12y^2$,
$z_{xxx} = 6$, $z_{xxy} = z_{xyx} = z_{yxx} = -2$, $z_{xyy} = z_{yxy} = z_{yyx} = 0$, $z_{yyy} = 24y$

(2) $z_{xx} = -y^2\sin xy$, $z_{xy} = z_{yx} = \cos xy - xy\sin xy$, $z_{yy} = -x^2\sin xy$
$z_{xxx} = -y^3\cos xy$, $z_{xxy} = z_{xyx} = z_{yxx} = -2y\sin xy - y^2x\cos xy$
$z_{xyy} = z_{yxy} = z_{yyx} = -2x\sin xy - x^2y\cos xy$, $z_{yyy} = -x^3\cos xy$

(3) $z_{xx} = y^4 e^{xy^2}$, $z_{xy} = z_{yx} = 2ye^{xy^2}(1+xy^2)$, $z_{yy} = 2xe^{xy^2}(1+2xy^2)$
$z_{xxx} = y^6 e^{xy^2}$, $z_{xxy} = z_{xyx} = z_{yxx} = 2y^3 e^{xy^2}(2+xy^2)$
$z_{xyy} = z_{yxy} = z_{yyx} = 2e^{xy^2}(1+5xy^2+2x^2y^4)$, $z_{yyy} = 4x^2y(3+2xy^2)e^{xy^2}$

問 16 (1) $z_{xx} = -z_{yy} = 0$ (2) $z_{xx} = -z_{yy} = 6x$
(3) $z_{xx} = -z_{yy} = 12x^2 - 12y^2$ (4) $z_{xx} = -z_{yy} = \dfrac{2xy}{(x^2+y^2)^2}$
(5) $z_{xx} = -z_{yy} = 2e^{x^2-y^2}\{(2x^2-2y^2+1)\cos 2xy - 4xy\sin 2xy\}$
(6) $z_{xx} = -z_{yy} = \dfrac{2y(3x^2-y^2)}{(x^2+y^2)^3}$

§7 2変数関数のテイラー展開

問 17 (1) $y+xy$ (2) $1+x+\dfrac{1}{2}x^2-\dfrac{1}{2}y^2$ (3) $1+x-\dfrac{1}{2}y^2$

§8 陰関数の微分法

問 18 (1) $\dfrac{2x^3}{y}$ (2) $\dfrac{3x^5}{y}$ (3) $\dfrac{4x^{11}}{y^2}$ (4) $\dfrac{2x-4x^3}{3y^2+6y}$
(5) $\dfrac{4x^3-3x^2}{6y^2+1}$ (6) $\dfrac{3x^2-6x^5}{2y+2}$

問 19 (1) $\dfrac{2(x^2+2xy-y^2)}{(x-y)^3}$. 極値なし

(2) $-\dfrac{2(2y-1)^2+2(2x-1)^2}{(2y-1)^3}$. $x=\dfrac{1}{2}$ で極大値 $y=\dfrac{1+\sqrt{2}}{2}$,
$x=\dfrac{1}{2}$ で極小値 $y=\dfrac{1-\sqrt{2}}{2}$.

(3) $-\dfrac{2(xy^4+x^4y-3ax^2y^2+a^3xy)}{(y^2-ax)^3}$. $x=\sqrt[3]{2}\,a$ で極大値 $y=\sqrt[3]{4}\,a$.

(4) $\dfrac{6y(x-y)(x^2-xy+y^2)}{x^2(x-2y)^3}$. $x=-\sqrt[3]{2}$ で極大値 $y=-2\sqrt[3]{2}$.

§9 2変数関数の極大・極小

問20 (1) $(2,0)$ で極小値 -4
(2) $(\sqrt{2},-\sqrt{2}),(-\sqrt{2},\sqrt{2})$ で極小値 -8 （$(0,0)$ では極値をとらない.）
(3) $(0,0)$ で極小値 0 (4) $(1,2)$ で極大値 3

問21 (1) $(x,y)=(0,1)$ において最小値 2,
$(x,y)=(0,-1)$ において最小値 -2.
(2) $(-2,2),(2,-2)$ において最大値 2,
$\left(\dfrac{2}{\sqrt{3}},\dfrac{2}{\sqrt{3}}\right),\left(-\dfrac{2}{\sqrt{3}},\dfrac{2}{\sqrt{3}}\right)$ において最小値 $\dfrac{2}{3}$.
(3) $(x,y)=\left(\dfrac{\pm 1}{\sqrt{2}},\dfrac{\pm 1}{\sqrt{2}}\right)$ のとき最大値 5,
$(x,y)=\left(\dfrac{\pm 1}{\sqrt{2}},\dfrac{\mp 1}{\sqrt{2}}\right)$ のとき最小値 1（複号同順）.

演習問題 7

1. (1) $z_x=3x^2$, $z_y=5y^4$ (2) $z_x=4x^3\sin y$, $z_y=x^4\cos y$
(3) $z_x=\dfrac{x^2-2xy^3}{(x-y^3)^2}$, $z_y=\dfrac{3x^2y^2}{(x-y^3)^2}$
(4) $z_x=\dfrac{x}{\sqrt{x^2+y^2}}$, $z_y=\dfrac{y}{\sqrt{x^2+y^2}}$
(5) $z_x=18x^2(x^3-3y^2-4)^5$, $z_y=-36y(x^3-3y^2-4)^5$
(6) $z_x=(3x^2y^2-2xy^5)\cos(x^3y^2-x^2y^5)$,
$z_y=(2x^3y-5x^2y^4)\cos(x^3y^2-x^2y^5)$
(7) $z_x=\dfrac{4x^3-10xy^3}{x^4-5x^2y^3+2y^4+2}$, $z_y=\dfrac{-15x^2y^2+8y^3}{x^4-5x^2y^3+2y^4+2}$

2. (1) $dz=(2xy^3+4x^3\sin y)\,dx+(3x^2y^2+x^4\cos y)\,dy$
(2) $dz=e^x\log y\,dx+\dfrac{e^x}{y}dy$
(3) $dz=\left(\dfrac{3x^2}{y}+\dfrac{2y}{x^3}\right)dx+\left(-\dfrac{x^3}{y^2}-\dfrac{1}{x^2}\right)dy$

3. (1) $12t^{11}+4t^3$ (2) $17t^{16}$ (3) $-2\sin 2t$

4. (1) $\dfrac{\partial z}{\partial u}=10u^9v^{12}$, $\dfrac{\partial z}{\partial v}=12u^{10}v^{11}$

(2) $\dfrac{\partial z}{\partial u} = 6u^5v^4 - 8u^7v^7$, $\quad \dfrac{\partial z}{\partial v} = 4u^6v^3 - 7u^8v^6$

5. (1) $1 + \dfrac{1}{2}(x^2 + y^2) + \cdots$ (2) $1 + 3x + \dfrac{1}{2}(9x^2 - 4y^2) + \cdots$

(3) $1 - (x-y) + (x-y)^2 + \cdots$

6. (1) $-\dfrac{x+y}{x-y}$ (2) $-\dfrac{2x-1}{2y-1}$

(3) $-\dfrac{\cos(x+2y)+y}{2\cos(x+2y)+x}$ (4) $-\dfrac{x^2-ay}{y^2-ax}$

7. (1) 極大点 $(1,1)$, 極小点 $(-1,1)$.
(2) 極大点は $(0,1)$ と $(0,-1)$. 極小点は $(0,0)$.

8. (1) $(-1,0)$ において極小値 1, $(0,0)$ では極値をもたない.
(2) $(0,0)$ において極大値 1,
$(\pm 1, \pm 1)$, $(\pm 1, \mp 1)$ では極値はもたない (複号同順).
(3) $(1,1)$ において極小値 -1, $(0,0)$ においては極値をもたない.

9. (1) $\left(\dfrac{3}{2}, \dfrac{3}{2}\right)$ において極大値 $\dfrac{9}{2}$, $(0,0)$ において極小値 0.
(2) $(0,1)$, $(1,0)$ において極大値 1, $(-1,0)$, $(0,-1)$ において極小値 -1,
$\left(\dfrac{1}{\sqrt{2}}, \dfrac{1}{\sqrt{2}}\right)$ において極大値 $\dfrac{1}{\sqrt{2}}$, $\left(-\dfrac{1}{\sqrt{2}}, -\dfrac{1}{\sqrt{2}}\right)$ において極小値 $-\dfrac{1}{\sqrt{2}}$.

第8章 2重積分

§2 2重積分の計算

問1 $\displaystyle\int_0^2 \left\{\int_{-\sqrt{4-x^2}}^{\sqrt{4-x^2}} (y+1)\,dy\right\} x\,dx = \dfrac{16}{3}$

問2 (1) 28 (2) 117 (3) $\dfrac{5}{6}$ (4) $\dfrac{1}{6}$

問3 (1) $\displaystyle\int_0^3 dy \int_{y^2}^9 f(x,y)\,dx$ (2) $\displaystyle\int_0^2 dx \int_0^x f(x,y)\,dy$

§3 変数変換法

問4 4点 $(5,7), (9,11), (18,26), (14,22)$ を頂点とする平行四辺形.

問5 (1) $\dfrac{3}{2}$ (2) $\dfrac{3}{4}$

問6 (1) 18π (2) 4π

§4 広義の2重積分

問7 (1) $\dfrac{\pi}{4}$ (2) $\dfrac{\pi}{4}$ (3) 2π (4) 2π

§5 2重積分の応用

問8 (1) 6　(2) $\dfrac{81\pi}{2}$

問9 (1) $2(\pi-2)a^2$　(2) $8a^2$　(3) $\sqrt{14}\pi$

問10 (1) $\dfrac{13\pi}{3}$　(2) $\pi\{e\sqrt{1+e^2}-\sqrt{2}+\log(e+\sqrt{1+e^2})-\log(1+\sqrt{2})\}$

(3) $\dfrac{\pi}{27}(10\sqrt{10}-1)$　(4) $2\pi\left(2\sqrt{2}+\log\dfrac{\sqrt{2}+1}{\sqrt{2}-1}\right)$

§6 3重積分

問11 (1) $\dfrac{1}{120}$　(2) $\dfrac{\pi a^4}{16}$　(3) $\dfrac{1}{2}\log 2-\dfrac{5}{16}$　(4) $\dfrac{4}{5}\pi a^5$

演習問題8

1. (1) $\dfrac{8}{3}$　(2) $\dfrac{10}{3}$　(3) $\dfrac{184}{3}$　(4) $\dfrac{434}{5}$

2. (1) $\displaystyle\int_0^2 dy\int_{y^2}^{2y} f(x,y)\,dx$

(2) $\displaystyle\int_0^3 dy\int_0^y f(x,y)\,dx + \int_3^5 dy\int_0^3 f(x,y)\,dx$

(3) $\displaystyle\int_{-8}^8 dy\int_{-2}^{\sqrt[3]{y}} f(x,y)\,dx + \int_8^{10} dy\int_{-2}^2 f(x,y)\,dx$

(4) $\displaystyle\int_0^3 dx\int_{\frac{1}{2}x}^x f(x,y)\,dy + \int_3^6 dx\int_{\frac{1}{2}x}^3 f(x,y)\,dy$

3. (1) $\dfrac{1}{24}$　(2) 2π　(3) $\dfrac{19}{12}$

4. (1) $\dfrac{5}{6}$　(2) $\dfrac{1}{48}$　(3) $\dfrac{81}{4}\pi$　(4) $\dfrac{4}{3}\pi$　(5) $\dfrac{65}{4}\pi$

5. (1) πa^3　(2) 8π　(3) $\dfrac{1}{9}(48\pi-64)$　(4) $\dfrac{128}{3}$

6. (1) $\dfrac{41\sqrt{41}-125}{144}$　(2) $\dfrac{578}{1215}\sqrt{34}-\dfrac{871}{405}$

(3) $\dfrac{2\pi}{3}(2\sqrt{2}-1)$　(4) $\dfrac{64\pi}{3}$

索　引

あ　行

アークコサイン	33
アークサイン	33
アークタンジェント	33
アステロイド曲線	135
アルキメデスの原理	2
アルキメデスのらせん	73
1次分数関数の積分	85
1階線形微分方程式	105
1階微分方程式	103
一般解	103
陰関数	169
陰関数の微分法	169
上に凹	69
上に凸	69
上に有界	9, 17
a を底とする指数関数	37
a を底とする対数関数	38
x^a の積分	84
x 曲線	153
n 回微分可能	58
n 階微分方程式	102
n 回連続微分可能	58
n 回連続偏微分可能	163
n 次導関数	58
円	136

か　行

解	103
開区間	4
開区間で微分可能	46
開集合	147
回転体の体積	136
回転面の面積	199
開領域	147
下界	17
カージオイド	136, 143
加法公式	30
関数	16
Gamma 関数	133
奇関数	19
基本解	109
逆関数	18
逆関数の微分法	53
逆三角関数	27, 33
逆正弦関数	33
逆正接関数	33
逆余弦関数	33
境界	147
境界点	147
狭義単調減少	17
狭義単調増加	17
極限値	6, 20, 150
極限値は存在しない	20
極座標表示	73
極座標変換	202
極小	67, 172
極小値	67, 172
曲線の長さ	139
極大	67, 172
極大値	67, 172
極値	67, 172
極表示	73
極方程式	73
曲面	150
近傍	147
偶関数	19
区間	4
原始関数	82
広義の定積分	129
高次偏導関数	163
合成関数	19
合成関数の微分法	50
合成関数の偏微分	159
コーシーの平均値の定理	74
弧度法	27
固有方程式	111

さ　行

サイクロイド	56
サイクロイド曲線	134
最小	26
最小値	26
最小値・最大値の存在定理	26
最大	26
最大値	26
差を積に直す公式	30
三角関数	27
三角関数の積分	86, 98
3次導関数	58
3重積分	200
C^n 級	58, 163
指数関数	35
指数関数の積分	85
自然数	1
自然対数	39
四則演算	1
下に凹	69
下に凸	69
下に有界	9, 17
実数の連続性	2
収束	6, 11
従属変数	16, 148
上界	17
条件付き極値問題	176
条件付きの極大（極小）	176
常用対数	39
剰余項	76
初等関数	41
シンプソンの公式	143
数直線	2
数列	5
正弦	28
正弦関数	28
整数	1
整数点	2
正接	28
正接関数	28
積分する	83
接線	45
接平面	155, 158

漸近線		71
線形微分方程式		103
全微分		155, 157
全微分可能		156
双曲線関数		41
増分		44

た 行

第 n 部分和		11
大小関係		2
楕円		135
単調減少		17, 66
単調減少数列		9
単調数列		9
単調増加		17, 66
単調増加数列		9
値域		16, 148
置換積分		90
置換積分法		90, 125
中間値の定理		25
調和関数		165
定義域		16, 148
定積分		119
定積分の平均値の定理		122
テイラー展開		80
テイラーの定理		76, 167
δ 近傍		147
δ より細かい		180
導関数		46
動径		73
等高線		150
同次		107
同次形		104
特異解		103
特殊解		103
特性方程式		111
独立変数		16, 148
度数法		27

な 行

内点		147
ナピアの数		10, 38, 39
2 階線形微分方程式		107
2 次導関数		58
2 次偏導関数		163

2 重積分		181
2 重積分の定義		180
2 倍角公式		30
2 変数関数の マクローリン級数		168

は 行

媒介変数		55
媒介変数表示		55
ハイパブリックコサイン		41
ハイパブリックサイン		41
ハイパブリックタンジェント		41
はさみうちの原理		7
パスカルの三角形		60
発散		6, 12
パラメータ		55
被積分関数		83, 181
左極限値		21
微分可能		44
微分係数		44
微分する		46
微分積分の基本定理		123
微分方程式		102
微分方程式を解く		103
不定形の極限		74
不定積分		82
部分積分		90
部分積分法		92, 127
平均値の定理		65, 182
平均変化率		44
閉区間		4
閉集合		147
閉領域		147
Beta 関数		133
ベルヌーイの微分方程式		107
偏角		73
変曲点		70
変数分離形		103
変数変換法		185
偏導関数		153, 154
偏微分		154
偏微分可能		153
偏微分係数		153
法線		45

補助方程式		109

ま 行

マクローリン級数		80
マクローリン展開		80
マクローリンの定理		78
右極限値		21
三葉形		136
無限積分		132
無限大		4
無理関数の積分		97
無理数		1

や 行

ヤコビアン		190
有界関数		17
有界閉領域		148
有界領域		148
有理関数の積分		94
有理数		1
有理数の稠密性		3
有理点		2
余弦		28
余弦関数		28
余接関数		28
四葉形		74, 136

ら 行

ライプニッツの公式		61
ラグランジュの未定係数法		177
ラジアン		27
らせん		73
ラプラシアン		165
Riemann 和		118, 181
領域		147
累次積分		183, 184, 201
連結集合		147
連結である		147
連続		23, 152
ロピタルの定理		75
ロルの定理		63

わ 行

y 曲線		153

林　平馬	東海大学名誉教授
岩下　孝	東海大学名誉教授
浦上賀久子	元九州東海大学助教授
今田恒久	東海大学教授
佐藤良二	元九州東海大学助教授

微分積分学序論
（びぶんせきぶんがくじょろん）

2002年11月20日　第1版　第 1 刷　発行
2020年 3 月20日　第1版　第15刷　発行

著　者	林　平馬　岩下　孝　浦上賀久子
	今田恒久　佐藤良二
発行者	発田和子
発行所	株式会社 学術図書出版社

〒113-0033　東京都文京区本郷 5-4-6
TEL 03-3811-0889　振替 00110-4-28454
印刷　中央印刷（株）

定価はカバーに表示してあります．

本書の一部または全部を無断で複写（コピー）・複製・転載することは，著作権法で認められた場合を除き，著作者および出版社の権利の侵害となります．あらかじめ小社に許諾を求めてください．

© 2002　Printed in Japan
ISBN978-4-87361-252-2